普通高等教育网络工程专业教材

数据通信与计算机网络
（第三版）

主　编　季福坤　钱文光

副主编　魏艳娜　邹澎涛　颜　煜

中国水利水电出版社

www.waterpub.com.cn

·北京·

内 容 提 要

本书以计算机网络技术及 Internet/Intranet 应用发展为依据，以 TCP/IP 为主线，对计算机网络体系结构中各层次的协议予以分析和描述。全书共 9 章，主要内容包括：计算机网络概论、物理层、数据链路层、无线局域网技术、网络层、下一代网际协议 IPv6、传输层、应用层以及网络安全技术等。

本书论述严谨、内容新颖、图文并茂，既注重基本原理和基本概念的阐述，又注重理论联系实际，强调应用技术和实践。另外，各章均配有习题，并以课外抓取网络数据包进行协议分析为手段，由浅入深，逐步引导读者将理论与网络实际数据流直接联系，使协议分析变得生动而实用。

本书可用作高等学校本科学生的教材，也可作为计算机网络技术人员及网络管理与维护人员的自学参考书。

本书配有电子教案，读者可以从中国水利水电出版社网站（www.waterpub.com.cn）或万水书苑网站（www.wsbookshow.com）免费下载。

图书在版编目（C I P）数据

数据通信与计算机网络 / 季福坤，钱文光主编. --
3版. -- 北京：中国水利水电出版社，2020.4（2022.1重印）
普通高等教育网络工程专业教材
ISBN 978-7-5170-8517-1

Ⅰ. ①数… Ⅱ. ①季… ②钱… Ⅲ. ①数据通信－高等学校－教材②计算机网络－高等学校－教材 Ⅳ.
①TN919②TP393

中国版本图书馆CIP数据核字(2020)第062733号

策划编辑：石永峰　　　责任编辑：周益丹　　　封面设计：梁　燕

书　　名	普通高等教育网络工程专业教材 数据通信与计算机网络（第三版） SHUJU TONGXIN YU JISUANJI WANGLUO
作　　者	主　编　季福坤　钱文光 副主编　魏艳娜　邹澎涛　颜　煜
出版发行	中国水利水电出版社 （北京市海淀区玉渊潭南路 1 号 D 座　100038） 网址：www.waterpub.com.cn E-mail：mchannel@263.net（万水） 　　　　sales@waterpub.com.cn 电话：(010) 68367658（营销中心）、82562819（万水）
经　　售	全国各地新华书店和相关出版物销售网点
排　　版	北京万水电子信息有限公司
印　　刷	三河市鑫金马印装有限公司
规　　格	184mm×260mm　16 开本　18.25 印张　445 千字
版　　次	2004 年 8 月第 1 版　2004 年 8 月第 1 次印刷 2020 年 4 月第 3 版　2022 年 1 月第 2 次印刷
印　　数	3001—5000 册
定　　价	48.00 元

第三版前言

《数据通信与计算机网络》一书自 2004 年 8 月出版以来，得到了许多读者的青睐，许多院校将此书作为教材使用。随着网络技术的迅猛发展，新技术不断涌现。为了适应网络技术的发展，作者对本书再次进行了修订。

本书是在第二版的基础上修订而成的，对内容和结构进行了较大的调整，力求使本书的逻辑性更强。此外，增加了一些新技术、新标准和新应用的介绍，对一些协议增加了案例分析和讲解，删减了一些过时或者不常用的内容。本次修订的目的是加强理论和实践的结合，使其满足应用型人才培养的需要。

本书仍以网络体系结构为主线，以协议分析为主要内容，以 TCP/IP 协议簇作为协议分析的重点。在讲解协议结构的同时，与实际网上传输的数据包进行对照分析，使读者对协议有更直观的认识。书中包含了让读者利用抓包工具软件进行网络数据包抓取并分析的练习。随着学习的深入，层层剥离网络协议的内容。在掌握了一定的基础知识后，本书介绍了网络编程和使用协议实现数据传输的方法，使所学的知识落到实处。

与第二版相比，本书主要变化如下。

第 1 章计算机网络概论在内容上进行了更新，增加了计算机网络当前的技术发展状况，并对计算机网络的类别进行了调整，细化了计算机网络通信原理。

第 2 章物理层在结构上改动较大，把第二版中第 2 章的数据通信基础知识去掉差错校验和控制后，其他内容并入现在的物理层，将差错校验和控制并入本书第 3 章，将第二版第 3 章物理层中的无线局域网物理层标准并入现在的第 4 章，这样使知识衔接更紧凑。本章删除了同轴电缆的内容，增加了码分多路复用技术、宽带接入技术、4G/5G 技术等内容，使知识更充实。

第 3 章数据链路层是由第二版中的第 4、5 章合并而成，增加了虚拟局域网技术，删除了 HDLC 内容，将停止等待协议、连续 ARQ 协议、流量控制等并入本书第 7 章。

第 4 章无线局域网技术是由第二版中第 3 章以及第 5 章中关于无线局域网的内容整合而成的，并增加了对无线局域网部署以及协议工作原理的描述。

第 5 章网络层是由第二版中的第 6 章和第 7 章合并而成的，删除了拥塞控制部分，对 IP 地址部分增加了例题讲解，对路由部分重新进行了归纳整理，同时增加了例题分析，逻辑性更强，增加了广域网中广泛使用的 MPLS 技术。

第 6 章下一代网际协议 IPv6 是由第二版中的第 8 章调整而来的，并增加了对现有 IPv6 骨干网的介绍、图形化和命令行方式下 IPv6 地址的设置和目前比较重要的过渡技术，删除了已被 RFC5095 弃用的路由选择扩展首部。

第 7 章传输层是由第二版中的第 9 章调整而来的，将原数据链路层中可靠传输原理调整至本章介绍，以适应目前网络的实际情况。在流量控制中增加了对滑动窗口机制的介绍。更加详细地介绍了 Socket 程序实例的函数和流程。

第 8 章应用层更新和扩充了超文本标记语言 HTML 的内容，引入了 HTML5 版本。

第 9 章网络安全技术主要沿用第二版中第 11 章的内容。

书中带"*"部分在教学中可作为选讲内容或作为学生课外阅读材料。

本书从内容的整体编排上充分考虑培养生产、管理和维护一线的计算机应用技术人才的知识结构和能力结构，强化应用特色，同时兼顾理论的深度和广度，为读者进一步研究与深造打下基础。

本书是集体智慧的结晶，作者均为常年使用本书前两版的一线教师，对书中内容有较深的体会，很多修改思想来源于教学实践。本书由季福坤、钱文光任主编，魏艳娜、邹澎涛、颜煜任副主编。第 1 章由季福坤、魏艳娜编写，第 2 章、第 8 章由魏艳娜编写，第 3 章、第 5 章由钱文光编写，第 4 章由钱文光、李会民编写，第 6 章和第 7 章由邹澎涛编写，第 9 章由颜煜编写。本次改版由季福坤对内容选择、知识深度把握及描述方法等进行统一协调。书中相当一部分内容保留了第二版的精华。一部分原书作者没有参加此次改版工作，但他们在第二版中的贡献不会由于第三版的出现而被磨灭，这里对张景峰、孙广路、张云峰、刘洁等第二版作者表达深深的谢意。

在第三版的编写过程中，编者参考了大量的相关书籍和资料，吸取了同仁的宝贵经验，我们会在参考文献中列出所有参考资料，在此一并表示谢意。

由于作者水平有限，书中难免存在不当之处，恳请广大读者批评指正。

主编电子邮箱：jifk@nciae.edu.cn，qianwenguang@sohu.com。

编　者
2019 年 12 月

第一版前言

随着计算机网络技术的飞速发展，数据通信与计算机网络技术两个学科的边界正在消失，其内容也在不断融合。计算机联网的目的不仅仅在于如何将计算机设备连在一起，而更在于如何使连在一起的计算机进行有效和可靠的通信以及资源共享。

进入到 21 世纪，计算机网络已相当普及，从实验室的小型局域网到校园网、城域网直到连接全球的互联网，网络几乎覆盖了世界的每一个角落，渗透到了社会生活的每一个领域。在全球的网络中，设备类型不同、软件系统不同、语言不同、运行模式不同，基于这样复杂的系统，世界各地的计算机是如何互相通信的呢？网络系统是如何将信息安全高效地从一个地方传到另一个地方的呢？本书就是针对这样的问题，由浅入深地在数据通信基础的支撑下，对计算机网络的传输原理及协议进行分析并辅以协议数据单元的实例，旨在帮助学生对计算机网络的数据传输技术进行研究，使其能够理解计算机网络的工作原理，为今后从事计算机网络协议的开发利用和计算机网络的管理与维护打下坚实的基础。

本书根据《21 世纪高等院校规划教材》的编写原则和指导思想进行编写，内容直接面向应用型本科院校培养人才的需要，在对基本的数据通信基础知识进行研究的基础上，对计算机网络传输协议逐层进行分析，并以在网络上捕获到的实际协议数据单元为参照，研究计算机网络传输协议在计算机网络工作过程中所起的作用。作为系列教材之一，本书既注重理论联系实际，强调应用技术和实践，又注重学科体系的完整性，以满足当前高等院校应用型人才培养目标的知识需求。鉴于计算机网络技术的发展及 Internet/Intranet 的应用现状，本书将 TCP/IP 体系结构作为计算机网络协议的重点予以描述，体现了时代性与实用性。为跟踪通信技术和计算机网络技术的发展，书中对当前最新技术也有所介绍。

全书共 12 章，内容包括：计算机网络体系结构及相关标准、数据通信基础、TCP/IP 体系结构及协议分析、Internet 应用协议、局域网体系结构、ATM 技术、城域网络技术、计算机网络安全等。

书中带"*"部分在教学中可作为选讲内容或作为学生课外阅读材料。

本书依据教材体系，在作者多年从事网络技术教学及科研工作的基础上，针对教学对象的特点和培养目标，从大量的技术资料中精选而得。除了可用作高等院校的教材外，还兼顾一般读者的需要，可作为有志于从事计算机网络技术应用开发及计算机网络管理与维护人员的自学参考书。

本书由季福坤担任主编，荆淑霞、汤霖担任副主编。各章编写分工如下：第 1 章由朱蓬华编写，第 2 章至第 4 章以及第 9 章由荆淑霞编写，第 5 章、第 8 章、第 10 章由汤霖编写，第 6 章、第 7 章及第 11 章由季福坤编写，第 12 章由邹澎涛编写。

在本书的编写过程中，编者参考了很多相关书籍和大量的技术资料，采用了一些相关内容，吸取了很多同仁的宝贵经验，在此谨表谢意。

由于时间仓促及作者水平所限，书中错误之处在所难免，恳请广大读者批评指正。

编　者
2004 年 6 月

目　　录

第 1 章 计算机网络概论

本章主要介绍了网络的一些背景知识，这些知识有助于读者对网络技术的学习，同时，讨论一些网络的基本概念。本章还涉及一些网络协议的基本概念。通过本章的学习，读者应该重点理解和掌握以下内容：

- 计算机网络的基本概念
- 计算机网络的基本构成
- 计算机网络的类别
- 网络协议的层次结构及工作原理
- OSI 参考模型的基本结构
- TCP/IP 模型的基本组成

1.1 计算机网络与 Internet

1.1.1 计算机网络的产生与发展

20 世纪 60 年代，电话网的是全世界覆盖最广的通信网络，它采用电路交换（Circuit Switching）的方式传输电话两端的语音信号，而且传输速率基本上不会变化。

20 世纪 60 年代初期，计算机越来越多地用于科学计算和信息处理。但当时的计算机大多是多用户共享系统或分时共享系统。一台计算机通过通信线路与若干本地终端及远程终端连接，或多个终端共享一条通信线路与一台主机连接，形成简单的"终端－通信线路－计算机"通信系统，如图 1-1 所示，所采用的通信线路除与计算机直接相连的线路外，均通过电话网络连接，又称为拨号连接。

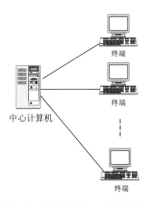

图 1-1 "终端－通信线路－计算机"通信系统

　　"终端－通信线路－计算机"通信系统除中心计算机外，其余的终端设备都没有自主处理功能，只能在键盘上输入命令并通过通信线路将命令传输给中心计算机，然后由中心计算机将处理结果传给终端。这就是最初的计算机与通信线路的协同工作网。

　　此后，世界上若干个互不相知的工作组开始研究开发一种称为"包交换（Packet Switching）"的技术，又称为"分组交换"技术。作为可以替换电路交换的通信技术，包交换技术使得通信更加稳定与高效。首次发表研究结果的是伦纳德·克兰罗克（Leonard Kleinrock），他在麻省理工学院（MIT）读研期间便完成了该项研究。之后，他和工作组的另外两个同事李克林德（L.C.R. Lichlinder）、劳伦斯·罗伯茨（Lawrence Roberts）作为计算机科学与程序设计的领导组加入了美国高级研究计划局（Advanced Research Projects Agency，ARPA）。罗伯茨发布了ARPAnet 设计规划，ARPAnet 是第一次使用了包交换技术的计算机网络，是当今 Internet 的鼻祖。早期的包交换机是人们熟悉的"接口信息处理机"（Interface Message Processors，IMP），所有联网计算机（称作"主机"，Host）及其他设施通过 IMP 访问或提供网络资源。1969 年5 月，在克兰罗克的领导下，第一台 IMP 安装在了加州大学洛杉矶分校（UCLA）。紧接着，另外三台 IMP 分别安装在了史坦福研究院（SRI）、加州大学圣塔芭芭拉分校（UCSB）和犹他州立大学。Internet 雏形就是这 4 个节点的网络。

　　到了 1972 年，ARPAnet 扩展到了 15 个节点。跨过 ARPAnet，从一端到达另一端所使用的主机到主机协议也趋于完善，这就是人们所了解的网络控制协议（Network Control Protocol，NCP）。第一个在这个协议上的应用程序——电子邮件处理系统也于 1972 年诞生。

1.1.2　Internet 简介

　　最初的 ARPAnet 是一个独立的网络，只有连接在其中的一个 IMP 上才有可能与其他的主机通信。20 世纪 70 年代中期，包括美国在内的多个国家先后建立了基于 ARPAnet 包交换技术的计算机网络。此外，还有其他一些国家的网络也在建设。然而，这些网络之间无法互联互通。世界需要相互沟通，需要将一个网络连接到另一个网络，甚至一个网络包含另一个网络（网络中的网络）。网络的互联尤其是异构网络的互联互通成了当时世界的迫切需求。

　　当时领衔研究网络互联问题的是美国国防部高级研究计划局。而这一领域的先驱是文滕·瑟夫（Vinton Cerf）和罗伯特·卡恩（Robert Kahn）。

　　互联网的关键是 TCP/IP 协议。最初称作 TCP（Transmission Control Protocol），后来 IP（Internet Protocol）从中分化出来并且开发了 UDP。在 20 世纪 70 年代末到 80 年代初，TCP/IP取代了 NCP 成为 Internet 的通用标准协议。它较好地解决了一系列异种机、异构网互联的理论与技术问题，所产生的关于资源共享、分散控制、分组交换、网络分级（资源子网与通信子网）和网络协议分层等思想，成为当代计算机网络建设的关键标准。

　　1985 年，美国国家科学基金会（National Science Foundation，NSF）斥巨资建造了全美五大超级计算中心。为了使美国的科学家、工程师能共享这类超级计算设施，NSF 想要利用ARPAnet 的通信能力。初期的 NSFnet 比当时的 ARPAnet 应用范围小得多，传输速率只有56kbps，所以无法实现连接美国 100 所高等院校的计算机与网络的目标。1987 年，NSF 决定建立自己的基于 IP 协议的主干网。NSF 首先在全国建立起了按地区划分的计算机广域网，然后将这些广域网与超级计算中心相连，最后再将各超级计算中心互联起来。

　　1988 年 9 月，新主干网 NSFnet 投入正式运行，速度升至 T1 级，即 1.544Mbps。除了实现建网目标外，NSFnet 还连接了其他 13 个国家的多个超级计算中心，并逐步向全社会开放。1990 年，它全面取代 ARPAnet，成为 Internet 的主干网。

然而随着网络信息量的剧增，NSFnet 很快就不堪重负。NSF 不得不考虑采用新的网络技术来适应发展的需要，于是，它实施了一个旨在进一步提高网络性能的 5 年研究计划。该计划导致了由 Merit、IBM 和 MCI 公司合作创办的 ANS 公司（Advanced Network & Service Inc）的诞生。由 IBM 公司提供计算机设备和软件，电话公司 MCI 提供光纤长途通信线路，网络公司 Merit 经营网络，ANS 提供能以 44.746Mbps 速率传输的 T3 级主干网，传输线路容量是 NSFnet 的 30 倍。到 1991 年底，NSFnet 的全部主干网点都已与 ANS 提供的 3 级主干网连通。然而由于历史的原因，人们并不常提起 ANSnet，仍习惯将其称为 NSFnet。

NSFnet 对推广 Internet 的重大贡献是使 Internet 对全社会开放，使其具有全球范围的社会性。NSFnet 从建网（1986 年）到让位于 ANSnet（1992 年），前后经过 6 年的时间。1992 年至 1995 年是它与 ANSnet 并行交叉发展的阶段。

20 世纪 90 年代，Internet 的重大事件之一是开发出了万维网（World Wide Web，WWW），也称为 Web，它使得 Internet 走进了家庭，应用于各行各业。Internet 上的许多应用也随之诞生，如电子邮件、电子商务、点对点通信等。许多公司在 Internet 上从事商务活动并获得巨大收益。从 20 世纪 90 年代至今，网络技术也取得了长足的发展。例如，高速路由器的出现、多种更有效的路由选择算法的采用、局域网交换技术的应用、实时在线多媒体应用和网络安全的实施等。

中国互联网的产生虽然比较晚，最早着手建设专用计算机广域网的是中国铁路总公司（原铁道部），它在 1980 年就开始进行计算机联网实验。

中国组建的第一个公用分组交换网（CNPAC），是 1988 年从法国 SESA 公司引进的实验网，该实验网由 3 个分组结点交换机、8 个集中器和 1 个双机组成的网络管理中心组成，于 1989 年 11 月正式投入使用。由于该网络的覆盖面不大，端口数较少，无法满足信息量较大、分布较广的企业和部门的需求，原邮电部决定扩建中国的公用分组交换网，扩建后的公用分组数据交换网（CHINAPAC）由国家主干网和各省（自治区、直辖市）的省内网组成，于 1993 年 9 月建成投入使用。

在 20 世纪 80 年代后期，公安、银行、军队等也相继建立了各自的专用计算机广域网。1993 年 3 月 2 日，中国科学院高能物理研究所租用 AT&T 公司的国际卫星信道接入美国斯坦福线性加速器中心（SLAC）的 64K 专线正式开通。专线开通后，美国政府以 Internet 上有许多科技信息和其他各种资源，不能让某些国家接入为由，只允许这条专线进入美国能源网而不能连接到其他地方。尽管如此，这条专线仍是中国部分连入 Internet 的第一条专线。1994 年 4 月 20 日，中国通过一条 64K 的国际专线，全功能接入国际互联网，这成为了中国互联网时代的起始点。1994 年 5 月，中国科学院高能物理研究所设立了中国第一个万维网服务器，推出了中国第一套网页。1994 年 9 月，中国公用计算机互联网 CHINANET 正式启动。1995 年 12 月，中国教育和科研计算机网（CERNET）通过国家计委组织的验收。1996 年 2 月，中国科学技术网 CSTNET 正式建成。1996 年 9 月，中国金桥信息网 CHINAGBN 正式开通。

中国在 1996 年底建成四个基于 Internet 技术并可以和 Internet 互联的全国性公用计算机网络，即中国公用计算机互联网 CHINANET、中国教育和科研计算机网 CERNET、中国科学技术网 CSTNET 和中国金桥信息网 CHINAGBN。

2004 年 12 月，中国下一代互联网示范工程 CNGI 核心网 CNGI-CERNET2 的主干网正式开通，成为世界上最大的纯 IPv6 互联网。中国互联网络信息中心（CNNIC）2018 年在北京发布的第 42 次《中国互联网络发展状况统计报告》显示，截至 2018 年 6 月 30 日，中国网民规模达 8.02 亿人，互联网普及率为 57.7%。2018 年上半年新增网民 2968 万人，较 2017 年末增长 3.8%；中国手机网民规模达 7.88 亿人，网民通过手机接入互联网的比例高达 98.3%。

如今，在生活、医疗、银行、采购、出行、学习等方面，人们已经离不开网络，甚至当脑海里出现一个小小的疑问时，首先想到的是到网上寻求答案。网络技术和各种应用还在高速发展，网络将深度改变人们的生活。

1.1.3　计算机局域网

进入 20 世纪 80 年代后，以 IBM PC 为代表的个人计算机（简称 PC）得到了蓬勃发展。随着 PC 性能的提高和价格的下降，其数量急剧增加，应用范围迅速扩展到社会的各个方面。基于信息交换、资源共享的需求，一些部门开始建立连接本部门有限区域内的 PC 的计算机网络，由于网络的覆盖范围有限，一般是一个办公室或一栋办公楼，因此将其称为局域网。

以太网（Ethernet）的出现是计算机网络发展史上的一个里程碑。在 DARPA 致力于从事 Internet 的研究的同时，美国夏威夷大学的一个计算机网络研究团队在诺曼·艾布拉姆森（Norman Abramson）的带领下建立了 ALOHAnet，这是一个通过无线电链路联接岛上的各个大学和研究机构的网络。其首次采用了多路访问协议（Multiple-Access Protocol）共享传输媒体。后来，Robert Metcalfe 和 David Boggs 在开发以太网协议（Ethernet Protocol）的时候，采用了多路访问协议的工作机制。以太网通过一条线路联接若干计算机，采用广播式通信的方式，运用"具有冲突检测的载波监听与多路访问"协议，使得网络上的计算机共享一条线路。以太网成为计算机局域网建设中采用的主要协议标准。经过近 40 年的发展，计算机局域网大多从共享传输媒体变为交换式网络，但以太网协议的核心概念仍然在使用。对计算机网络技术而言，以太网的发明与建设，几乎和 Internet 的出现具有同样重大的意义。

20 世纪 80 年代是局域网的大发展时期，也是局域网的成熟年代，其主要特点是局域网的商品化和标准化。国际上大的计算机网络公司都发布了自己的局域网产品，著名产品有美国 Xerox 公司的 Ethernet、CORVUS 公司的 Omni-NET、ZILOG 公司的 Z-NET、IBM 公司的 PC-NET、NETSTAR 公司的 PLAN 和 DATAPOINT 公司的 ARCNET 等。在这一时期，不但计算机网络的硬件和软件技术得到了充分的发展，而且计算机网络的各种国际标准也基本形成。当今，经过大浪淘沙，很多网络都已经销声匿迹了，只有 Ethernet 仍在部署与运行。而随着光通信技术的不断成熟，Ethernet 也不断改进，其概念已远不是当年在一栋大楼内和一个园区内的小范围网络，在一座城市乃至更大的范围，网络构建依然可以采用 Ethernet 标准。

人们在自己的组织内部建设局域网，又将局域网连接到 Internet，因此，局域网已经和 Internet 不可分割。Internet 是网络的网络，局域网是 Internet 的组成部分。

1.1.4　计算机网络的定义

在计算机网络形成的初期，网络规模比较小，计算机网络的定义为"利用通信线路将地理上分散的、具有独立功能的计算机系统和通信设备按不同的形式连接起来，以功能完善的网络软件实现资源共享和信息传递的系统"。然而，今天的 Internet 是网络之间互联的产物，是"网络的网络"，那么计算机网络还能用上面的定义来概括吗？

　　如今，网络已无处不在，办公设备在网络上，汽车在网络上，家里的电气设备在网络上，摄像监控设备在网络上，探测地质资源与环境的传感器在网络上，探测敌军动向的传感器也在网络上，甚至也能够通过网络对家里的窗帘进行控制。

　　因此，没有哪一句话能够准确定义当今的计算机网络。它非常复杂，无论是其硬件构成还是其软件构成，包括它所提供的功能，从一开始到今天，变化从未终止。

　　本书不急于给出计算机网络的定义，接下来会用全书的内容阐述什么是计算机网络。这也正是本书的目的所在。

1.2　计算机网络的组成

　　与最初的计算机网络相比，现在的计算机网络已经有了相当大的变化，讨论计算机网络的组成已经不是一件容易的事了。计算机网络几乎包含所有的电子设备（从计算机、移动设备、车载计算机到手机、传感器、家用电器、安防系统甚至微波炉和面包机）。计算机网络无处不在，我们在此将对计算机网络的核心部件加以介绍。一般情况下，从计算机技术的角度看，计算机网络由网络硬件和网络软件组成；从功能的角度看，计算机网络由通信子网和资源子网组成。

1.2.1　计算机网络硬件

　　网络硬件是计算机网络系统的物质基础。要构成一个计算机网络系统，首先要将计算机及其附属硬件设备与网络中的其他计算机系统连接起来。不同的计算机网络系统在硬件方面是有差别的。随着计算机技术和网络技术的发展，网络硬件日趋多样化，功能更加强大，也更加复杂，计算机网络示意图如图 1-2 所示。

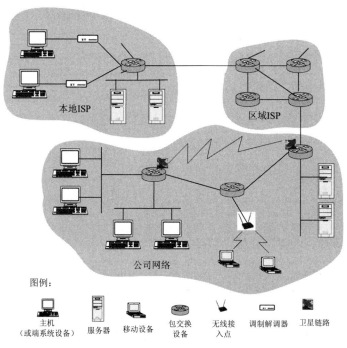

图 1-2　计算机网络示意图

1. 服务器

服务器是指在网络中提供服务的设备，是整个网络提供信息的核心设备。服务器的工作负荷很重，这就要求它具有高性能、高可靠性、高吞吐能力、大存储容量等特点。因此服务器应选用 CPU、存储器等各方面性能都很好，系统配置较高，并在设计时充分考虑散热等因素的专业服务器，以保证网络的效率和可靠性。

服务器要为网络提供服务，就会存储大量的共享信息，我们熟知的 Web 服务器、数据库服务器和邮件服务器等都是典型的服务器。

2. 主机或端系统设备

除了服务器之外，所有连接到网络并访问网络资源的设备均称为主机（Hosts）或端系统（End Systems）。若干年前，主机主要以 PC 为主。当时局域网相对独立，一般没有连接互联网。局域网上的主机有其自己的命名方法，称为网络工作站。

如今端系统变化很大。除了 PC 之外还包括像 PDA（Personal Digital Assistants）、TV、移动计算机、手机、车载机、环境监测传感设备、电子相框、家用电子、安防设施、游戏机等一些非传统设备。在某一时刻，全球有数亿计的端系统设备在访问互联网。

3. 通信链路

端系统设备之间是通过通信链路相互连接的。通信链路由传输介质和传输设备构成。

传输介质是网络中的通信线路，按其特征可分为有形介质和无形介质两类：有形介质包括双绞线、同轴电缆或光缆等；无形介质包括无线电、微波、卫星通信等。它们具有不同的传输速率和不同的有效传输距离，分别支持不同的网络类型。

事实上，端系统之间并不是靠单独的传输介质直接相连的，而是通过交换设备来使用通信链路的，也就是我们前面提到过的包交换设备。目前典型的包交换设备有路由器和链路层交换机。这些设备从一个链路上接收数据包，然后按照其目标地址转发到另一条链路上去，这样一站一站地不断接续，最终将数据包送达目的站点。

1.2.2　计算机网络软件

网络软件是实现网络功能不可或缺的软环境。网络软件通常包括网络操作系统和网络协议。

1. 网络操作系统

网络操作系统是运行在网络硬件基础上，为网络用户提供共享资源管理服务、基本通信服务、网络系统安全服务及其他网络服务的软件系统。网络操作系统是网络的核心，其他应用软件系统都需要网络操作系统的支持才能实现其功能。

在网络系统中，每个用户都可以享用系统中的各种资源，所以，网络操作系统必须对用户进行控制，否则，可能会造成系统混乱和信息数据的破坏和丢失。为了协调系统资源，网络操作系统需要通过软件工具对网络资源进行全面的管理，以及合理的调度和分配。

2. 网络协议

支持网络正常运行的另一关键部件就是网络协议。网络协议有其层次结构，底层协议（特别是物理层协议）主要依赖硬件来实现，而高层协议（如网络层、传输层和应用层协议）主要由软件来完成。在互联网运行过程中，协议控制着信息传输的整个过程。目前，TCP 与 IP 是在互联网中运行的两个的最主要协议。IP 协议定义了数据包的格式以及在路由系统中如何接收和发送数据包的运行机制。TCP 协议定义了数据包的源端点和目的端点的发送、接收、校验、确认、纠错等一系列传输机制。其实，TCP 和 IP 只是协议系统中的两个主要协议，还有一些其他协议与其共同构成协议簇，就是我们常说的 TCP/IP 协议。我们将在本书的后续章节中详细讨论协议的工作机制。

任何一个组织，想要接入互联网，就必须遵从互联网协议标准。目前，互联网协议标准（Internet Standards）由 IETF（Internet Engineering Task Force）以 RFC（Requests For Comments）文档的形式予以颁布。例如，RCF 791 是 IP 协议的最初版本，RFC 1812 是关于互联网路由协议的标准文档等。到 2011 年 2 月，RFC 文档已经发布了 6000 多份。还有一些标准化组织（如 IEEE）也颁布一些网络标准文件，这些文件以定义网络结构为主，目标在链路层以下。例如，IEEE 802.3 定义了 Ethernet 标准，IEEE 802.11 定义了无线网络的 Wi-Fi 标准等。

互联网是面向公众的网络。但一些公司、政府、军队等组织也建立自有网络，这些网络要与外界隔离，但很多依然遵从互联网标准，采用 TCP/IP 协议。人们称其为内部互联网（Intranet）。

1.3　计算机网络类别

目前，计算机网络的类别划分方式有多种，下面进行简单的介绍。

1.3.1　按网络的作用范围进行分类

1. 广域网（Wide Area Network，WAN）

广域网是分布在很大的地理区域中的网络。WAN 的最为人所熟悉的例子就是互联网。不过，WAN 也可以是专用网。举例来说，一个公司如果在很多国家都有办事处的话，就可能拥有一个公司的 WAN，通过电话线、卫星或其他技术将各个办事处互联，即用 WAN 可以将公司分布在各地的局域网连接在一起。WAN 是互联网的核心部分，其任务是通过长距离传送主机所发送的数据。

2. 城域网（Metropolitan Area Network，MAN）

城域网可以覆盖一组邻近的公司办公室和一个城市的网络，既可能是私有的也可能是公用的。目前 MAN 采用的标准是分布式队列双总线（Distributed Queue Dual Bus，DQDB）。MAN 可以支持数据和声音的传输，也可能涉及当地的有线电视网。MAN 仅使用一条或两条电缆，并且不包括交换单元。

3. 局域网（Local Area Network，LAN）

局域网常用于连接公司的办公室或工厂里的个人计算机和工作站，以便共享资源（如打印机）和交换信息。LAN 最突出的特征就是覆盖范围比较小。这里的覆盖范围不仅是地理上的，也指面向的单位，通常一个 LAN 只连接一个单位内部的计算机。

LAN 的地理范围较小，这意味着即使是局域网内最远的两台计算机，它们之间的传输时间也是有限的，并且可以预先知道传输时间。这说明 LAN 的传输速度比较快，随着技术的发展，LAN 的速度增长很快，从早期的小于 10Mbps 到 100Mbps 左右，目前已达 10000Mbps 级别。

现在局域网已经使用得非常广泛，学校或企业大都拥有多个互联的局域网，这样的网络称为校园网或企业网。

4. 个人区域网（Personal Area Network，PAN）

个人区域网是在个人工作的地方把属于个人使用的电子设备（如便携式电脑、平板电脑、便携式打印机以及蜂窝电话等）用无线技术（如蓝牙）连接起来的网络，因此也常称为无线个人区域网（Wireless PAN，WPAN），其作用范围很小，为 10m 左右。

1.3.2　按照网络的使用者进行分类

1. 公用网（Public Network）

公用网也称为公众网，是由电信部门或其他提供通信服务的经营部门出资建造的大型网络，"公用"是指所有愿意按电信部门的规定缴费的人都可以使用该网络。公用网常用于广域网的构建，支持用户的远程通信，如我国的电信网、广电网和联通网等。

2. 专用网（Private Network）

专用网是某个部门为了满足本单位特殊业务的需要而建造的网络，这种网络不向本单位以外的用户和部门提供服务。例如，军队、铁路、银行、电力等系统均有自己的专用网。

1.4　计算机网络体系结构简介

1.4.1　网络协议和网络体系结构的概念

1. 网络协议

计算机网络最基本的功能就是资源共享和信息交换。为了实现这些功能，网络中各实体之间经常要进行通信。而这些通信实体的情况千差万别，如果没有统一的约定，就好比一个城市的交通系统没有任何交通规则，大家各行其道，其结果肯定是乱作一团。人们常把国际互联网络叫作信息高速公路，要想在上面实现资源共享、信息交换，就必须遵循一些事先制定好的规则标准，这就是网络协议。

其实，协议在现实生活中无处不在，例如，当你要询问另一个人当前的时间，一个典型的对话过程如图 1-3（a）所示，说明如下。

先由对话的发起方用问候的方式建立双方的通信联系，比如发起方说："你好!"，正常情况下，对方也会回答"你好!"作为对发起方的回应。紧接着发起方问："请问几点了？"，对方回答："九点半"，询问时间成功。也可能会收到其他的回答，如"不要打扰我""我不会说汉语"。可能还有其他的拒绝方式，甚至干脆就不做任何回答，表明对方不愿意对话或者无法和你对话，在这种情形下，人们就会理解"协议"不再去问时间了。人们发出信息然后得到信息的反馈（收到信息），再根据反馈的信息判断如何继续会话，这就是人与人之间的协议。如果人们之间执行着不同的协议，比如，对于一个人的行为方式，另一个人无法理解，或者对于一个人所说的时间概念（如几点了？），另一个人根本不懂这是在询问时间，那么这个协议就根本无法工作。计算机网络所应用的协议和人与人之间交流的协议，方式大体相同，无非是将人换成了程序实体。两个或者多个实体之间应用相同的协议才能进行数据交换。

再看另外一个情形。在计算机网络的课堂上，老师在讲计算机网络协议，学生们出现了理解困难，老师停下来问："大家有什么问题吗？"（一个信息传输出去，被课堂内的学生所接收），你举起了手（向你的老师传递了一个指示信息），老师以微笑响应了你的信息并说："请说。"（传递了一个让你发问的信息给你）之后你开始提问（向老师传递你的信息），老师听到了你的问题（接收到了问题信息），然后开始回答（向你传输回应信息）。循环往复，直到问题讨论明白。从这个例子中我们看到了信息的发送与接收，响应与证实。事实上就是我们心里执行的"问与答协议"。在这个协议中有一些约定大家都要遵守，比如：你要发问必须先举手，获得老师的允许你才能提问；如果你明白了老师的解答，要予以确认；最后发送感谢老师的信息来结束这次协议过程。

　　计算机网络协议和人类交流的协议非常类似，无非是将执行协议的对象换成了某些硬件或软件实体（如计算机、路由器以及网卡等）。两个或者多个软硬件实体按照协议进行信息交换。例如，两个相连的计算机由网卡执行协议控制线路上的位流信号的传输；端系统之间的拥塞控制协议管理着发送者和接收者之间的数据包传输速率；路由器中运行的协议决定着数据包从源端到目的端传输过程中的路径选择。互联网中的信息传输都是在协议控制下进行的。

　　以一个常用的例子说明计算机网络协议。我们设想，当向浏览器中输入一个网址（URL）去请求一个网页时会发生什么，其交互过程如图 1-3（b）所示。第一步，浏览器会发送给 Web 服务器一个连接请求并等待回应；第二步，正常情况下 Web 服务器会收到这个连接请求并返回一个连接响应；第三步，浏览器知道了服务器已经准备好了，便发送 GET 信息向服务器发送所请求的 Web 页面的名字；第四步，Web 服务器将浏览器所请求的网页（也可能是一个文件）发回到计算机的浏览器。

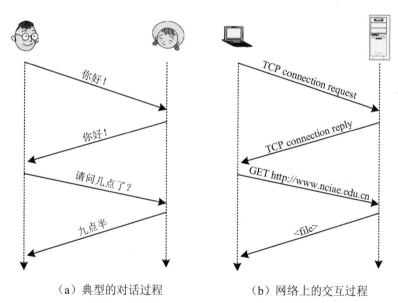

（a）典型的对话过程　　　　　（b）网络上的交互过程

图 1-3　人的对话过程与计算机网络协议

　　通过上述例子我们得知，计算机网络协议定义了计算机网络中两个或多个通信实体之间交换信息的格式和顺序，以及在信息传输过程中所应产生的各项行为的规则约定。

　　网络协议有三个要素，即：

　　（1）语法（Syntax）：规定数据与控制信息的格式、数据编码等。

　　（2）语义（Semantics）：规定控制信息的内容、需要做出的动作及响应。

（3）时序（Timing）：规定事件先后顺序和速度匹配。

网络协议只确定各种规定的外部特点，不对内部的具体实现做任何规定。这同人们日常生活中的一些规定是一样的，规定只说明做什么，对怎样做一般不作描述。计算机网络软硬件厂商在生产网络产品时，都是按照协议规定的规则生产产品，使产品符合协议规定的标准，但生产厂商选择什么电子元件、使用何种语言是不受约束的。

2. 网络体系结构

网络协议对计算机网络来说是不可或缺的，一个功能完备的计算机网络需要制定一整套复杂的协议集。计算机网络协议最好的组织方式就是层次结构模型。每一相邻层之间有一个接口，不同层间通过接口向它的上一层提供服务，并把如何实现这一服务的细节对上一层加以屏蔽。我们将网络层次结构模型与各层协议的集合定义为计算机网络体系结构（Network Architecture）。网络体系结构对计算机网络应该实现的功能进行了精确的定义，而这些功能是用什么样的硬件与软件去完成的，则是具体的实现问题。体系结构是抽象的，而实现是具体的，它是指能够运行的一些硬件和软件。

计算机网络协议采用层次结构模型，具有以下优点。

（1）各层之间相互独立。高层并不需要知道低层是如何实现的，而仅需要知道该层通过层间的接口所提供的服务。

（2）灵活性好。当任何一层发生变化时（如由于技术的进步实现技术的变化），只要接口保持不变，则此层以上或以下各层均不受影响。另外，当某层提供的服务不再需要时，甚至可将这层取消。

（3）各层都可以用最合适的技术来实现。各层实现技术的改变不影响其他层。

（4）易于实现和维护。整个系统被分解为若干个易于处理的部分，这使得对于庞大而又复杂系统的实现和维护变得容易。

（5）有利于促进标准化。每一层的功能及其提供的服务都已有了精确的说明，易于形成标准。

1974 年，IBM 公司提出了世界上第一个网络体系结构，即系统网络体系结构（System Network Architecture，SNA）。此后，许多公司纷纷提出各自的网络体系结构。这些网络体系结构的共同之处在于它们都采用了分层技术，但层次的划分、功能的分配与采用的技术术语等均不相同。随着信息技术的发展，各种计算机系统联网和各种计算机网络的互联成为人们迫切需要解决的课题。OSI 参考模型就是在这个背景下提出的。

1.4.2　ISO/OSI 参考模型

1. 背景

国际标准化组织（International Organization for Standardization，ISO）成立于 1947 年，是国际标准化领域中一个十分重要的组织。它的宗旨就是促进世界范围内的标准化工作，以便于国际间的物资、科学、技术和经济方面的合作与交流。

随着网络技术的进步和各种网络产品的出现，对网络产品公司和广大用户来说，都希望解决不同系统的互联问题。在此背景下，1977 年，ISO 建立了一个专门委员会，在分析和消化已有网络的基础上，考虑到联网的方便性和灵活性等要求，提出了一种不依赖于特定机型、操作系统或公司的网络体系结构，即开放系统互联参考模型（Open System Interconnection/ Reference

Model，OSI/RM）。OSI 定义了异种机互联的标准框架，为联接分散的"开放"系统提供了基础。这里的"开放"表示任何两个遵守 OSI 标准的系统都可以进行互联；"系统"指计算机、外部设备和终端等。

从目前来看，OSI 模型并不特别成功。由于该模型过于追求全面和完美，故而显得臃肿。实际上，没有哪一家公司的网络产品完全遵从它。而 TCP/IP 参考模型从一开始就追求实用，反而成为今天事实上的工业标准。尽管如此，OSI/RM 的贡献仍然是巨大的，特别是在模型中明确定义了服务、接口和协议这三个概念，对于实现协议软件工程化非常重要。因此 OSI 模型对讨论计算机网络仍十分有用，是概念上的重要参考模型。

2. ISO/OSI 参考模型的分层结构

OSI 参考模型定义了开放系统的层次结构和各层所提供的服务。它清晰地分开了服务、接口和协议这三个容易混淆的概念：服务描述了每一层的功能，接口定义了某层提供的服务如何被高层访问，而协议是每一层功能的实现方法。通过区分这些抽象概念，OSI 参考模型将功能定义与实现细节分开，概括性高，使它具有了普遍的适应性。

OSI 参考模型本身并不是网络体系结构。按照定义，网络体系结构是网络层次结构和相关协议的集合，通过下面对 OSI 参考模型各层的介绍，我们不难发现，它并没有精确定义各层的协议，也没有讨论编程语言、操作系统、应用程序和用户界面，只是描述了每一层的功能。但这并不妨碍 ISO 制定各层的标准，只不过这些标准不属于 OSI 参考模型本身。

OSI 参考模型将网络的功能分成了七层，分别是应用层（Application Layer）、表示层（Presentation Layer）、会话层（Session Layer）、传输层（Transport Layer）、网络层（Network Layer）、数据链路层（Data Link Layer）和物理层（Physical Layer）。OSI 参考模型结构如图 1-4 所示。OSI 参考模型是分层体系结构的一个实例，每一层是一个模块，用于执行某种主要功能，并具有自己的一套通信指令格式，即协议。用于相同层的两个功能实体之间通信的协议称为对等协议。

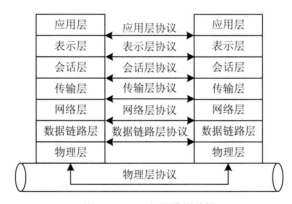

图 1-4　OSI 参考模型结构

OSI 参考模型中的层由实体（Entity）组成，这些实体执行规定的网络任务，它实际上就是任何可以发送或接收信息的硬件或软件进程。在特殊情况下，实体就是一个特定的软件模块。每一层可以包含一个或多个实体。

在不同的开放系统中的对等实体之间，可以进行通信。控制两个对等实体间通信的规则的集合称为协议，两个实体间的通信使得 N 层能够向上一层提供服务，协议和服务是两个不同的概念。相邻实体间的通信是通过它们的边界进行的，该边界称为相邻层间的接口。在接口处规定了下层向上层提供的服务，以及上（下）层实体请求（提供）服务所使用的形式规范语句，这些形式规范语句称为服务原语。因此可以说，相邻实体通过服务原语进行交互。

协议是"水平的"，是对等层实体之间的通信规则，而服务是"垂直的"，是下层通过层间接口向上层提供的。

相邻层间的服务是通过其接口界面上的服务访问点（Service Access Point，SAP）进行的，服务访问点就是相邻两层之间交换信息的逻辑接口，也可称为端口（Port）或插口（Socket），每个 SAP 都有一个唯一的地址号码。

在 OSI 模型中，既存在对等实体间传送的数据，也存在相邻层实体间传送的数据，在该体系结构中对这些数据进行了抽象的定义，主要有服务数据单元（Service Data Unit，SDU）、协议数据单元（Protocol Data Unit，PDU）和接口数据单元（Interface Data Unit，IDU）。这些数据单元相邻两层之间的关系如图 1-5 所示。

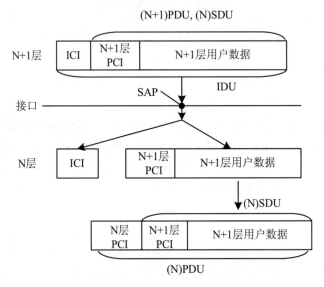

图 1-5　数据单元相邻两层之间的关系

SDU 指的是 N 层服务所要传送的逻辑数据单元，如果假设 N 层是一个货车，那么 SDU 就是 N 层所要装载的货物，PDU 是在通信的发送端和接收端系统之间的同层对等实体为实现该层协议所交换的信息单元，也就是说当货车将货物运输到了目的端点的对等层时，该层负责处理该货物的信息。PDU 由两部分组成：本层的用户数据和本层的协议控制信息（Protocol Control Information，PCI）。IDU 指的是在本端点系统中，相邻两层实体交互时，经过层间接口交换的信息单元，或者说是用户将货物交代给货车司机的交接协议。一个接口数据单元由一个 SDU 和适当的接口控制信息（Interface Control Information，ICI）组成。

3. 服务原语

服务在形式上是由一组原语（Primitive）（或操作）来描述的。这些原语供用户和其他实体访问该服务，并通知服务提供者采取某些行动或报告某个对等实体的活动。原语可以划分为 4 类，其分类及含义见表 1-1。

表 1-1　原语的分类及含义

原语	含义
请求	一个实体希望得到完成某种操作的服务
指示	通知一个实体，有某个事件发生
响应	一个实体希望响应一个事件
证实	返回对先前请求的响应

原语可以带参数，如连接请求原语的参数可以指明它要与哪一台机器连接、需要的服务类别等。连接指示原语的参数可能包含呼叫者的标识、需要的服务类别等。被呼叫实体可以在响应原语的参数里同意或不同意连接。当同意时，也可能对某些参数给出协商值，如最大报文长度。服务原语的执行过程如图 1-6 所示。

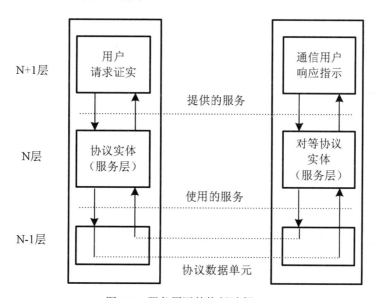

图 1-6　服务原语的执行过程

服务有证实和非证实之分。证实的服务，使用请求、指示、响应和证实四类原语。非证实原语只用请求和指示原语。建立连接的服务总是证实的服务，可用连接响应作肯定证实，表示同意建立连接；否定证实表示拒绝，或用断开请求表示拒绝。数据的传送既可以是证实的，也可以是非证实的，这取决于发送端是否需要该数据。

4. OSI 参考模型各层的功能

（1）物理层。在 OSI 参考模型中，物理层是参考模型的最低层。该层是网络通信的数据传输介质，由连接不同节点的电缆与设备共同构成。物理层的主要功能是利用传输介质为数据链路层提供物理连接，负责处理数据传输并监控数据出错率，以实现数据流的透明传输。

（2）数据链路层。在 OSI 参考模型中，数据链路层是参考模型的第 2 层。数据链路层的主要功能是在物理层提供的服务的基础上，在通信的实体间建立数据链路连接，传输以"帧"为单位的数据包，并采用差错控制与流量控制的方法，使有差错的物理线路变成无差错的数据链路。

（3）网络层。在计算机网络中，计算机间的通信可能要经过许多中间节点、链路，甚至若干个网络。网络层的主要功能就是在通信的源节点和目的节点间选择一条最佳路径，使传送的数据分组（信息包）能正确无误地到达目的地，同时还要负责处理网络中的拥塞控制、负载均衡等问题。网络层向传输层提供面向连接和无连接两种服务，网络层传送的数据单位是分组或包。

（4）传输层。传输层在会话层的两个实体之间建立传输连接，传输层提供两个端系统之间可靠、透明的数据传送。为此，它要进行差错控制、顺序控制和流量控制等。传输层传送数据的单位是报文，一个大的报文可分成若干个分组传送。传输层不属于通信网络，它只存在于端系统中。传输层的软件在主机上运行。

（5）会话层。会话层在两个互相通信的应用进程之间建立会话连接，然后进行数据交换，数据交换的单位是报文。会话层还具有会话管理、令牌管理、同步管理等功能。会话层虽然不参与具体的数据传送，但它要对数据传送进行管理。

（6）表示层。表示层主要解决用户信息的语法表示问题，它将适合于用户的信息表示（抽象语法）转换为适合 OSI 内部使用的传送语法，即完成信息格式的转换。另外传送数据的加密和解密也是表示层的任务之一。

（7）应用层。应用层是 OSI 参考模型中的最高层，包含计算机网络的众多用户应用协议，如电子邮件、目录查询等功能。在 OSI 参考模型的七个层次中，应用层是最复杂的，所包含的协议也最多，并且有一些协议还正在研究和开发之中。

在 OSI 参考模型中，1～4 层（称为低层）是面向通信的；5～7 层（称为高层）是面向信息处理的。其中第 4 层（传输层）是执行网络通信功能的最高层，但它只存在于端系统，可以认为是传输和应用之间的接口，所以传输层是网络体系结构中很重要的一层。

1.4.3　TCP/IP 参考模型

1. TCP/IP 的产生与发展

尽管 OSI 参考模型得到了全世界的认同，但是互联网历史上和技术上的开发标准都是 TCP/IP 模型。TCP/IP 模型及其协议簇使得几乎世界上任意两台计算机间的通信成为可能。

TCP/IP 是传输控制协议/网际协议的缩写，当初是为美国国防部高级研究计划局设计的，其目的在于使各种各样的计算机都能在一个共同的网络环境中运行。TCP/IP 协议的形成有一个过程。1969 年初建立的 ARPAnet 主要是一项实验工程。20 世纪 70 年代初，在最初建网实践经验的基础上，开始了第二代网络协议设计工作，称为网络控制协议（NCP）。70 年代中期，国际信息处理联合会进一步补充和完善了 NCP 的开发工作，从而出现了 TCP/IP。80 年代初，美国伯克利大学将 TCP/IP 设计在 UNIX 操作系统的内核中。1983 年美国国防部宣布，将 ARPAnet 的 NCP 完全过渡到 TCP/IP，成为正式的军用标准。与此同时，SUN 公司将 TCP/IP 引入了广泛的商业领域。

TCP/IP 是先于 OSI 模型开发的，故不符合 OSI 标准，但 TCP/IP 已被公认为当前的工业标准。TCP/IP 协议成功地解决了不同网络之间难以互连的问题，实现了异构网络的互联通信。TCP/IP 协议是当今网络互连的核心协议，可以说没有 TCP/IP 协议就没有今天的网络互联技术，更没有今天的以互联技术为核心建立起来的互联网。

TCP/IP 协议具有以下特点：

（1）协议标准具有开放性，独立于特定的计算机硬件及操作系统，可以免费使用。

（2）统一分配网络地址，使得每个 TCP/IP 设备在网中都具有唯一的 IP 地址。

（3）实现了高层协议的标准化，能为用户提供多种可靠的服务。

2．TCP/IP 的层次结构

由于通信系统的复杂性，协议分层有助于降低复杂度、增强可靠性和适用范围。与 OSI 参考模型相比，TCP/IP 的体系结构共有四个层次，即应用层、传输层、网络互联层和网络接口层，OSI 参考模型和 TCP/IP 参考模型对比如图 1-7 所示。

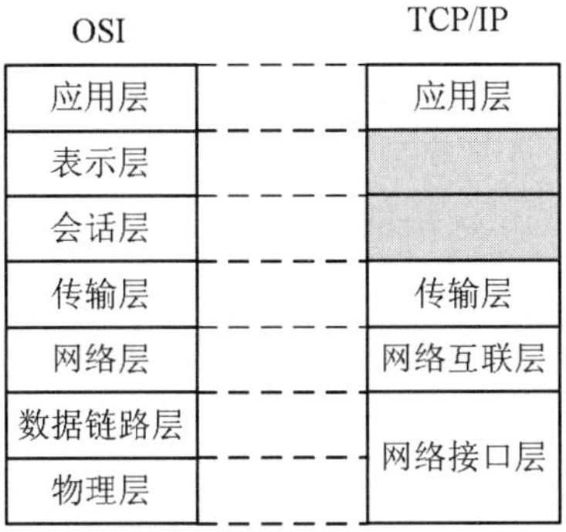

图 1-7　OSI 参考模型和 TCP/IP 参考模型对比

从图 1-7 中可以看出，TCP/IP 是构筑在物理层硬件概念性层次基础之上的。由于在设计 TCP/IP 时并未考虑到要与具体的传输介质相关，所以没有对数据链路层和物理层做出规定。实际上，TCP/IP 的这种层次结构遵循对等实体通信原则，每一层实现特定功能。TCP/IP 的工作过程，可以通过"自上而下"或"自下而上"形象地描述，数据信息在发送端的传递按照"应用层—传输层—网络互联层—网络接口层"的顺序，在接收端则相反，遵循低层为高层服务的原则。

下面介绍 TCP/IP 协议各层的功能。

（1）应用层。TCP/IP 的设计者认为高层协议应该包括会话层和表示层的细节，他们简单创建了一个应用层来处理高层协议及有关表达、编码和对话的控制。TCP/IP 将所有与应用相关的内容都归为一层，并保证为下一层适当地将数据分组（打包），这一层也被称为处理层。

（2）传输层。传输层负责处理可靠性、流量控制和重传等典型问题。其中，传输控制协议（TCP）能提供优秀和灵活的方式以创建可靠的、流量顺畅和低错误率的网络通信过程，这一点和 OSI 模型的传输层非常类似。

（3）网络互联层。网络互联层用于把来自互联网络上的任何网络设备的源分组发送到目的设备，而且这一过程与它们所经过的路径和网络无关。该层会自动完成路由的选择。

（4）网络接口层。网络接口层是 TCP/IP 参考模型的最低层。该层主要负责底层物理网络的接入，可以连接各种类型的物理网络，如各种广域网和局域网。它包括 OSI 参考模型中物理层和数据链路层的所有细节。

3．TCP/IP 的协议簇

与 OSI 模型不同，在 TCP/IP 参考模型中每层都有具体的协议，这些协议构成了 TCP/IP

的协议簇。图 1-8 展示了 TCP/IP 参考模型各层的协议。

| 应用层 | Telnet | FTP | SMTP | DNS |
| | | | | 其他协议 |

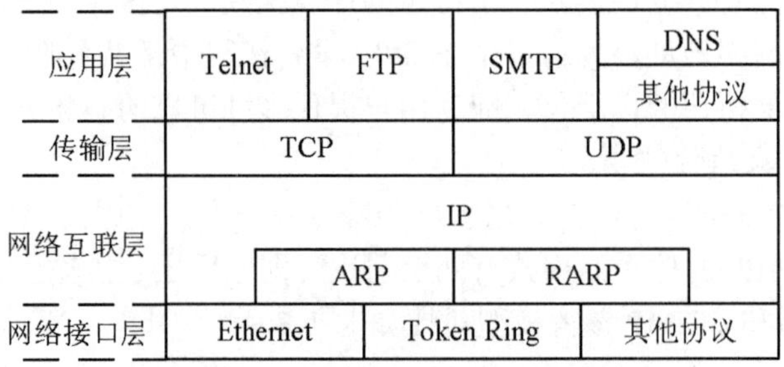

图 1-8 TCP/IP 参考模型各层的协议

（1）网络接口层。网络接口层是 TCP/IP 的最低层，负责网络层与硬体设备间的联系，这一层的协议非常多，包括逻辑链路控制协议和介质访问控制协议等。

（2）网络互联层。网络互联层解决的是计算机之间的通信问题，它包括以下三个方面的功能。

- 处理来自传输层的分组发送请求，收到请求后将分组装入 IP 数据报，填充报头，选择路径，然后将数据报发往适当的网络接口。
- 处理数据报。
- 处理网络控制报文协议，即处理路径、流量控制、拥塞等问题。

在网络互联层，主要定义了网络互联协议（IP）以及数据分组的格式。它的主要功能是路由选择和拥塞控制。另外，本层还定义了地址解析协议（ARP）和反向地址解析协议（RARP）以及网络报文控制协议（ICMP），这些在后面的章节将会介绍。

（3）传输层。传输层解决的是计算机程序之间的通信问题，即通常所说的"端到端"的通信。传输层对信息流具有调节作用，提供可靠性传输，确保数据传输无误。

传输层的主要协议有 TCP 和 UDP。TCP 协议是可靠的、面向连接的协议。它用于包交换的计算机通信网络、互连系统以及类似的网络拓扑，保证通信主机之间有可靠的字节流传输。UDP 是一种不可靠的、无连接协议。它的优点是协议简单，额外开销小，效率较高；缺点是不保证正确传输，也不排除重复信息的发生。若要保证数据可靠传输，应选用 TCP 协议；相反，对数据精确度要求不是太高，而对速度、效率要求很高的环境，如声音、视频的传输，应该选用 UDP 协议。

（4）应用层。应用层提供一组常用的应用程序给用户。在应用层，用户调用访问网络的应用程序，应用程序与传输层协议相配合，发送或接收数据。每个应用程序都有自己的数据形式，可以是一系列报文，也可以是字节流，但不管采用哪种形式，都要将数据传送给传输层以便交换。

应用层的协议主要有超文本传输协议（HTTP）、文件传输协议（FTP）、电子邮件协议（SMTP）、网络终端协议（TELNET）、简单网络管理协议（SNMP）和域名管理系统（DNS）。

1.4.4 具有五层协议的参考模型

OSI 参考模型的概念清楚，理论完整，但是复杂且不实用。TCP/IP 参考模型则得到了广泛的应用。因此，我们在学习计算机网络的基本原理时往往采取折中的方法，即综合 OSI 参考模型和 TCP/IP 参考模型的优点，采用一种具有五层协议的参考模型，如图 1-9 所示。该参考模型自下往上依次为物理层、数据链路层、网络层、传输层和应用层。

应用层
传输层
网络层
数据链路层
物理层

图 1-9　具有五层协议的参考模型

物理层规定了如何在不同的介质上以信号的形式传输比特。数据链路层关注的是如何在两台直接连接的计算机之间传送有限长度的消息，并具有指定级别的可靠性。网络层主要负责如何把多条链路结合到网络中，以及如何把网络与网络联结成互联网络，以便在距离很远的两台计算机之间传输数据包，网络层的任务还包括找到传递数据包所走的路径。传输层提供了网络层的传递保证，通常具有更高的可靠性。应用层包含了使用网络的应用程序。

本书就以这个五层参考模型为主线，结合互联网的情况，自下往上依次介绍各层的主要功能及工作原理。实际上，只有认真学习完本书各章的协议后才能真正弄清楚各层的作用。

1.5　计算机网络通信原理

计算机网络通信原理

1.5.1　各层的数据传输单元

在计算机网络体系结构中，每一层都运行着不同的通信协议。每一层在进行数据传输前都要通过这些协议对数据附加上必要的协议控制信息，此过程称为封装（物理层除外）。

下面以数据发送端为例，介绍在数据发送过程中，经过每一层所采用的数据传输单元。

（1）应用层中的数据都是以原始的数据单元格式进行传输的，当应用层使用不同的协议时，由对应的协议对数据进行封装，封装后的数据传输单元称为报文（Message）。应用层有 HTTP 报文、DNS 报文、FTP 报文等。

（2）传输层的数据传输单元称为报文段（Segment），简称段。来自应用层的报文到达传输层时要经过对应的传输层协议进行再次封装，形成 TCP 报文段或 UDP 报文段。

（3）网络层的数据传输单位称为分组（或包）。来自传输层的 TCP 报文段或 UDP 报文段到达网络层也要经过对应的网络层协议进行再次封装，形成一个个分组。在 TPC/IP 体系结构中，由于网络层使用 IP 协议，因此 IP 分组也称为 IP 数据报。

（4）数据链路层的数据传输单元称为帧（Frame）。来自网络层的分组到了数据链路层后同样需要经过对应的数据链路层协议进行再次封装，形成一个个数据帧。

（5）物理层的数据传输单元是比特，或者说物理层的 PDU 就是比特，数据是一位一位地在传输介质的信道中传输的。

各层的数据传输单元如图 1-10 所示。

图 1-10　各层的数据传输单元

1.5.2　数据封装和解封装过程

通过上面的分析可知，在整个数据传输过程中，数据在发送端是自上而下逐层传输的，每经过一层都要进行一次封装，在来自上层的数据的前面加上本层所使用的通信协议的头部，用以标识对数据在使用某通信协议时所配置的参数信息，特别是各层的地址信息。

以上是对发送端的数据传输流程进行的分析。数据在接收端是自下而上逐层传输的，数据每经过一层都要进行一次解封装，解封装是封装的逆过程。解封装的目的是去掉来自下层数据原来所携带的下层协议头部，使数据原来在发送端与本层相同层次封装的头部信息能被识别，因为每种通信协议只能识别数据的相同协议头部信息，而且这些头部信息必须是在数据的最外层封装中，否则这些头部信息就会被当作"数据"被处理。

下面以使用 TCP 协议传送文件（如 FTP 应用程序）为例说明计算机网络通信的工作原理（这里假设网络接口层采用的是 Ethernet）。

假设主机 A 的应用程序 AP$_1$（如 FTP 应用程序）向主机 B 的应用程序 AP$_2$ 发送数据，数据的流动过程如下。

首先，在源主机 A 上，AP$_1$ 先将应用程序数据交给本机的应用层，应用层在数据前面加上 FTP 头部（H$_5$），封装成 FTP 报文，然后把 FTP 报文向下传送给传输层；传输层把应用层传下来的 FTP 报文当作本层的数据部分，在数据前面加上 TCP 头部（H$_4$），封装成 TCP 报文段，然后把 TCP 报文段向下交给网络层；网络层把传输层传下来的 TCP 报文段当作本层的数据部分，在数据前面加上 IP 头部（H$_3$），封装成 IP 数据报，然后把 IP 数据报向下交给数据链路层；数据链路层把网络层传下来的 IP 数据报当作本层的数据部分，在数据前面加上以太网帧头部（H$_2$），在数据后面加上帧尾部（T$_2$），封装成帧，然后把帧向下交给物理层；物理层把数据链路层传下来的帧以比特流的形式，通过物理媒体传给主机 B。

在目的主机 B 上，物理层从物理媒体上接收比特流，然后把比特流向上提交给数据链路层；数据链路层在传上来的比特流中提取出一个个帧，将帧头部（H$_2$）和帧尾部（T$_2$）去掉，取出本层数据部分往上提交给网络层；网络层将 IP 数据报的头部（H$_3$）去掉，取出本层数据部分往上提交给传输层；传输层将 TCP 报文段的头部（H$_4$）去掉，取出本层的数据部分往上提交给应用层；应用层将 FTP 报文的头部（H$_5$）去掉，取出数据部分，交给主机 B 的程序 AP$_2$。

数据封装和解封装过程如图 1-11 所示。

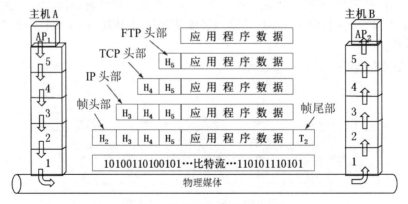

图 1-11　数据封装和解封装过程

　　总体来说，计算机网络的基本通信原理是数据在发送端沿着模型各层向下传递，在接收端，数据沿着模型各层向上传递。本例中，源端主机和目的端主机是直接相连的，因此，发送端各层打包完毕便发送数据到接收端，接收端解封装数据包得到数据。事实上，它们可能要跨过若干个网络，需要包交换设备一站一站地存储转发。而每经过一站，IP 包和以太网包（假设所有的数据链路都是以太网格式）都要经过一次解封装和再次打包传输，只有 TCP 包是不变的。这也正是传输层的贡献：对两个端点的计算机而言，它们就认为这个 TCP 包是直接传递过来的，就像这两台计算机是直接相连的一样。传输层屏蔽了其下层的通信过程，使得通信的两端点处理传输问题变得简单。

1.6　计算机网络协议相关的标准化组织

　　随着计算机通信、计算机网络和分布式处理系统的激增，协议和接口的不断进化，人们迫切要求在不同公司生产的计算机之间以及计算机与通信设备之间方便地互联通信。由此，接口、协议、计算机网络体系结构都应有共同遵循的标准。国际标准化组织（ISO）以及国际上一些著名标准制定机构都从事这方面标准的研究和制定。

1.6.1　网络协议标准化组织

1.　国际标准化组织（ISO）

　　ISO 成立于 1947 年，是世界上最大的国际标准化专门机构，是联合国甲级咨询机构，截至 2011 年，已有 160 个成员国。ISO 的官方定义是 "International Organization for Standardization"，其英文缩写为 "IOS"，法文缩写为 "OIN"，这是由于不同国家的不同语言所致。为使其统一，ISO 决定，不论是什么国家、什么语言，一律将国际标准化组织的缩写统一为 ISO。美国在 ISO 中的代表是 ANSI，大家所熟悉的 ASCII 和 C 语言的工业界标准，就是由 ANSI 制定的。ISO 在网络领域最突出的贡献就是提出 OSI 参考模型，该模型是计算机网络发展史上的一个里程碑。

　　ISO 是一个自发的不缔约组织，其成员是参加国选派的标准化组织以及无投票权的观察组织。ISO 由各技术委员会（TC）组成，其中 TC97 技术委员会专门负责 "信息处理" 有关标准的制定。1977 年，ISO 在 TC97 下面成立了一个新的分技术委员会 SC16，以 "开放系统互连" 为目标，进行有关标准的研究和制定。现在 SC16 更名为 SC21，负责七层模型中高四层及整个参考模型的研究。另一个与计算机网络有关的分技术委员会为 SC6，它负责低三层及数据通信有关标准的制定。中国是从 1980 年开始参加 ISO 标准制定工作的。

2.　国际电信联盟（International Telecommunication Union，ITU）

　　ITU 成立于 1865 年，最早称为国际电报联盟（International Telegraph Union）。在莫尔斯发明电报技术大约十年后，电报成为了一项公众通信服务项目。但是各国标准不一，国与国之间的电报通信不得不依靠多次翻译得以实现。在经过大量的协商沟通与谈判后，1865 年 5 月 17 日，20 个成员国签署协定并成立了 ITU，从事标准化国际电信工作。随着通信技术的不断发展，电话、无线电通信、卫星通信等逐渐地进入了通信领域，为了方便研究与制定相关标准，ITU 于 1924 年成立了国际电话咨询委员会 CCIF（International Telephone Consultative Committee），1925 年组建了国际电报咨询委员会 CCIT（International Telegraph Consultative

Committee），1927 年又成了国际无线电咨询委员会 CCIR（International Radio Consultative Committee）。1932 年马德里会议将 ITU 更名为国际电信联盟（International Telecommunications Union）。1947 年，ITU 成为了联合国的一个官方技术咨询机构。

1956 年，CCIT 和 CCIF 合并成立了 CCITT（International Telephone and Telegraph Consultative Committee），就是我们熟知的国际电话电报咨询委员会。中国的电信业起步于 CCITT 组建后，因此，许多通信标准遵从 CCITT 标准。

1992 年，ITU 改组和简化了内部机构，成立了三个专业部门取代了之前众多的委员会。这三个专业部门是无线电通信部 ITU-R（Radiocommunication）、电信标准化部 ITU-T（Telecommunication Standardization）和电信技术开发部 ITU-D（Telecommunication Development）。

现在 ITU 已经走过了一百多年的历程，为全球电信业的标准化和技术进步作出了巨大贡献。计算机网络是计算机技术和通信技术的融合体，研究计算机网络技术离不开通信技术，更离不开通信标准化。

3. 电气和电子工程师协会（Institute of Electrical and Electronic Engineers，IEEE）

IEEE 是世界上最大的专业技术团体，由计算机和工程学专业人士组成。它创办了许多刊物，定期举行研讨会，还有一个专门负责制定标准的下属机构。IEEE 对计算机网络的最大贡献就是制定了 802 标准系列，802 标准将局域网的各种技术进行了标准化。现在很多局域网产品都符合 IEEE 802 标准。

4. 美国国家标准学会（ANSI）

ANSI 是由制造商、用户通信公司组成的非政府组织，是美国的自发标准技术情报交换机构，也是美国指定的 ISO 投票成员。它的研究范围与 ISO 相对应，如电子工业协会（EIA）是电子工业的商界协会，也是 ANSI 成员，主要涉及 OSI 的物理层标准制定。又如电气和电子工程师学会（IEEE）也是 ANSI 成员，主要研究低两层和局域网的有关标准。

1.6.2　Internet 管理机构

事实上，没有任何组织、企业或政府能够完全拥有 Internet，但它也是由一些独立的管理机构管理的，每个机构都有自己特定的职责。

1. Internet 协会

Internet 协会（Internet Society，ISOC）创建于 1992 年，是一个最具权威的 Internet 全球协调与合作的国际化组织。ISOC 由 Internet 专业人员和专家组成，致力于调整 Internet 的生存能力和它的规模。ISOC 的主要任务是与其他组织合作，共同完成 Internet 标准与协议的制定。

2. Internet 体系结构委员会

Internet 体系结构委员会（Internet Architecture Board，IAB）创建于 1996 年 6 月，是 Internet 协会 ISOC 的技术咨询机构。IAB 的权力在 RFC 1601（IAB 制定的章程）中进行了规定，其中详细描述了 IAB 的成员资格、任务和组织。IAB 监督 Internet 协议体系结构的发展，提供创建 Internet 标准的步骤，管理 Internet 标准（草案）RFC 系列文档，管理各种已分配的 Internet 地址。IAB 下属有两个机构，分别是 Internet 工程任务组（IETF）和 Internet 研究任务组（IRTF）。

3．Internet 工程任务组

Internet 工程任务组（Internet Engineering Task Force，IETF）是一个国际性团体，主要的任务是为 Internet 工程和发展提供技术及其他支持。其任务之一是简化现存的标准并开发一些新的标准，并向 Internet 工程指导组（Internet Engineering Steering Group，IESG）推荐标准。

IETF 的工作领域包括应用程序、Internet 服务、网络管理、运行要求、路由、安全性、传输、用户服务与服务应用程序等。工程任务组的目标可以是创建信息文档、创建协议细则，解决 Internet 与工程和标准制订有关的各种问题。

4．Internet 研究任务组

Internet 研究任务组（Internet Research Task Force，IRTF）是 Internet 协会 ISOC 的执行机构。RFC 2014《IRTF 研究任务组指导方针和程序》规定，Internet 研究任务组致力于与 Internet 有关的长期项目的研究，主要在 Internet 协议、体系结构、应用程序及相关技术领域开展工作。

5．IANA 与 ICANN

Internet 符号管理局（Internet Assigned Numbers Authority，IANA）的工作是按照 IP 协议组织监督 IP 地址的分配，确保每一个域都是唯一的。除 IP 地址外，IANA 也是 Internet 有关的编号和数据的注册中心。我们熟悉的 Internet 网络信息中心（InterNIC）也是其加盟组织，现归 Internet 网络名称与号码分配机构（The Internet Corporation for Assigned Names and Numbers，ICANN）授权。

但是，随着近年来 Internet 的全球性发展，越来越多的国家对由美国独自对 Internet 进行管理的方式表示不满，强烈呼吁对 Internet 的管理进行改革。

美国商业部在 1998 年初发布了 Internet 域名和地址管理的绿皮书，认为美国政府有对 Internet 的直接管理权，绿皮书发布后遭到了除美国外几乎所有国家及机构的反对。美国政府为缓解压力，于该年 6 月 5 日发布了"绿皮书"的修改稿"白皮书"。白皮书提议在保证稳定性、竞争性、民间协调性和充分代表性的原则下，在 1998 年 10 月成立一个民间性的非赢利公司，即 ICANN。ICANN 将相关机构进行了大合并，并取代 IANA 开始参与管理 Internet 域名、IP 地址及端口号码等公共资源的分配。

但产业专家和其他国家认为，互联网是一个开放的系统，而 ICANN 则仅向美国商务部负责，这缺乏代表性。同时，由于 ICANN 与美国政府有特殊关系，其他国家认为 ICANN 存在技术上遏制别国的可能。于是，由联合国的一个机构取代 ICANN 负责监管互联网域名系统的建议已经成为当前的热门话题。

6．WWW 联盟

WWW 联盟独立于其他 Internet 组织而存在，是一个国际性的工业联盟。和其他组织一起，它致力于与 Web 有关的协议（如 HTTP、HTML、URL 等）的制定。WWW 联盟由以下组织联合组成：美国麻省理工学院科学实验室、欧洲国家信息与自动化学院和日本的 Keio University Fujisawa。

1.6.3　RFC 文档

请求评价（Request For Comments，RFC）文档从 1969 年 ARPAnet 出现时就开始存在，主要用于记录 Internet 开发团体最初的技术系列文档。任何人都可以提交 RFC 文档，但它并不

会立即成为标准。事实上，很多的 RFC 文档都没有实现。RFC 文档草案是从事 Internet 技术研究与开发的技术人员获得技术发展状况与动态的重要信息来源之一。我们可以很方便地从相关主机使用 FTP、Gopher、Web 和其他检索方式获取这些文档。在 Internet 中有成千上万的关于各个主题的 RFC。RFC 文档详细描述了网络协议和接口，以及与 Internet 有关的新概念的讨论，也包括会议记录。

　　RFC 系列文档是用数字命名的。例如，RFC 2000 是 IAB 的"Internet Official Protocol Standards"文档。更新的文档号不使用曾经的数字，而会得到一个新的名称，例如，RFC 2000 替代了 RFC 1920、而 RFC 2200 又替代了 RFC 2000。该文档从 RFC 2000 起经历了十几次修改变化，在 2004 年，RFC 3300 取代了 RFC 2200，而在 2008 年 5 月，RFC 3300 又被 RFC 5000 所取代。因此读 RFC 文档时，需要注意两点：一是需要确定它是最新的文档，二是需要注意 RFC 文档的类别。

　　所有的 RFC 文档都要经历评论和反馈的过程，并且在这一段时间内它们会被划分为不同的类别。RFC 文档一旦被提交，IETF 和 IAB 组织将审查 RFC 文档，通过后可以成为一项标准。RFC 文档按照它发展与成熟的过程可以分为四个阶段：因特网草案（Internet Draft）、提议标准（Proposed Standard）、草案标准（Draft Standard）、因特网标准（Internet Standard）。

　　同时，RFC 文档还有三种性质，即实验性的、信息性的或历史性的。

　　RFC 文档又可以分为被要求、被推荐、被选择、受限制使用或不推荐使用等类别。

　　Internet 协议与服务规范的状态定期在"Internet 正式协议标准（STD1）"的 RFC 文档中进行总结。该文档报道了每个 Internet 协议与服务规范的成熟程度与其他一些有用信息。正式的标准进程在 RFC 2026《The Internet Standards Process－Revision 3》（1996.10）中进行了详细的介绍。该进程替代了原先在 RFC 1602 中确定的进程。标准进程第 3 版发布以后，又出版了很多修订文档，用以说明其后的一些标准进程。比如 RFC 3667《IETF Rights in Contributions》（2004.2）、RFC 5742《IESG Procedures for Handling of Independent and IRTF Stream Submissions》（2009.12）。

　　除了因特网草案和 RFC 文档，有些公司有自己的因特网协议和接口，它们会在自己的 Web 站点或通过其他信息频道发布这类信息。

习题 1

1-1　什么是计算机网络？计算机网络最主要的功能是什么？

1-2　计算机网络的发展可划分为几个阶段？每个阶段有什么特点？

1-3　说明网络协议分层处理方法的优缺点。

1-4　将 TCP/IP 和 OSI 的体系结构进行比较，讨论其异同之处。

1-5　计算机网络的硬件组成包括哪几部分？

1-6　计算机网络可从哪几个方面进行分类？

1-7　网络协议的主要要素包括什么？

1-8　简单叙述 OSI 参考模型中各层的主要功能。

1-9　什么是协议？什么是服务？服务和协议有什么区别？

1-10　设计一个银行 ATM 机与银行主计算机之间的通信协议，将你能想到的各种情形尽量包含其中。参考图 1-3 的形式予以表达。每一种情形绘制一张图，用多个图表达各种情形。

提示：以客户用银行卡取一次现金为例。

协议分析实验

上网查找软件 Wireshark，了解其安装环境、运行状态，然后在计算机上试着安装此软件，并学会软件的使用。

第 2 章 物理层

本章首先介绍数据通信系统的基础知识，然后再介绍物理层的传输介质和规范，最后介绍几种常见的宽带接入技术以及移动通信技术。通过本章的学习，应该重点理解和掌握以下内容。

- 数据通信系统的构成以及相关基本概念和术语
- 数据通信的基本方式
- 传输信号的编码形式及特点
- 多路复用技术的分类及各自的特点和用途
- 数据交换方式的实现过程及特点
- 物理层的主要功能及物理层协议
- 物理层传输介质的特性与应用
- 常见的宽带接入技术

2.1 数据通信的基本概念

计算机网络是数据通信技术和计算机技术相结合的产物，数据通信技术是计算机网络技术发展的基础。随着计算机技术和通信技术的结合日趋紧密，数据通信得到了高速发展，并在现代信息社会中扮演着越来越重要的角色。

2.1.1 数据、信息与信号

1. 数据和信息

数据是指预先约定的具有某种含义的数字、字母和符号的组合，是现实客观事物的具体描述。用数据表示的内容十分广泛，如语音、图形、电子邮件、各种计算机文件等。从形式上看，数据分为模拟数据和数字数据两种。

模拟数据的取值是连续的，如温度、压力、声音、视频等数据的变化是一个连续的值；数字数据的取值是离散的，如计算机中的二进制数据只能取 0 或 1 两个数值。目前来看，数字数据易于存储、处理和传输，得到了广泛的应用，模拟数据经过处理也能转换成数字数据。

数据通信中的数据是指能被计算机处理的一种信息编码形式，如二进制编码的字母/数字符号、通信中的地址编码和控制代码、程序中的数据等。

人们对数据进行加工处理（解释），得到信息。不同领域中对信息有各种不同的定义，一般认为信息是人们对现实世界事物存在方式或运动状态的某种认识。表示信息的形式可以是数值、文字、图形、声音、图像以及动画等，这些都是数据的一种形式。因此可以认为数据是信息的载体，是信息的表示形式，而信息是数据的具体含义。

2. 信号

信号是数据的具体表示形式。通信系统中所使用的信号通常是电信号，即随时间变化的电压或电流。信号分为两种形式：模拟信号和数字信号。

模拟信号是一种连续变化的电信号，它用电信号模拟原有信息，图 2-1（a）所示就是声音声压随时间而连续变化的函数曲线图。模拟信号传输一定距离后，由于幅度和相位的衰减会造成失真。所以在进行长距离传输时，需要在中间适当的位置对信号进行修复。

数字信号是用离散的不连续的电信号表示数据。一般用"高"和"低"两种电平的脉冲序列组成的编码来反映信息。图 2-1（b）所示为一组数字信号。数字信号对应的电脉冲包含有丰富的高频分量，这种高频分量不适于长距离传输。因此，数字信号通常都有传输距离和速度的限制，超过此限制，需要用专用的设备对数字信号进行"再生"处理。

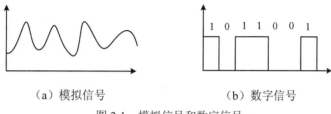

（a）模拟信号　　　　　　　　（b）数字信号

图 2-1　模拟信号和数字信号

不论是模拟数据还是数字数据，都可以用模拟信号或数字信号来表示，并以这些形式进行传输。图 2-2 所示为模拟数据和数字数据与模拟信号和数字信号之间转换的示意图。

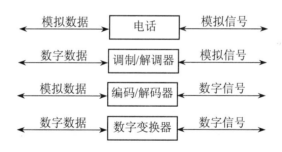

图 2-2　模拟数据和数字数据与模拟信号和数字信号的转换

模拟信号可以代表模拟数据（如声音），也可以代表数字数据，此时要利用调制器将二进制数字数据调制成模拟信号，到达数据的接收端后，再利用解调器将模拟信号转换成对应的数字数据。调制解调器（MODEM）用于数字数据和模拟信号之间的相互转换过程。

数字信号可以表示数字数据，也可以表示模拟数据，此时要利用编码/解码器来完成这种转换，编码/解码器用于模拟数据和数字信号之间的相互转换。

2.1.2　数据通信系统

数据通信是指依照通信协议，利用数据传输技术在两个功能单元之间传递数据信息。它可实现计算机与计算机、计算机与终端以及终端与终端之间的数据信息传递。数据通信包含两方面内容：数据的传输以及数据传输前后的处理。数据传输是数据通信的基础，而数据传输前后的处理使数据的远距离交换得以实现。这一点将在数据链路、数据交换以及各种规程中加以讨论。

数据通信系统模型如图 2-3 所示。

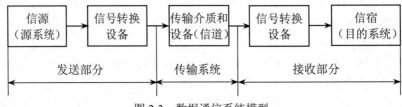

图 2-3　数据通信系统模型

1. 信源和信宿

信源就是信息的发送端，是发出待传送数据的设备；信宿就是信息的接收端，是接收所传送数据的设备。在实际应用中，大部分信源和信宿设备都是计算机或其他数据终端设备（Data Terminal Equipment，DTE）。

2. 信道

信号的传输通道称为信道，包括通信设备和传输介质。这些介质可以是有形介质（如双绞线、同轴电缆、光纤等），也可以是无形介质（如电磁波等）。信道的分类方式如下：

（1）按照传输介质分类：分为有线信道和无线信道。

（2）按照传输信号类型分类：分为模拟信道和数字信道。传输模拟信号的通道称为模拟信道，传输数字信号的通道称为数字信道。

（3）按照使用权限分类：分为专用信道和公用信道。

3. 信号转换设备

信号转换设备的功能如下所述。

（1）发送部分中的信号转换设备将信源发出的数据转换成适于在信道上传输的信号。例如，数字数据要在模拟信道中传输，就要经过信号转换设备（调制器）转换成适合在模拟信道中传输的模拟信号。

（2）接收部分中的信号转换设备将信道传输过来的数据还原成原始的数据。例如，经过模拟信道中传输的模拟信号到达接收端时，会由信号转换设备（解调器）转换成对应的数字信号。

图 2-4 所示是利用公共交换电话网络（Public Switched Telephone Network，PSTN）上网的示意图。PSTN 是一个模拟信道，图 2-4 中两端的计算机分别是信源和信宿，两边的 MODEM 是信号转换设备，中间的部分是信道。

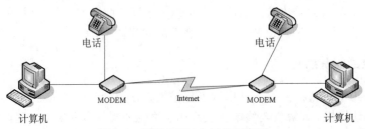

图 2-4　利用 PSTN 上网的示意图

2.1.3 基本概念和术语

1. 信号传输速率和数据传输速率

信号传输速率和数据传输速率是衡量数据通信速度的两个指标。信号传输速率，又称为传码率或调制速率，即每秒钟发送的码元数，单位为波特（Baud），信号传输速率又称为波特率。

在数字通信中，通常用时间间隔相同的信号来表示二进制数字，这样的信号称为二进制码元，而这个间隔被称为码元长度。

当数据以 0、1 的二进制形式表示时，在传输时通常用某种信号脉冲表示一个 0、1 或几个 0、1 的组合，如图 2-5 所示。

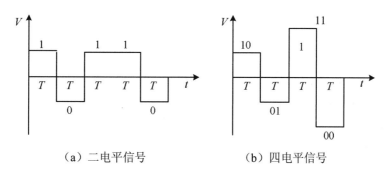

(a) 二电平信号 (b) 四电平信号

图 2-5 信号脉冲示意图

如果脉冲的周期为 T（全宽码时即为脉冲宽度），则波特率 B 为

$$B = 1/T \qquad (2\text{-}1)$$

数据传输速率，又称为信息传输速率，是指单位时间内传输的二进制位的位数，单位为比特/秒（bps，也可用 kbps 或 Mbps 表示）。注意"b"是小写的，代表一个二进制位。在计算机网络中的速率，通常指的就是数据传输速率。

数据传输速率的高低由每个二进制位所占用的时间决定。如果每位所占时间少，即脉冲宽度窄，则数据传输速率高。

数据传输速率和波特率之间的关系如下：

$$C = B \times \log_2 n \qquad (2\text{-}2)$$

式中，C——数据传输速率（bps）；

$\quad B$——波特率（Baud）；

$\quad n$——调制电平数（为 2 的整数倍），即一个脉冲所表示的有效状态数，应用最广泛的
是一个脉冲表示两种状态，即 $n = 2$。

根据式（2-2）可知，如果一个系统的码元状态为 2，如图 2-5（a）所示，则数据传输速率等于波特率，也就是说每秒钟传输的二进制位数等于每秒钟传输的码元数。同样，如果一个系统的码元状态为 4，即一种码元状态可以表示两个二进制数字，如图 2-5（b）所示，此时数据传输速率为波特率的 2 倍。

2. 误码率

数据传输的目的是确保接收端能正确恢复原始发送的数据，但是在传输中，传输信号不可避免地会受到信道以及噪声的干扰，致使出现差错。误码率是衡量信息传输可靠性的一个参数，它

是指二进制码元在传输系统中被传错的概率。当所传输的数字序列足够长时，它近似地等于被传错的二进制位数与所传输总位数的比值。若传输总位数为 N，传错位数为 N_e，则误码率 P_e 为

$$P_e = {N_e}\big/{N} \tag{2-3}$$

在计算机网络中，要求误码率范围为 $10^{-6} \sim 10^{-11}$，即平均每传输 1Mb 才允许错 1bit 或更低。应该指出，不能盲目要求低误码率，因为这将使设备变得复杂，况且不同的通信系统由于任务不同，对可靠性的要求也有所差别。设计一个通信系统时，在满足可靠性的基础上应尽量提高传输速率。

在实际应用中，可靠性也可以用误字率来表示。由于一个码字总是由若干个码元构成，不论是出现一个还是多个码元错误，都会使这个码字出错。误字率指错误接收的字符数占传输总字符数的比例。所以，可以用码字出错的概率来表示可靠性。

3. 信道带宽

在模拟系统中，"带宽"（Bandwidth）是指信号所占用的频带宽度。根据傅里叶级数，一个特定的信号往往是由不同的频率成分构成的，因此一个信号的带宽是指该信号的各种不同频率成分所占据的频率范围，单位是赫兹（Hz）。例如，人语音信号的带宽在 $300 \sim 3400$Hz 之间。

模拟信道的带宽是指通信线路允许通过的信号频带范围。数字信道虽仍然延续了"带宽"这个词，但却是指数字信道的数据传输速率，单位为 bps。

4. 信道容量

对任何一个通信系统而言，人们总希望它既有高的通信速度，又有高的可靠性，可是这两项指标是相互矛盾的。也就是说，在一定的物理条件下，提高其通信速度就会降低它的通信可靠性。

根据信息论中的证明，在给定的信道环境下且在一定的误码率要求下，信息的传输速率存在一个极限值，这个极限值就是信道容量。信道容量的定义为信道在单位时间内所能传送的最大信息量，即信道的最大传输速率，单位是 bps。

信道的最大传输速率要受信道带宽的制约。对于无噪声理想信道，下述奈奎斯特（Nyquist）准则给出了这种关系：

$$C = 2H\log_2 n \tag{2-4}$$

式中，H——为低通信道带宽（Hz），即信道能通过信号的最高和最低频率之差；

　　　n——调制电平数；

　　　C——该信道的最大数据传输速率（bps）。

例如，某理想无噪声信道带宽为 4kHz，$n=4$，则信道的最大数据传输速率为

$$C = 2 \times 4000 \times \log_2 4 = 16000\text{bps}$$

而实际应用中的信道必然是有噪声和有限带宽的。1948 年，香农（Shannon）利用信息论的相关理论推导出了带宽受限且有高斯白噪声干扰的信道极限速率。当用此速率进行数据传输时，可以做到不产生差错。香农公式如下：

$$C = H\log_2(1 + S/N) \tag{2-5}$$

式中，C——信道容量（bps），即信道极限传输速率；

　　　H——信道带宽（Hz），信道能通过信号的最高和最低频率之差；

　　　S——信号功率；

N——噪声功率；

S/N——信噪比（信号功率与噪声功率的比值），通常用 dB（分贝）表示。用分贝表示的信噪比为

$$信噪比=10\lg(S/N) \tag{2-6}$$

如果 $S/N=100$，则用分贝表示的信噪比为 20dB。

现在通过一个例子来说明如何估算有噪声的信道容量。假定信道带宽为 3000Hz，$S/N=1000$（即信噪比为 30dB），则极限传输率约为 30000bps。需要指出，实际应用中的传输速率离信道容量差距还相当大。

香农公式指出，如果信源的信息速率小于或者等于信道容量 C，那么，在理论上存在一种方法可使信源的输出能够以任意小的差错概率通过信道传输。从公式（2-5）中可以看出，信道容量与信道带宽、信号功率及噪声功率密切相关。

（1）信道容量 C 与信道带宽 H 成正比。当采用高带宽的传输介质（如光纤）时，会大幅度提高信道的极限速率，这也是目前发展信息高速公路的主要原因。

（2）信道容量 C 与信噪比 S/N 成正比。在信道带宽一定的情况下，提高信号的功率并降低噪声的功率，同样可以提高信道的极限速率。当然，这在很多情况下是不容易实现和不经济的。

（3）当信道容量 C 存在一个定值时，信道带宽和信噪比成反比的关系。也就是说，当信道的极限速率确定后，加大信道带宽，可以降低信噪比，反之亦然。

2.2　数据通信的基本方式

2.2.1　并行传输与串行传输

1. 并行传输

采用并行传输方式时，多个数据位同时在信道上传输，并且每个数据位都有自己专用的传输通道，如图 2-6 所示。

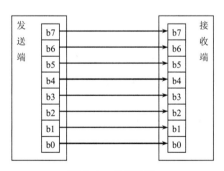

图 2-6　并行传输

这种传输方式的数据传输速率相对较快，适于在近距离数据传输（如设备内部）中使用。如果在远距离传输中使用并行传输，则需要付出较高的和经济代价。

2. 串行传输

采用串行传输方式时，数据将按照顺序一位一位地在通信设备之间的信道中传输，如图 2-7 所示。

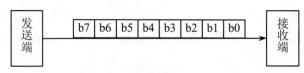

图 2-7   串行传输

由于发送端和接收端设备内部的数据往往采用并行传输方式，因此在数据传输至线路之前需要有并→串的转换过程；而当数据到达接收端时，则需要一个串→并的转换过程。

由于串行传输只有一个传输信道，因而具有简单、经济、易于实现的特点，适于远距离的数据传输，但与并行传输方式比，其传输效率较低。

2.2.2 单工、半双工与全双工传输

根据数据传输方向的不同，数据传输方式可分为单工、半双工和全双工三种。

1. 单工通信

单工数据传输是在两个数据站之间只能沿一个指定的方向进行数据传输，如图 2-8 所示。

图 2-8   单工通信

数据由 A 站传到 B 站，而 B 站至 A 站只传送联络信号。前者称为正向信道，后者称为反向信道。无线电广播和电视信号传播都是单工通信的例子。

2. 半双工通信

半双工通信是指信息流可在两个方向上传输，但某一时刻只限于一个方向传输，如图 2-9 所示。

图 2-9   半双工通信

半双工通信中只有一条信道，采用分时使用的方法。当 A 发送信息时，B 只能接收；而当 B 发送信息时，A 只能接收。通信双方都有发送器和接收器。由于在传输过程中要频繁调换信道方向，所以效率低，但可节省传输线路资源。如对讲机就是以这种方式进行通信的。

3. 全双工通信

如果在两个通信站之间有两条通路，则发送信息和接收信息就可以同时进行，这就是全双工通信方式，如图 2-10 所示。

图 2-10   全双工通信

当 A 发送信息时，B 接收，同时 B 也能利用另一条通路发送信息而 A 接收，这种工作方式称为全双工通信方式，相当于把两个相反方向的单工通信方式组合在一起。这种方式适用于计算机与计算机之间的通信。

2.2.3 同步传输与异步传输

在串行数据传输的过程中，数据是逐位依次传输的，而每位数据的发送和接收都需要时钟脉冲的控制。发送方通过发送时钟确定数据位的起始和结束，而接收方为了能够正确识别数据，则需要以适当的时间间隔在适当的时刻对数据流进行采样。也就是说，接收方和发送方必须保持步调一致，否则将会出现漂移现象，导致数据传输出现差错。

同步是数据通信中必须解决的一个重要问题，数据通信的同步包括位同步和字符（或帧）同步两种情况。

1. 位同步

即使数据接收双方的时钟频率的标称值相同，也会存在微小的误差。这些误差会导致收发双方的时钟周期略有不同，在大量的数据传输过程中，这些误差会累积直至造成传输错误。因此，在数据通信过程中首先要解决收发双方时钟频率的一致性问题。其基本思路是：要求接收方根据发送方发送数据的起止时间和时钟频率来校正自身的时间基准和时钟频率，这个过程就是位同步。具体的实现方法如下。

（1）外同步法。发送方发送两路信号：一路用于传输数据；另外一路传输同步时钟信号，以供接收方校正，实现收发双方的位同步。由于传输数据需要专用的线路，这种位同步方法通信代价较高，很少采用。

（2）内同步法。内同步法要求发送方发送的数据带有丰富的定时信息，以便接收方实现位同步，如曼彻斯特编码等。

2. 字符同步

在每个二进制位的同步问题得到解决后，由若干个二进制位组成的字符（字节）或数据块（帧）的同步问题也需要加以考虑。解决方式有同步通信方式和异步通信方式两种。

（1）同步通信。同步传输将字符以组为单位连续传送。在有效数据传送之前发送一个或多个用于同步控制的特殊字符，称为同步字符 SYN。接收端收到 SYN 后，根据 SYN 来确定数据的起始与终止，以实现同步传输。同步通信格式如图 2-11 所示。

图 2-11 同步通信格式

同步通信要求在传输线路上始终保持连续的字符位流，若计算机没有数据传输，则线路上要用专用的"空闲"字符或同步字符填充。

在同步传送过程中，发送端和接收端的每一位数据均保持同步。传送的数据组亦称为数据帧，数据帧的位数几乎不受限制，可以是几个到几千个字节，甚至更多。其通信效率高，但实现较为复杂，适用于高速数据传输的场合。

（2）异步通信。异步通信是指通信中两个字符之间的时间间隔是不固定的，而在一个字符内各位的时间间隔是固定的。异步通信规定字符由起始位（Start Bit）、数据位（Data Bit）、奇偶校验位（Parity Bit）和停止位（Stop Bit）构成。起始位表示一个字符的开始，接收方可以用起始位使自己的接收时钟与数据同步。停止位则表示一个字符的结束。这种用起始位开始，停止位结束所构成的一串信息称为一帧。异步通信格式如图 2-12 所示。

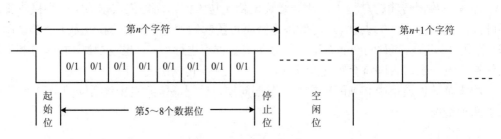

图 2-12　异步通信格式

异步通信在传送一个字符时，由逻辑"0"（低电平）的起始位开始，接着传送数据位，数据位的位数为 5～8 位。在传送数据时，按低位在前，高位在后的顺序传送。奇偶校验位用于检验数据传送的正确性，可由程序来指定，也可以没有。最后传送的是逻辑"1"（高电平）的停止位，停止位可以是 1 位、1.5 位或 2 位，两个字符之间的空闲位要由高电平 1 来填充。

异步通信时所传送的字符可以连续发送，也可以单独发送；当不发送字符时，线路上发送的始终是停止电平（逻辑 1）。因此每个字符的起始时刻可以是任意的，即收发双方的通信具有异步性。

异步通信方式的优点是实现字符同步较为简单，收发双方的时钟信号不需要严格同步；其缺点是不适于高速数据通信，且对每个字符都需要加入额外的起始位和终止位，通信效率较低。

2.2.4　基带传输与频带传输

数据传输系统中，根据数据信号是否发生过频谱搬移，可把传输方式分为基带传输和频带传输两种。

（1）基带传输。当数字数据被转换成电信号时，利用原有电信号的固有频率和波形在线路上传输的方式，称为基带传输。在计算机等数字设备中，二进制数字序列最方便的电信号表示方式是方波，即分别用"1"或"0"来表示"高"或"低"电平。所以把方波固有的频带称为基带，方波电信号称为基带信号，而在信道上直接传输基带信号称为基带传输。

基带信号含有从直流到高频的频率特性，因此，这种传输要求信道有极宽的带宽，其传输距离较近。近年来，随着光纤传输技术的发展，数字传输的优势愈发明显。光纤具有带宽高、抗干扰能力强等特点，极大地提高了传输距离。在计算机网络的主干传输网上，主要采用光纤数字传输。

（2）频带传输。频带传输也叫作宽带传输。其传输的方法是将二进制脉冲所表示的数据信号，变换成便于在较长的通信线路上传输的交流信号后再进行传输。一般地，在发送端通过调制解调器将数据编码波形调制成一定频率的载波信号，使载波的某些特性根据数据波形的某些特性而改变。将载波传送到目的地后，再将载波进行解调（去掉载波），恢复原始数据波形。

2.3　数据编码技术

在数据通信中，只要是将原始数据变换成另外一种数据形式的过程，都可以看作是编码的过程。不论是数字数据还是模拟数据，都可用模拟信号或数字信号来发送或传输。除了用模拟信号来传输模拟数据以外，它们还需要某种形式的编码和数据表示方法。共有三类数据编码的方法：数字数据采用数字信号的编码方法；数字数据采用模拟信号的编码方法；模拟数据采用数字信号的编码方法。

2.3.1　数字数据用数字信号表示

当在数字信道上传输数字信号时，要把数字数据用物理信号（如电信号）的波形表示。离散的数字数据可以用不连续的电压或电流的脉冲序列表示，每个脉冲代表一个信号单元。可以用不同形式的电信号的波形来表示，本书只讨论二进制的数据信号，也就是用两种码元分别表示二进制数字符号"1"和"0"，每一位二进制符号和一个码元相对应。

1. 单极性码

单极性码是指在每一个码元时间间隔内，有电压（或电流）表示二进制的"1"，无电压（或电流）则表示二进制的"0"。每一个码元时间的中心是采样时间，判决门限为半幅度电压（或电流），设为 0.5。若接收信号的值在 0.5 与 1.0 之间，就判为"1"；若在 0 与 0.5 之间就判为"0"。

如果在整个码元时间内维持有效电平，就属于全宽码，称为单极性不归零码（Not Return Zero，NRZ），如图 2-13（a）所示。如果逻辑"1"只在该码元时间维持一段时间（如码元时间的一半）就变成了电平 0，称为单极性归零码（Return Zero，RZ），如图 2-13（b）所示。

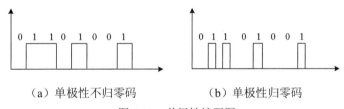

（a）单极性不归零码　　　　　　　（b）单极性归零码

图 2-13　单极性编码图

单极性码的原理简单，容易现实。但其主要缺点如下。

（1）含有较大的直流分量。对于非正弦的周期函数，根据傅里叶级数，其直流分量为周期内函数的面积除以周期。如果"0"和"1"出现的概率相同，则单极性 NRZ 编码的直流分量为逻辑"1"对应值的一半，而单极性 RZ 编码的直流分量会小于单极性 NRZ。但直流分量的存在，会产生较大的线路衰减且不利于使用变压器和交流耦合的线路，其传输距离会受到限制。

（2）单极性 NRZ 编码在出现连"0"或连"1"的情况时，线路会长时间维持一个固定的电平，使接收方无法提取出同步信息。

（3）单极性 RZ 编码在出现连"1"的情况时，线路电平有跳变，接收方可以提取同步信息；但出现连"0"的情况时，接收方依然无法提取出同步信息。

2. 双极性码

双极性码是指在每一个码元时间间隔内，发出正电压（或电流）表示二进制的"1"，发出负电压（或电流）表示二进制的"0"。正的幅值和负的幅值相等，所以称为双极性码。与单极性编码相同，如果整个码元时间内维持有效电平，这种码属于全宽码，称为双极性不归零码（NRZ），如图2-14（a）所示。如果逻辑"1"和逻辑"0"的正、负电流只在该码元时间维持一段时间（如码元时间的一半）就变成了0电平，称为双极性归零码（RZ），如图2-14（b）所示。

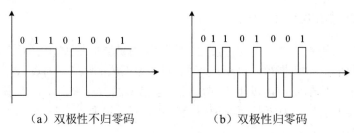

（a）双极性不归零码　　　　　　（b）双极性归零码

图2-14　双极性编码图

双极性码的判决门限电平为零电平。如果接收信号的值在零电平以上，则判为"1"；如果在零电平以下，则判为"0"。

双极性码的特点如下。

（1）如果"0"和"1"出现的概率相同，则双极性码的直流分量为0。但在出现连"0"或连"1"的情况时，依然会含有较大的直流分量。

（2）双极性NRZ编码在出现连"0"或连"1"的情况时，线路会长时间维持一个固定的电平，使接收方无法提取出同步信息。

（3）双极性RZ编码在出现连"0"或连"1"的情况时，线路电平有跳变，接收方可以提取同步信息。

3. 曼彻斯特编码和差分曼彻斯特编码

曼彻斯特编码是指在每一码元时间间隔内，每位码元中间有一个电平跳变，假设从高到低的跳变表示"1"，从低到高的跳变表示"0"，如图2-15（a）所示。

差分曼彻斯特编码是对曼彻斯特编码的改进。每位码元的中间也有一个跳变，但它不是用这个跳变来表示数据的，而是利用每个码元开始时有无跳变来表示"0"或"1"。例如规定有跳变表示"0"，没有跳变表示"1"，如图2-15（b）所示。

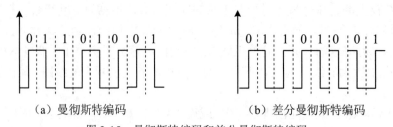

（a）曼彻斯特编码　　　　　　（b）差分曼彻斯特编码

图2-15　曼彻斯特编码和差分曼彻斯特编码

与单极性和双极性码相比，曼彻斯特码和差分曼彻斯特码在每个码元中间均有跳变，但不包含有直流分量；在出现连"0"或连"1"的情况时，接收方可以从每位中间的电平跳变提取出时钟信号进行同步。因此，在计算机局域网中广泛地采用了曼彻斯特编码方式。其缺点在于：经过曼彻斯特编码后，信号的频率翻倍，对应的要求信道的带宽高；此外，对编解码的设备要求也较高。

2.3.2 数字数据用模拟信号表示

计算机中使用的都是数字数据，在电路中是用两种电平的电脉冲来表示的，一种电平表示"1"，另一种电平表示"0"，这种原始的电脉冲信号就是基带信号，它的带宽很宽。当希望在模拟信道中（如传统的模拟电话网）来传输数字数据时，就需要将数字数据转换成模拟信号传输，到接收端再还原为数字数据。

通常会选择某一合适频率的正弦波作为载波，利用数据信号的变化分别对载波的某些特性（振幅、频率、相位）进行控制，从而达到编码的目的，使载波携带数字数据。携带数字数据的载波可在模拟信道中传输，这个过程称为调制。从载波上取出它所携带的数字数据的过程称为解调。基本的调制方法有三种：调幅制、调频制、调相制（分为绝对调相制和相对调相制），如图 2-16 所示。

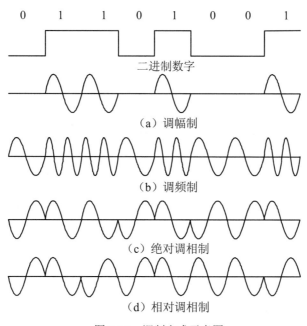

图 2-16　调制方式示意图

1. 调幅制

调幅制又称振幅键控法（Amplitude-Shift Keying，ASK），它是按照数字数据的取值来改变载波信号的振幅。可用载波的两个振幅值表示两个二进制值，也可用"有载波"和"无载波"表示二进制的两个值。这种调制方式技术简单，但抗干扰能力较差，容易受增益变化的影响，是一种效率较低的调制技术。调幅制示意图如图 2-16（a）所示。

2. 调频制

调频制又称为频移键控法（Frequency-Shift Keying，FSK），它是用数字数据的取值去改变载波的频率，即用两种频率分别表示"1"和"0"。它是一种常用的调制方法，比调幅制有更高的抗干扰性，但所占频带较宽。调频制示意图如图 2-16（b）所示。

3. 调相制

调相制又称为相位键控法（Phase-Shift Keying，PSK），它是用载波信号的不同相位来表示二进制数的。根据确定相位参考点的不同，调相方式又分为绝对调相和相对调相（或差分调相）。

绝对调相是利用正弦载波的不同相位来直接表示数字的。例如，当传输的数据为"1"时，绝对相移调制信号和载波信号的相位差为 0；当传输的数据为"0"时，绝对相移调制信号和载波信号的相位差为 π。调制方法如图 2-16（c）所示。

相对相移调制是利用前后码元信号相位的相对变化来传送数字信息的。例如，当传送的数据为"1"时，码元中载波的相位相对于前一码元的载波相位差为 π；当传送的数据为"0"时，码元中载波的相位相对于前一码元的载波相位不变。调制方法如图 2-16（d）所示。

2.3.3　模拟数据用数字信号表示

数字数据传输的优点是传输质量高，由于数据本身就是数字信号，因此适合在数字信道中传输。此外，在传输的过程中，可以在适当的位置通过"再生"中继信号，没有噪声的积累。因此，数字数据传输在计算机网络中得到了广泛的应用。

模拟数据要在数字信道上传输，需要将模拟信号数字化。一般在发送端设置一个模—数转换器（Analog-to-Digital Converter），将模拟信号变换成数字信号再发送；而在接收端设置一个数—模转换器（Digital-to-Analog Converter），将接收的数字信号转变成模拟信号。通常把模—数转换器称为编码器，而把数—模转换器称为解码器。

对模拟信号进行数字化编码，需要对幅度和时间做离散化处理，最常见的方法是脉冲编码调制（Pulse Code Modulation，PCM），简称脉码调制。

脉冲编码调制的过程包括采样、电平量化和编码三个步骤，如图 2-17 所示。

图 2-17　脉冲编码调制过程示意图

采样是将模拟信号转换成时间离散但幅度仍连续的信号，量化是将采样后信号的幅度做离散化处理，最后将幅度和时间都呈现离散状态的信号进行编码，得到对应的数字信号。脉冲编码调制过程的时域示意图如图 2-18 所示。

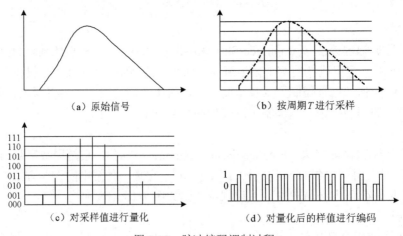

图 2-18　脉冲编码调制过程

在具体的数字化过程中，不可避免地会造成误差。因此，在采样、量化和编码的过程中，需要采取措施，将误差控制在允许的范围内。

1. 采样

采样是每隔一定的时间间隔，把模拟信号的值取出来，获得幅度采样值，用它作为样本代表原始信号的过程，如图 2-18（b）所示。

根据奈奎斯特（Nyquist）采样定理：在进行模拟—数字信号的转换过程中，当采样频率大于等于信号中最高频率的 2 倍时，采样之后的数字信号便完整地保留了原始信号中的信息频率，即

$$f_s = \frac{1}{T_s} \geqslant 2f_m \tag{2-7}$$

式中，f_s——采样频率；

　　　T_s——采样周期；

　　　f_m——原始模拟信号的最高频率。

在实际应用中，通常采样频率为信号最高频率的 5～10 倍。例如，计算机中对语音信号的处理如下：语音信号的带宽在 300～3400Hz 之间，为了保证声音不失真，采样频率应该在 6.8kHz 以上。常用的音频采样频率有 8kHz、22.05kHz（FM 广播的声音品质）、44.1kHz（CD 音质）等。

2. 量化

量化决定采样值属于哪个量化级，并将其幅度按量化级取整，使每个采样值都近似地量化为对应等级值，如图 2-18（c）所示。量化的过程必然会产生误差，对于原始信号分成多少个量化级要根据对精度的要求而定，可以分为 8 级、16 级等。当前声音数字化系统中常分为 128 个量化级。

3. 编码

编码是将每个采样值用相应的二进制编码来表示，如图 2-18（d）所示。若量化级为 N，则二进制编码位数为 $\log_2 N$。如果 PCM 用于声音数字化时为 128 个量化级，则要有 7 位编码。

脉码调制方案是等分量化级，此时不管信号的幅度大小，每个采样的绝对误差是相等的。因此，低幅值的地方相对容易变形。为了减少整个信号的变形，人们常用非线性编码技术来改进脉码调制方案，即在低幅值处使用较多的量化级，而在较高幅值处使用较少的量化级。限于篇幅，非线性编码的内容请读者参考其他的资料。

2.4　多路复用技术

在通信系统中，为了扩大传输容量和提高传输效率，常采用多路复用技术。多路是指多个不同的信号源，复用是指在同一通信介质上同时传输多个不同的信号。采用多路复用技术，可以将多路信号组合在一条物理信道上进行传输，到接收端再用专门的设备将各路信号分离开来，从而提高通信线路的利用率，多路复用技术示意图如图 2-19 所示。

实现多路复用的前提是信道实际传输能力超过单个信号所要求的能力，即对信道的带宽和信号的传输速度有较高的要求。由于信号分割技术不同，多路复用可以分为频分多路复用、时分多路复用和波分多路复用等。

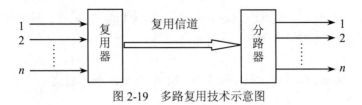

图 2-19　多路复用技术示意图

2.4.1　频分多路复用技术

频分多路复用（FDM，Frequency Division Multiplexing）是按照频率参量的差别来分割信号的，用于在一个具有较宽带宽的信道上传输多路带宽较窄的信号。图 2-20 为频分多路复用的原理图。

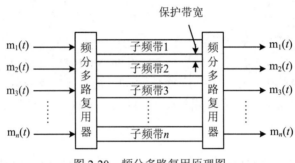

图 2-20　频分多路复用原理图

频分多路复用技术将信道的传输频带分成若干个较窄的子频带，每个窄的子频带构成一个子通道，独立地传输信息。为了防止各路信号之间的相互干扰，相邻两个子频带之间需要有一定的保护带宽。接收端用滤波器将接收到的时域信号按照频率分隔开来，以恢复原始的信号。

FDM 最典型的例子是语音信号频分多路载波通信系统，图 2-21 为语音通道频分多路复用示意图，它说明了如何使用 FDM 技术将三个语音通道复用在一起。

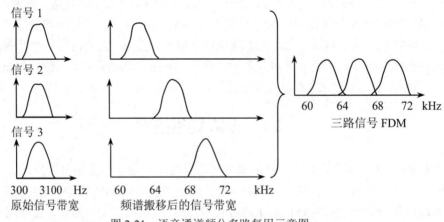

图 2-21　语音通道频分多路复用示意图

在图 2-21 中，将每个语音通道的带宽限制在 3000Hz 左右。当多个通道被复用在一起时，每个通道分配 4000Hz，以使彼此间隔足够远。利用不同频率的载波对各语音信号进行调制，从时域上看，各信号是混杂在一起的，但在频域上看，实际上是进行了频谱的"搬移"，由于各通道占用的频率不相同，频域上不会发生混淆。到达接收端后，可以利用滤波器将不同频段的信号滤出，以还原时域信号。

　　FDM 技术的主要优点在于实现起来相对简单，技术成熟，能较充分地利用信道带宽，因而系统效率较高。其缺点主要有：保护带宽的存在大大地降低了 FDM 技术的效率；信道的非线性失真改变了它的实际频带特性，易造成串音和互调噪声干扰；所需设备量随接入路数增加而增多，且不易小型化；频分多路复用本身不提供差错控制技术，不便于性能监测。因此，在数据通信中，FDM 技术正在被时分多路复用技术所替代。

2.4.2　时分多路复用技术

　　时分多路复用（Time Division Multiplexing，TDM），是按照时间参量的差别来分割信号的，通过为多个信道分配互不重叠的时间片的方法实现多路复用。时分多路复用分为同步时分多路复用和异步时分多路复用两种。

　　1. 同步时分多路复用

　　当信道的最大数据传输速率大于等于各路信号的数据传输速率的总和时，可以将使用信道的时间分成一个个时间片，按照一定的规则将这些时间片分配给各路信号，每一路信号只能在自己的时间片内独占信道进行传输，这就是时分多路复用，又称为同步时分多路复用。同步时分多路复用的示意图如图 2-22 所示，图中"T"为复用信道的一个传输周期。

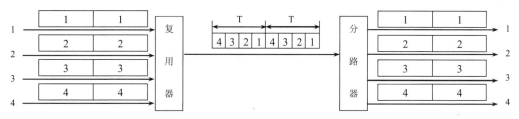

图 2-22　同步时分多路复用

　　同步时分多路复用将时间片预先分配给各个低速线路，并且时间片固定不变。复用器按照规定的次序轮流从每个信道中取数据，就像一个轮盘一样，在每个瞬间只有一路信号占用信道，这与频分多路复用中，在同一时刻有多路信号同时传输是不同的。由于每个时间片的顺序是固定的，因此，分路器可以按照预先设定的顺序从复用信道中获取数据，并正确传输至目的线路。通过时分多路复用，多路低速数字信号可以复用一条高速的信道，特别适合于数字信号传输（如计算机网络）的场合。

　　同步时分多路复用中将各个时间片固定分配给各低速线路，不管该低速线路是否有数据发送，属于它的时间片都不能被其他线路占用。而在计算机网络中，数据的传输具有很强的突发性，可能在很长时间内某个低速线路没有数据。因此，在计算机网络中的同步时分多路复用不能充分利用信道容量，会造成通信资源的浪费。如果设想各个低速线路只在需要信道时才分配给它们时间片，则会大大改进信道利用率，这就是异步时分多路复用。

　　2. 异步时分多路复用

　　异步时分多路复用又称统计时分多路复用（Statistical Time Division Multiplexing，STDM），它允许动态地分配时间片，如果某个低速线路不发送信息，则其他的终端可以占用该时间片。异步时分多路复用的示意图如图 2-23 所示。

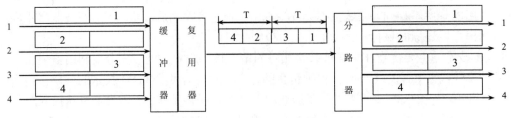

图 2-23　异步时分多路复用

由图 2-23 可知，各低速线路的数据首先被送到缓冲器中，复用器从缓冲器中取出数据，送至复用信道中。这样做的好处在于，当低速线路没有数据时，不会占用缓冲器，也就是说，不会占用复用信道，从而提高信道的利用效率。由于计算机网络数据传输具有突发性，很可能某个时刻只有几条线路（不是全部）会有数据传输，因此在异步时分多路复用中，复用信道的速率可以小于各个低速线路速率之和，从而节省线路资源。

异步时分多路复用的实现较为复杂，主要体现在以下两个方面。

（1）缓冲器的设计。缓冲器读写速度和容量的大小，要综合考虑各低速线路的输入情况和复用器取数据的情况：如果过小，很可能后续数据无法存入，造成缓冲的溢出和数据的丢失；如果过大，很可能会造成资源的浪费。

（2）与同步时分多路复用的时间片的顺序固定不同，为了使接收端能够分辨出所接收数据的来源和目的地，需要对低速线路的数据进行编址处理，这也会在一定程度上造成通信效率的低下和实现过程的复杂。

从统计角度来看，所有的低速线路同时要求分配信道的可能性是很小的，因此异步时分多路复用可以为更多的用户服务。异步时分多路复用的缺点主要有：需要比较复杂的寻址和较高的控制能力，需要有保存输入排队信息的缓冲器，设备实现复杂且费用较高。

2.4.3　波分多路复用技术

波分多路复用（Wavelength Division Multiplexing，WDM）是在光纤信道上使用的频分多路复用的一个变例。图 2-24 是在光纤上获得 WDM 的简单方法。在这种方法中，两根光纤连到一个棱柱或衍射光栅，每根的能量处于不同的波段。两束光通过棱柱或光栅，合成到一根共享的光纤上，传送到远方目的地，在接收端利用相同的设备将各路光波分开。按一个话路 64kbps 计算，在一条光纤上能同时传送 156250 个话路。

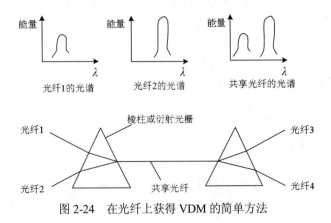

图 2-24　在光纤上获得 VDM 的简单方法

由于每个信道都有自己的频率范围，而且所有的范围都是分隔的，所以它们可以被多路复用到长距离的光纤上。与 FDM 技术的唯一区别是光纤系统使用的衍射光栅是完全无源的，因此 WDM 技术极其可靠。

应该注意到，WDM 技术很流行的原因是，一根光束信号上的能量常常仅有几兆赫宽，而现在不可能在光电介质之间进行更快的转换。一根光纤的带宽大约是 25000GHz，因此可以将很多信道复用到长距离光纤上，当然前提条件是所有的输入信道都应使用不同的频率。

2.4.4 码分多路复用技术

码分多路复用（Code Division Multiplexing，CDM）也称为码分多址（Code Divison Multiple Access，CDMA），是在扩频通信技术上发展起来的一种无线通信技术。多址传输是指在一个通信网中，不同地址的各个用户之间通过一个公用的信道进行的通信，也称为多址连接。

CDMA 技术的原理是基于扩频技术，即将需传送的具有一定信号带宽的信息数据，用一个带宽远大于信号带宽的高速伪随机码进行调制，使原数据信号的带宽被扩展，再经载波调制并发送出去。接收端使用完全相同的伪随机码，对接收的带宽信号进行相关处理，把宽带信号换成原信息数据的窄带信号即解扩，以实现信息通信。

CDMA 是一种多路方式，多路信号只占用一条信道，能够极大地提高带宽使用率，应用于 800MHz 和 1.9GHz 的特高频移动电话系统。CDMA 发送端用各自不相同的、互相正交的地址码调制其所发送的信号，在接收端利用码型的正交性，通过地址识别，从混合信号中选出相应的信号。

在 CDMA 中，每个比特时间被再划分为 m 个短的时间间隔，这些时间间隔称为码片（Chip）。通常，每个比特时间会被分成 64 或 128 个码片。为了使画图简单，我们取 8 个码片来说明 CDMA 的工作原理。

在 CDMA 中，分配给每个站一个唯一的 m 位码，称为码片序列（Chip Sequence）。一个站如果要发送比特 1，则发送它自己的 m bit 码片序列。如果要发送比特 0，则发送该码片序列的二进制反码。例如，分配给 S 站的 8 bit 码片序列是 00011011，即当 S 站发送比特 1 时，它就发送序列 00011011，当 S 站发送比特 0 时，就发送 11100100。为了方便数学计算，将码片中的 0 用-1 代替，1 用+1 代替，因此 S 站的码片序列是（-1-1-1+1+1-1+1+1）。当 S 站发送（-1-1-1+1+1-1+1+1）时，表示发送的是比特 1，而发送（+1+1+1-1-1+1-1-1）时，表示发送的是比特 0。实际上真正发送的是这些电压值的信号，通过观察这些信号，来判断传来的是什么比特。图 2-25（a）和图 2-25（b）给出了 4 个站的码片序列和它们表示的信号。

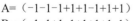
A=（-1-1-1+1+1-1+1+1）
B=（-1-1+1-1+1+1+1-1）
C=（-1+1-1+1+1+1-1-1）
D=（-1+1-1-1-1-1+1-1）

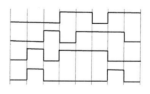

（a）4 个站的码片序列　　　　　　　　　　　（b）码片序列表示的信号

图 2-25　4 个站的码片序列和码片序列表示的信号

按照这种编码方式，S 站要发送信息的数据传输速率为 b bps。由于每一个比特要转换成 m 个比特的码片，因此 S 站实际上发送的数据传输速率提高到 mb bps，同时 S 站所占用的频带宽度也提高到原来数值的 m 倍。这种通信方式是扩频（Spread Spectrum）通信中的一种。

　　CDMA 系统的一个重要特点就是给每个站分配的码片序列不仅各不相同，并且还必须互相正交（Orthogonal），这种正交性质非常关键。

　　用向量 S 表示站 S 的码片向量，用 $\bar{S}$ 表示 S 的反码，用向量 T 表示其他任何站的码片向量。两个不同站的码片序列正交，即向量 S 和向量 T 的归一化内积为 0，如公式（2-1）所示：

$$S \cdot T = \frac{1}{m}\sum_{i=1}^{m} S_i T_i = 0 \qquad (2\text{-}1)$$

　　有这样的特性：如果 $S \cdot T = 0$，则 $\bar{S} \cdot \bar{T} = 0$。任何码片序列与自身的归一化内积一定为 1，如公式（2-2）所示：

$$S \cdot S = \frac{1}{m}\sum_{i=1}^{m} S_i S_i = \frac{1}{m}\sum_{i=1}^{m} S_i^2 = \frac{1}{m}\sum_{i=1}^{m}(\pm 1)^2 = 1 \qquad (2\text{-}2)$$

　　同样地，也可以得到 $S \cdot \bar{S} = -1$。

　　在每个比特时间内，一个站可以传输比特 1（发送自己的码片序列），也可以传输比特 0（发送自己的码片序列的反码），或者什么也不传输。当两个或者多个站同时传输时，它们的码片序列线性相加在一起。假如 B 站和 C 站同时传输比特 1，可以得到它们的码片序列的和，即 $(-1-1+1-1+1+1+1-1)+(-1+1-1+1+1+1-1-1)=(-2\,0\,0\,0+2+2\,0\,-2)$。

　　为了恢复出某个特定站的比特流，接收方必须预先知道这个站的码片序列。只要计算收到的码片序列与该站的码片序列的归一化内积，就可以恢复出该站的比特。如果收到的码片序列为 S，接收方正在监听的那个站的码片序列为 C，那么，它只要计算两者的归一化内积 $S \cdot C$ 的值，就可以恢复出该站的比特流。

　　例如某种情形，A 站和 C 站同时传输比特 1，B 站同时传输比特 0。接收方接收到的值 $S = A + \bar{B} + C$，要想恢复出 C 站发送的比特，可以计算 $S \cdot C$ 的值：

$$S \cdot C = (A + \bar{B} + C) \cdot C = A \cdot C + \bar{B} \cdot C + C \cdot C = 0 + 0 + 1 = 1$$

这样，就计算出 C 站发送的是比特 1。

　　CDMA 是一种扩频多址数字式通信技术，通过独特的代码序列建立信道，不仅应用于 2G、3G 蜂窝网络，还被用于卫星通信和有线电视网络。

2.5　数据交换方式

　　两个设备进行通信，最简单的方式是用一条线路直接连接这两个设备，但在现实生活中，尤其在广域网中，这是不现实的。两个相距很远的设备之间不可能有直接的连线，它们是通过通信子网建立连接的。通信子网由传输线路和中间节点组成，当信源和信宿间没有线路直接相连时，信源发出的数据先到达与之相连的中间节点，再从该中间节点传到下一个中间节点，直至到达信宿，这个转接过程就称为交换。

2.5.1　报文交换

　　报文对用户来说就是一个完整的信息单元。报文在不同的环境中有不同的限制，其长度变化很大，小的几千个字节，大的数万个字节。

　　报文交换（Message Switching）方式是一种"存储—转发"方式。源站在发送报文时，把目的地址添加在报文中，然后发给相邻的节点。收到报文的节点根据目的地址和自身的转发算法决定下一个接收报文的节点。如此往复，直到该报文到达目的地。通信的双方以报文为单位交换数据，它们之间没有专用的通信线路。

　　如在图 2-26 中，A 站向 E 站发送报文，先将 E 站地址添加在报文中，节点 4 暂存收到的报文并确定路由（设指向节点 5），然后节点 4 把需在 4～5 链路上传送的所有报文排队，当链路可用时，便将报文发至节点 5，依此类推，报文经由节点 6 送到 E 站。

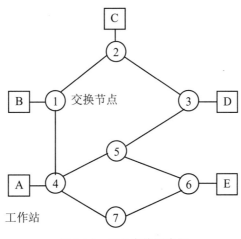

图 2-26　报文交换示意图

　　报文交换的"存储—转发"方式，能够平滑通信量和充分利用信道。只要存储时间足够长，就可以把信道忙碌和空闲的状态均匀化，大大压缩必需的信道容量和转接设备的容量。

　　报文交换方式有如下特点。

　　（1）线路效率较高。因为许多报文可分时共享一条节点到节点的通道。

　　（2）接收者和发送者无需同时工作。当接收者忙碌时，网络节点可先将报文暂时存起来。

　　（3）当流量增大时，报文仍可接收，只是延时会增加。

　　（4）报文交换可把一个报文送到多个目的地。

　　（5）可建立报文优先级，可以在网络上实现差错控制和纠错处理。

　　（6）报文交换能进行速度和代码转换。两个数据传输速率不同的站可以互相连接，也易于实行代码格式的变换（如将 ASCII 码变换为 EBCDIC 码）。

　　报文交换的主要缺点是网络延时较长，波动范围较大，不宜用于实时通信或交互通信，如语音、传真、终端与主机之间的会话业务等。

2.5.2　分组交换

　　分组交换（Packet Switching）又称包交换，仍采用报文交换的"存储—转发"方式，但不像报文交换那样以整个报文为交换单位，而是设法将一份较长的报文分解成若干固定长度的"段"，每一段报文加上交换时所需的呼叫控制信息和差错控制信息，形成一个规定格式的交换单位，通常称为"报文分组"（简称"分组"或"包"）。

　　由于分组长度固定且较短，又具有统一的格式，因此便于中间节点存储、分析和处理。

分组进入中间节点进行排队和处理只需停留较短的时间，一旦确定了新的路径，就立刻被转发到下一个中间节点或用户终端。从统计结果上看，分组交换传输速度高于报文交换，可以理解为是一种"快速的报文交换"。

分组交换比报文交换有如下明显的优点。

（1）减少了时间延迟。当第一个分组发送给第一个节点后，接着可发送第二个分组，随后发送其他分组，这样一个报文分割成多个分组，多个分组可同时在网中传播，总的延时大大减少。

（2）每个节点上所需的缓冲容量减少了（因为分组长度小于报文长度），有利于提高节点存储资源的利用率。

（3）易于实现线路的统计时分多路复用，提高了线路的利用率。

（4）可靠性高。分组作为独立的传输实体，便于实现差错控制，从而大大降低了数据信息在分组交换网中传输的误码率，一般可达 10^{-10} 以下。另外由于"分组"在分组交换网中传输的路由是智能可变的，也提高了网络通信的可靠性。

（5）易于重新开始新的传输。可让紧急分组迅速发送出去，不会因传输优先级较低的报文而出现堵塞的情况。

（6）容易建立灵活的通信环境，便于在传输速率、信息格式、编码类型、同步方式、通信规程等方面都不相同的数据终端之间实现互通。

分组交换有如下的主要缺点。

（1）在分组交换网中附加的传输信息较多，影响了分组交换的传输效率。

（2）实现技术复杂，中间节点要对各种类型的分组进行分析处理，为分组提供传输路由，为数据终端设备提供速率、格式、码型和规程等的变换，为网络的维护管理提供必需的报告信息等，这就要求中间节点具有较强的处理功能。

分组交换可提供两种服务方式，分别是数据报（Datagram）方式和虚电路（Virtual Circuit）方式。

1. 数据报方式

在数据报方式中，每个分组称为一个数据报，若干个数据报构成一次要传送的报文或数据块。数据报方式中对每个分组单独进行处理。

当信源站要发送一个报文时，将报文拆分成若干个带有序号和地址信息的数据报，依次发送给网络节点。每个数据报自身携带足够的信息，且它的传送是被单独处理的。一个节点接收到一个数据报后，根据数据报中的地址信息和当时网络的流量、故障等情况选择路由，找出一个合适的出路，将数据报发送到下一个节点。由于不同时间的网络流量、故障等情况不同，各个数据报所走的路径就可能不相同，因此，各数据报不能保证按发送的顺序到达目的节点（即会出现乱序），有些数据报甚至还可能在途中丢失。

设 A 站有一报文需要传输到 E 站，将该报文拆分成三个分组，按 1、2、3 的顺序，依次送入节点 4。当分组 1 到达节点 4 时，通过路由选择确定节点 5 的分组队列比节点 7 的要短，所以将该分组送入节点 5 的队列中，但分组 2 到达节点 4 时，发现节点 7 的队列最短，便将分组 2 置于节点 7 的队列中，对分组 3 也作同样的处理，数据报示意图如图 2-27 所示。

数据报方式中即使有相同目的地址的分组，每个分组也不一定沿同一条路径传送，而且分组到达 E 站的顺序也可能不同于发送顺序。E 站应该具有重新排序分组和将其重装成报文的功能。

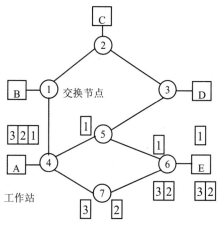

图 2-27　数据报示意图

2. 虚电路方式

在虚电路方式中，在报文分组发送前，通过呼叫的过程（虚呼叫）使交换网建立一条通往目的站的逻辑通路，然后，一个报文的所有分组都沿着这条通路进行"存储—转发"，不允许中间节点对任一个分组进行单独的处理和另选路径。

A 站有分组要发到 E 站，它首先向节点 4 发送"呼叫请求"分组，请求与 E 站建立连接，节点 4 通过路由选择将该呼叫请求传到节点 5，节点 5 确定将呼叫请求传至节点 6，再传至 E 站。如果 E 站接受该连接请求，便向节点 6 发送"呼叫接收"分组，沿相反路径返回到 A 站。此时，A 站和 E 站的逻辑连接（即虚电路 A-4-5-6-E）建立成功，同时分配一个"逻辑通道"标识符（即虚电路标识符），即可开始交换数据，如图 2-28 所示。

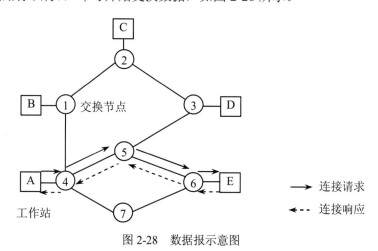

图 2-28　数据报示意图

此后，每个分组就会沿着前面建立好的路径进行数据传输。数据传输完毕，任何一方均可发出"拆除连接"分组，终止本次连接。

根据多路复用的原理，每个中间节点可与其他某个中间节点建立多条虚电路，也可以同时与多个中间节点建立虚电路。

数据报方式和虚电路方式各有优缺点，主要如下。

（1）在使用数据报时，每个分组都必须携带完整的地址信息，而使用虚电路时仅需虚电路号码标志，这样可使分组控制信息的比特数减少，从而减少了额外开销。

（2）当使用数据报方式时，用户端的主机要负责端到端的差错控制以及流量控制；当使用虚电路时，网络节点有端到端的流量控制和差错控制功能，即由网络保证分组按顺序交付，而且不丢失、不重复。

（3）数据报方式由于每个分组可独立选择路由，当某个节点发生故障时，后续分组就可另选路由，从而提高了可靠性；而当使用虚电路时，如一个节点失效，则通过该节点的所有虚电路均丢失了，可靠性降低。

（4）虚电路技术要经历"建立连接、数据传输、拆除连接"这三个阶段，都是面向连接的交换技术。数据传输都会沿着已经建立好的连接路径进行传输，不需要再进行路径选择，且数据会按序到达目的地。

（5）虚电路技术使用"存储—转发"方式传输数据，分组在每个节点仍然需要存储，并在线路上进行输出排队，只是断续地占用一段又一段的链路。虚电路的标识符只是对逻辑信道的一种编号，并不指某一条物理线路本身。一条物理线路可能被标识为许多逻辑信道编号，这正体现了信道资源的共享性。

2.5.3 数据交换方式的比较

图 2-29 为几种数据交换方式的比较，从中可看出数据报分组交换速度较快，它是在数据网络中使用最广泛的一种交换技术。

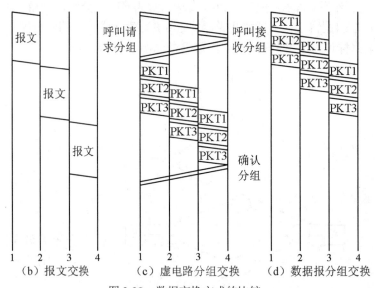

图 2-29 数据交换方式的比较

报文交换和分组交换方式的主要优缺点如下。

（1）报文交换。报文从信源传送到目的地采用"存储—转发"的方式。在中间节点中需要缓冲存储，报文需要排队。由于报文的长度不固定，因此，报文交换不能满足实时通信的要求。

（2）分组交换。分组交换方式和报文交换方式类似，但报文被分成组传送，并规定了最大的分组长度。在数据报分组交换中，目的地需要重新组装报文。分组交换技术是在数据通信网络中广泛使用的一种交换技术。

2.6　物理层概述

物理层是 OSI 分层体系结构的最低层，也是最基础的一层。物理层向下直接和传输介质相连，向上为数据链路层提供服务，传输数据的单位是比特。

ISO/OSI 模型的物理层的定义为：在物理信道实体之间合理地通过中间系统，为比特传输所需的物理连接的激活、保持和拆除提供机械、电气、功能和规程特性的手段。

要特别指出的是，物理层并不是指连接计算机的物理设备或具体的传输介质（或称传输媒体），而是指在物理硬件的基础上，屏蔽具体传输介质的差异，为上一层（数据链路层）提供一个传输原始比特流的物理连接。物理层的任务就是透明地传输比特流。

物理层协议主要用于定义硬件接口，并规定了与建立、维持及断开物理信道相关的特性，这些特性保证物理层能通过物理信道在相邻物理设备之间正确地传输比特流。物理层协议主要包括机械、电气、功能和规程 4 个特性。

（1）机械特性。机械特性定义接口部件的形状、尺寸、引脚数量和排列顺序等。

（2）电气特性。电气特性定义接口部件的信号高低、脉冲宽度、阻抗匹配、传输速率和传输距离等。

（3）功能特性。功能特性定义接口部件的引脚功能、数据类型和控制方式等。

（4）规程特性。规程特性定义接口部件的信号线在建立、维持、释放物理连接和传输比特流时的时序。

具体的物理层协议是非常复杂的，因为物理连接的方式很多，传输介质的种类也非常多（如同轴电缆、双绞线、光缆、无线信道等），针对不同的连接与不同的介质，物理层协议是不同的。

2.7　传输介质

2.7.1　传输介质的特性

传输介质又称为传输媒体，是网络中连接收发双方的物理通路，也是网络中传输信息的载体。常用的传输介质可以分为有线传输介质和无线传输介质两大类。有线传输介质包括双绞线、同轴电缆和光纤等。无线传输介质包括无线电、微波、红外线和激光等。

传输介质的特性对数据传输的质量有决定性的影响。通常将其特性分为物理特性、传输特性、连通性、地理范围、抗干扰性和相对价格等。

（1）物理特性。物理特性是指传输介质的特征，包括介质的物质构成、几何尺寸、机械特性等。

（2）传输特性。传输特性包括信号形式、调制技术、传输速度及频带宽度等。

（3）连通性。连通性包括点对点连接或多点连接。

（4）地理范围。地理范围是指保证信号在失真允许范围内所能达到的最大距离，对于有线介质来说是指电缆的有效最大长度。

（5）抗干扰性。抗干扰性是指在介质内传输的信号对外界噪声干扰的承受能力。

（6）相对价格。相对价格取决于传输介质的性能与制造成本。

有线传输介质
——双绞线

2.7.2 有线传输介质

1. 双绞线

双绞线是一种最常用的传输介质。它是由两根相互绝缘的铜导线组成，这两根铜导线是按一定密度绞合在一起的，其绞合的目的是为了减小电磁干扰，增强抗干扰的能力。每根绝缘铜线由各种不同颜色绝缘塑料包裹，通常将一对或多对双绞线放在塑料绝缘套管内，形成双绞线电缆。双绞线电缆结构如图 2-30 所示。

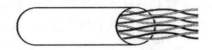

图 2-30　双绞线电缆结构

（1）双绞线的分类。按其是否有屏蔽层，双绞线可分为屏蔽双绞线（STP）和非屏蔽双绞线（UTP）。为了进一步增强抗干扰能力，STP 中的铜线被一种金属（箔）屏蔽层包裹，因此 STP 抗干扰能力比 UTP 强。但是，STP 价格比 UTP 要高，安装时也比 UTP 困难。两者结构分别如图 2-31、图 2-32 所示。

绝缘外套　箔屏蔽层　　　铜导线　　　　　　　绝缘外套　　　　　　铜导线

图 2-31　屏蔽双绞线结构　　　　　　　　　图 2-32　非屏蔽双绞线结构

按其绞合密度与传输特性，双绞线可分为 3 类（CAT3）、4 类（CAT4）、5 类（CAT5）、超 5 类（CAT5E）、6 类（CAT6）和 7 类（CAT7）双绞线。数字越大，带宽越宽，价格越贵。在一般局域网中常用的是 5 类、超 5 类和 6 类非屏蔽双绞线。

（2）双绞线的配线标准。双绞线的配线标准分为两类：EIA/TIA 568A（T568A）和 EIA/TIA 568B（T568B）。EIA 为美国电子工业协会；TIA 为美国电信工业协会。T568A 配线标准是：绿白、绿、橙白、蓝、蓝白、橙、棕白、棕。T568B 配线标准是：橙白、橙、绿白、蓝、蓝白、绿、棕白、棕。RJ-45 接口线序见表 2-1。

表 2-1　RJ-45 接口线序

线序	1	2	3	4	5	6	7	8
T568A	绿白	绿	橙白	蓝	蓝白	橙	棕白	棕
T568B	橙白	橙	绿白	蓝	蓝白	绿	棕白	棕

（3）双绞线的使用。双绞线在使用时可分为直通线（正线）和交叉线（反线）两种形式。直通线是指双绞线两端 RJ-45 接口中相对的线序相同，即两端都为 T568A 或 T568B。交叉线是指双绞线两端的 RJ-45 接口中相对的线序不同，即一端为 T568A，另一端为 T568B。直通线和交叉线如图 2-33、图 2-34 所示。

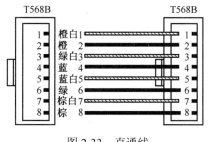

图 2-33 直通线

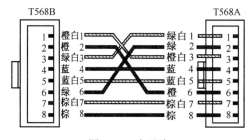

图 2-34 交叉线

由图 2-34 可以看出，交叉线的线序在直通线的基础上稍作了改动，即交叉线的一端保持原样（直通线序）不变，在另一端把 1 和 3 对调，2 和 6 对调。

一般情况下，当同种设备互联时，使用交叉线，例如，PC 与 PC、集线器与集线器、交换机与交换机、路由器与路由器。当不同种设备互联时，使用直通线，例如主机与集线器、路由器与交换机。不同厂商的设备会有不同的互联方式，使用时详见设备说明书。

（4）RJ-45 接头双绞线的制作。RJ-45 接头前端有 8 个凹槽，简称 8P（Position），凹槽内有 8 个金属接点，简称 8C（Contact）。RJ-45 接头如图 2-35 所示。EIA/TIA 制定的布线标准规定了 RJ-45 的 8 根引脚的编号，从左至右将 8 个铜针依次编号为①～⑧，RJ-45 引脚编号如图 2-36 所示。

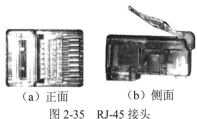

（a）正面　　（b）侧面

图 2-35 RJ-45 接头

① ② ③ ④ ⑤ ⑥ ⑦ ⑧

图 2-36 RJ-45 引脚编号

当 RJ-45 接头连接双绞线时，需按 T568A/T568B 标准，RJ-45 接头引脚功能及对应线序见表 2-2。从连接标准来看，1 和 2 是一对线，用于发送数据；3 和 6 是一对线，用于接收数据。其余的线虽然也被插入 RJ-45 接头，但实际上并没有使用。

表 2-2 RJ-45 接头引脚功能及对应线序（T568A/T568B）

引脚顺序	介质直接连接信号	线序
1	TX+（发送）	绿白/橙白
2	TX-（发送）	绿/橙
3	RX+（接收）	橙白/绿白
4	不使用	蓝/蓝
5	不使用	蓝白/蓝白
6	RX-（接收）	橙/绿
7	不使用	棕白/棕白
8	不使用	棕/棕

制作双绞线所需的工具和材料包括双绞线（UTP）、RJ-45 接头、压线钳和线缆测试仪，如图 2-37 所示。

双绞线   RJ-45 接头   压线钳   线缆测线仪

图 2-37　制作双绞线所需的工具和材料

制作双绞线的步骤如下。

第一步，剥层。将一段双绞线放入剥线专用的刀口，握紧压线钳慢慢旋转，让刀口划开双绞线的保护胶皮。

第二步，理线。把每对相互缠绕在一起的导线逐一解开，根据所要制作线缆的类型，将导线排列好并理顺，排列的时候应该注意尽量避免线路的缠绕和重叠。

第三步，剪头。用压线钳的剪线刀口把线缆顶部裁剪整齐，去掉外层保护层的部分约为 15mm，这个长度正好能将各细导线插入到各自的线槽。

第四步，插线。RJ-45 接头正面朝上，把整理好的导线插入接头内。此时，最左边的是第 1 脚，最右边的是第 8 脚，其余依次顺序排列。插入的时候需要注意缓缓地用力把 8 条线缆同时沿 RJ-45 头内的 8 个线槽插入，一直插到线槽的顶端。从 RJ-45 接头的顶部检查，看看是否每一组线缆都紧紧地顶在 RJ-45 接头的末端。

第五步，压线。把 RJ-45 接头插入压线钳的 8P 槽内，用力握紧线钳，听到轻微的"啪"一声即可。

第六步，测线。若制作的线缆为直通线缆，在测试仪上的 8 个指示灯应该依次为绿色闪过，证明网线制作成功。若制作的线缆为交叉线缆，则其中一侧同样是依次由 1 到 8 闪动绿灯，而另外一侧则会根据 3、6、1、4、5、2、7、8 这样的顺序闪动绿灯。若出现任何一个灯为红色或黄色，都证明存在短路或者接触不良现象。双绞线的制作过程如图 2-38 所示。

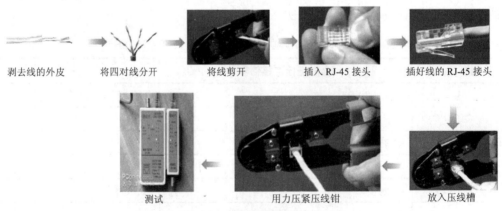

剥去线的外皮　　将四对线分开　　将线剪开　　插入 RJ-45 接头　　插好线的 RJ-45 接头

测试　　　　　用力压紧压线钳　　　　放入压线槽

图 2-38　双绞线的制作过程

2. 光纤

光纤是光导纤维的简称。随着光电技术的发展，光纤已成为通信技术的重要组成部分，并且由于其具备频带宽、通信距离长、抗干扰能力强等优点，地位变得日益重要。

光纤是利用光在玻璃或塑料制成的纤维中的全反射原理而传播信号的。光纤的纤芯由导光性极好的玻璃或塑料制成，纤芯的外面是包层，最外面是塑料保护层。光纤结构如图 2-39 所示。

由于光纤质地脆弱，又很细，不适合通信网络施工，因此必须将光纤制作成很结实的光缆。一根光缆里少则有一根光纤，多则有几十根或几百根光纤，再加上加强芯和填充物就可大大提高光纤的机械强度。典型的四芯光缆结构如图 2-40 所示。

图 2-39　光纤结构　　　　　　　　图 2-40　典型的四芯光缆结构

（1）光纤的分类。按照光在光纤中的传输模式，光纤可分为多模光纤和单模光纤。在纤芯内有多条不同角度入射的光线在传输，这种光纤叫作多模光纤。当光纤的直径非常小，小到接近一个光的波长时，光线就不会产生多次反射，而是沿着直线向前传播，这种光纤称为单模光纤。多模光纤和单模光纤分别如图 2-41 和图 2-42 所示。

图 2-41　多模光纤　　　　　　　　　　图 2-42　单模光纤

单模光纤中只传输一种模式的光，而多模光纤则同时传输多种模式的光。因此，与多模光纤相比，单模光纤模间色散较小，更适用于远距离传输。

另外，按折射率的分布情况，多模光纤又分为多模突变型光纤和多模渐变型光纤。多模突变型光纤直径较大，传输模式较多，因此带宽较窄，传输容量较小。多模渐变型光纤的纤芯的折射率随着半径的增加而减少，色散较小，因此频带较宽，传输容量较大。

（2）光纤的传输原理。在光纤通信中，当发送端有光源时，可以采用发光二极管或半导体激光器，它们在电脉冲的作用下能产生出光脉冲。在接收端，利用发光二极管做成光检测器，在检测到光脉冲时可还原出电脉冲。

光纤的核心在于其中间的石英纤芯，它是光波的通道。包层的折射率比纤芯的略低，当光信号从高折射率的介质射向低折射率的介质时，由于其折射角将大于入射角，因此，当光信号的入射角足够大时，就会发生全反射，即光信号碰到包层时，就会反射回纤芯。不断地重复这个过程，光信号就会沿着光纤传送到远端，光纤的传输原理如图 2-43 所示。

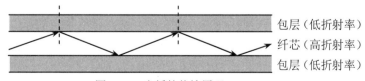

图 2-43　光纤的传输原理

3. 有线传输介质的比较

（1）双绞线。

物理特性：双绞线由按规则绞合的绝缘导线组成，一对线可以作为一条通信线路，各个线对绞合的目的是增强抗干扰能力。

传输特性：双绞线可传输模拟信号也可传输数字信号，数据传输速率依据双绞线的类别不同而有所不同；目前用于局域网的非屏蔽双绞线（UTP）有5类、超5类、6类等，其数据传输率可达100Mbps、1000Mbps，乃至10Gbps。

连通性：双绞线用于点对点连接。

地理范围：当用于局域网时，与集线器或交换机的距离最大为100m。

抗干扰性：当低频传输时，双绞线的抗干扰能力相当于同轴电缆；当高频传输时，抗干扰能力低于同轴电缆。

（2）光纤。

物理特性：光纤以玻璃和塑料为纤芯，呈圆柱形，由三个同芯部分组成，即纤芯、包层和保护套。

传输特性：光纤利用全反射来传输光信号。多模光纤的带宽为 200MHz～3GHz；单模光纤的带宽为3～50GHz。

连通性：光纤可用于点对点连接。

地理范围：光纤信号衰减极小，它可以在6～8km的距离内不使用中继器而实现高速率数据传输。

抗干扰性：光纤不受电磁干扰和噪声的影响。

价格：光纤系统比双绞线和同轴电缆的价格高。

综上所述，与双绞线和同轴电缆相比，光纤价格贵，但带宽和数据速率高、传输距离长、抗干扰能力强。因此，在远距离通信中，光纤已逐步成为一种主要的有线传输介质。但是，光纤之间不易连接，抽头分支困难，对于距离不长、配置又经常变动的局域网来说，光纤还不能完全取代金属传输介质。有线传输介质特性的比较见表2-3。

表2-3　有线传输介质特性的比较

传输介质	价格	带宽	安装难度	抗干扰能力
UTP	最便宜	低	容易	较弱
STP	比UTP贵	中等		
多模光纤	比同轴电缆贵	极高	困难	强
单模光纤	最贵	最高		

2.7.3　无线传输介质

目前局域网互联的传输介质往往是有线介质，这在某些特定的场合会存在一定的问题。例如，与无线介质相比，双绞线、同轴电缆、光纤存在铺设费用高、施工周期长、移动困难、维护成本高和覆盖面积小等问题。无线网络安装相对方便，不受地区限制，可以连接有线介质无法连接的地方或者有线介质连接比较困难的场合，特别适合港口、码头、古建筑群等地方的连接。无线网络不受障碍物限制，架设方便，组网迅速，并且传输速率较高，可传输几十千米，甚至将局域网扩大到整个城市。

无线传输介质不需要架设或铺埋电缆或光纤，而是在空气中利用电磁波发送和接收信号进行通信。

目前用于无线通信的主要波段有无线电波、微波、红外线和可见光，紫外线和频率更高的波段还不能用于通信。电磁波谱如图 2-44 所示。

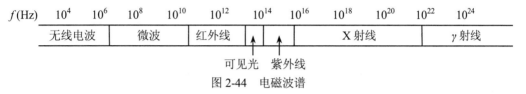

图 2-44　电磁波谱

1. 无线电波通信

无线电波通信是利用无线电波在地表或电离层中的反射而传播信号的，频率范围是10kHz～1GHz。

无线电波的传输特性跟频率有关。中、低频（1MHz 以下）无线电波沿地表传播，此波段上的无线电波能够绕过障碍物，但其通信带宽较低。高频和甚高频（1MHz～1GHz）无线电波将被地表吸收，当通信高度达到离地表范围为 100～500km 时，靠空中的电离层反射向前传播。

2. 微波通信

微波通信的频率范围为 300MHz～300GHz，主要的使用范围为 2～40GHz。微波通信主要分为地表微波和卫星微波。

（1）地表微波。地表微波一般采用设置定向抛物天线。由于地球表面是曲面，微波在地面的传播距离有限，直接传播距离与天线高度有关，天线越高，传播距离越远。但是，传播超过一定距离后就要用中继站来"接力"，两中继站的通信距离一般为 30～50km。长途通信时必须建立多个中继站，逐站将信息传送下去。

地表微波的传输质量相对稳定，但也会受到一些因素的影响，如雨雪天气对微波产生吸收损耗、不利地形或环境对微波造成衰减等。

（2）卫星微波。卫星微波是以人造卫星为中继站，是微波通信的特殊形式。卫星接收来自地面发送站发出的微波信号后，再以广播的方式用不同的频率发回地面，为地面工作站接收。

按通信卫星的运行轨道可分为同步通信卫星和异步通信卫星。

同步通信卫星位于赤道上空 35860km 的圆形轨道上，轨道平面与赤道平面在同一平面，其转动方向和角速度与地球相同。从地面上看，好像静止不动，所以也称为"静止卫星"。在地球赤道上空等距离分布三颗同步通信卫星，就可以形成覆盖地球上除两极地区之外的所有地方的通信。

异步通信卫星的转动方向和角速度与地球不相同，也称为"移动通信卫星"。异步通信卫星一般运行在中、低轨道上，离地面近，传播损耗小。

卫星通信的优点如下所述。可以克服地面微波通信的距离限制，其最大特点就是通信距离远，且通信费用与通信距离无关。卫星通信覆盖面广，可以实现多址通信和信道的按需分配，通信方式灵活。只要是在覆盖范围内，不论是在地面上还是在海上，也不论是固定站还是移动站，都可实现相关地球站之间的通信。卫星通信的频带宽，通信容量大，可接收多种业务传输。信号所受到的干扰较小，误码率也较低，通信比较稳定可靠。

卫星通信的不足之处如下所述。时延较大,高轨道卫星(如同步卫星)传输时延可达270ms,双向通话时延达540ms,所以打卫星电话时,讲完话后要等半秒左右才能听到对方的回话。中、低轨道卫星的传输时延较小,小于100ms。卫星使用寿命有限,一般为8~12年。卫星的发射与控制技术复杂,制作成本较高。

VSAT（Very Small Aperture Terminal）指甚小口径卫星终端,是一种面向个人用户的新型智能卫星通信地球站。VSAT是卫星通信技术发展的一个典型趋势。与传统的卫星通信系统相比,VSAT组成的网络的优点如下所述。天线口径小、设计结构紧密、功耗小、成本低、可以安装在一辆汽车上,组网灵活、智能化水平非常高,能满足语音、数据、图像、传真等多种通信业务的需要,可以方便建立直接面对用户的通信线路,特别适合于用户分散、业务量适中的边远地区以及用户终端分布范围广的通信网。

3. 红外通信

红外通信利用发光二极管或激光二极管进行站与站之间的数据交换。红外通信和微波通信一样,有很强的方向性,都是沿直线传播的,都需要在发送方和接收方之间有一条直线通路,所不同的是红外通信把要传输的信号转换为红外光信号,直接在空间传播。

红外信号没有能力穿透障碍物,可以直接或间接经障碍物反射,被接收装置接收,每次反射能量都要衰减一半。红外通信不需要铺设电缆,对环境气候较为敏感。

2.8 物理层协议举例——EIA RS-232C 接口标准

EIA RS-232C是美国电子工业协会（EIA）在1969年颁布的一种目前使用最广泛的串行物理接口标准。RS（Recommended Standard）的意思是"推荐标准",232是标识号码,而后缀"C"则表示该标准为第三个修订版本。

RS-232C标准定义了DTE与DCE之间的接口标准。DTE（Data Terminal Equipment）是数据终端设备,也就是具有一定的数据处理能力并且具有发送和接收数据能力的设备。DTE可以是一台计算机或一个终端,也可以是I/O设备。DCE（Data Circuit-terminating Equipment）是数据电路端接设备。典型的DCE是与模拟电话线路相连接的调制解调器。DCE的作用就是在DTE和传输线路之间提供信号变换和编码的功能,并且负责建立、保持和释放数据链路的连接。图2-45为DTE与DCE在通信传输线路上的连接示意图。

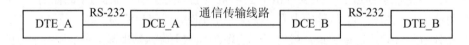

图 2-45 DTE 与 DCE 连接示意图

DTE与DCE之间的接口一般都有许多条线,包括多种信号线和控制线。发送方DCE将DTE传过来的数据按比特顺序逐个发往传输线路;而接收方DCE从传输线路收下来串行的比特流,然后再交给DTE。很明显,这里需要高度协调地工作。为了减轻数据处理设备用户的负担,就必须对DTE和DCE的接口进行标准化,即物理层协议。

下面简要介绍一下物理层标准RS-232C的主要特点。

1．机械特性

RS-232C 使用 25 根引脚的 DB-25 针式插头插座，引脚分为上、下两排，分别有 13 和 12 根引脚，以插头为例，其编号分别规定为 1～13 和 14～25，都是从左到右（当引脚指向人时）。25 针 RS-232C 针脚排列如图 2-46 所示。

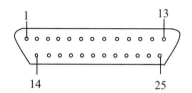

图 2-46　25 针 RS-232C 针脚排列图

2．电气特性

RS-232C 采用负电平逻辑，规定逻辑 "1" 的电平为-15～-5V，逻辑 "0" 的电平为+5～+15V，+5V 和-5V 之间为过渡区域不进行定义。RS-232C 与 TTL 电平不兼容，应使用专用芯片进行电平转换。当连接电缆线的长度不超过 15m 时，允许数据传输速率不超过 20kbps。

3．功能特性

功能特性规定了什么电路应当连接到 25 根引脚中的哪一根以及该引脚的作用，表 2-4 列出了 RS-232C 定义的部分引脚的功能特性。

表 2-4　RS-232C 定义的部分引脚的功能特性

引脚号	信号名称	缩写	方向	功能说明
1	保护地线	PG		机壳地
2	发送数据	TXD	→DCE	终端发送串行数据
3	接收数据	RXD	→DTE	终端接收串行数据
4	请求发送	RTS	→DCE	DTE 请求 DCE 切换到发送状态
5	清除发送	CTS	→DTE	DCE 已经切换到发送状态
6	数据设备就绪	DSR	→DTE	DCE 已经准备好接收数据
7	信号地线	GND		信号地线
8	载波检测	DCD	→DTE	DCE 已检测到远程载波
20	数据终端就绪	DTR	→DCE	DTE 已准备好，可以接收
22	振铃指示	RI	→DTE	DCE 通知 DTE 线路已接通

图 2-47 为 RS-232C 信号功能与连接图，它画出了最常用的 10 根引脚的连接方式，其余的一些引脚可以空着不用。

计算机的背板一般都配有两个 RS-232C 接口，称为串行通信接口 COM1 与 COM2，但一般使用 9 针 D 型插座。图 2-48 为 9 针 RS-232C 针脚排列。

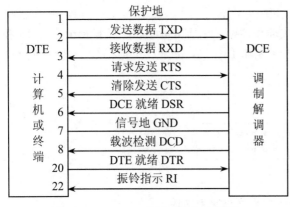

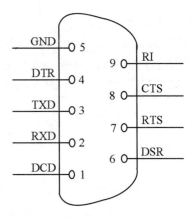

图 2-47 RS-232C 信号功能与连接图　　　　图 2-48 9 针 RS-232C 针脚排列

4. 规程特性

规程特性定义了 DTE 与 DCE 间信号产生的时序。下面简要说明按图 2-47 所示连接的 DTE-A 向 DTE-B 发送数据的过程。

（1）当 DTE-A 要和 DTE-B 进行通信时，DTE-A 将 DTR 置为有效，同时通过 TXD 向 DCE-A 发送电话号码信号。

（2）DCE-B 将 RI 置为有效，通知 DTE-B 有呼叫信号到达。DTE-B 将 DTR 置为有效，DCE-B 接着产生载波信号，并将 CTS 置为有效，表示已准备好接收数据。

（3）DCE-A 检测到载波信号，将 DCD 及 CTS 置为有效，通知 DTE-A 通信电路已连接好。

（4）DCE-A 向 DCE-B 发送载波信号，DCE-B 将 CTS 置为有效。

（5）DTE-A 若有发送的数据，将 DSR 置为有效，DCE-A 作为回应信号，将 RTS 信号置为有效。DTE-A 通过 TXD 发送串行数据，DCE-A 将数据通过通信线路发向 DCE-B。

（6）DCE-B 将收到的数据通过 RXD 传送给 DTE-B。

同样道理，当 DTE-B 向 DTE-A 传送数据时，信号时序与上面所述过程一样。当使用 RS-232C 近距离地连接两台计算机时，可不使用调制解调器，而使用直接电缆连接，称为零调制解调器。RS-232C 零调制解调器连接示意图如图 2-49 所示。

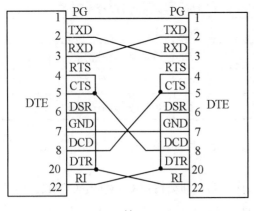
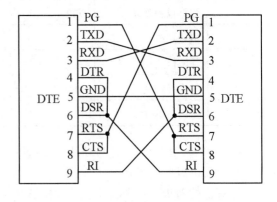

（a）25 针 RS-232C　　　　　　（b）9 针 RS-232C

图 2-49 RS-232C 零调制解调器连接示意图

2.9　宽带接入技术

2.9.1　ADSL 技术

ADSL 的全称是 Asymmetric Digital Subscriber Line，即非对称数字用户环路。它利用目前广泛使用的一对普通电话线，采用数字编码技术和调制解调技术，实现高速数字信号的双向传送。ADSL 最高上行速率可达 1Mbps，最高下行速率可达 8Mbps，传输距离为 3～5km。ADSL 提高了普通电话双绞线的利用率，是目前实现宽带和多业务"最后一公里"接入的重要方式。

ADSL 使用普通电话线作为传输介质，虽然传统的 MODEM 也是使用电话线传输的，但它只使用了 0～4kHz 的低频段，而电话线理论上有接近 2MHz 的带宽，ADSL 正是使用了 26kHz 以后的高频段。经 ADSL MODEM 编码后的信号通过电话线传到电话局后再通过信号识别分离器，如果是语音信号就传到电话交换机上，如果是数字信号就接入 Internet。

在 ADSL 通信线路中会在普通的电话信道中分离出 3 个信息通道：速率为 1.5Mbps～8Mbps 的高速下行通道，用于用户下载信息；速率为 16kbps～1Mbps 的中速双工通道，用于用户上传信息；普通电话服务通道，用于普通模拟电话通信服务。3 个通道可以同时工作。

ADSL 与以往调制解调技术的主要区别在于其上、下行速率是非对称的，即上、下行速率不等，这一特性非常适于普遍的网上浏览应用。对于最终用户来说，只要使用通常普及的电话线路就能享受宽带接入服务。

ADSL 之所以能在一条电话线上实现如此高速率的数据传输率，还可以同时提供分离的电话语音通信，主要原因是采用了离散多音频（Discrete Multitone，DMT）调制技术。

DMT 调制技术可将原先电话线路上的 0～1.104MHz 频段划分成 256 个频宽为 4.3125kHz 的子频带。其中，4kHz 以下频段仍用于传送传统电话业务（Plain Old Telephone Service，POTS），26kHz 到 138kHz 的频段用来传送上行信号，138kHz 到 1.104MHz 的频段用来传送下行信号。DMT 调制技术可根据线路的情况调整在每个信道上的比特数，以便更充分地利用线路。一般来说，子信道的信噪比越大，在该信道上调制的比特数越多。如果某个子信道的信噪比很差，则弃之不用。由此可见，对于原先的电话信号，仍使用原先的频带，而基于 ADSL 的业务，使用的是话音以外的频带。所以，原先的电话业务不受任何影响。

现存的用户电话线路主要使用 UTP（非屏蔽双绞线），而 UTP 对信号的衰减主要与传输距离和信号的频率有关。如果信号传输超过一定距离，则信号的传输质量将难以保证。此外，线路上的桥接抽头也将增加对信号的衰减。因此，线路衰减是影响 ADSL 性能的主要因素。ADSL 通过不对称传输，利用频分多路复用（Frequency Division Multiplexing，FDM）技术和回波抵消技术，使上、下行信道分开来减小串音的影响，从而实现信号的高速传送。

在第一代 ADSL 标准的基础上，ITU-T 于 2002 年 7 月公布了 ADSL2 的标准 G992.3 和 G992.4，于 2003 年 1 月制定了 ADSL2+的标准 G992.5。ADSL2 的下行频谱与第一代 ADSL 相同，但其最高下行速率可以达到 12Mbps，最高上行速率可以达到 1.2Mbps。ADSL2+标准在 ADSL2 的基础上进一步扩展，主要是将频谱范围从 1.104MHz 扩展至 2.208MHz，ADSL2+由于将使用的频谱进行了扩展，传输性能有明显提高，下行最大传输速率可达 24Mbps。

还有一种比 ADSL 更快的、用于短距离（300～1800m）传送的 VDSL（Very high speed DSL），

即甚高速数字用户线，就是 ADSL 的快速版本。VDSL 的下行速率可达 50～55Mbps，上行速率可达 1.5～2.5Mbps。2011 年 ITU-T 颁布了更高速率的 VDSL2 的标准 G.993.2。VDSL2 能够提供的上行和下行的速率都能够达到 100Mbps。

2.9.2 HFC 技术

HFC 的全称是 Hybrid Fiber Coaxial，即光纤同轴混合网。它采用光纤到服务区，"最后一公里"采用同轴电缆的方式。有线电视就是最典型的 HFC 网，比较合理地利用了当前的先进成熟技术，提供较高质量和较多频道的传统模拟广播电视节目。它是在目前覆盖面很广的有线电视网的基础上开发的一种居民宽带接入网，除可传送电视节目外，还能提供电话、数据和其他宽带交互型业务。

为了提高传输的可靠性和电视信号的质量，HFC 网把原有线电视网中的同轴电缆主干部分改换为光纤。光纤从头端连接到光纤结点（Fiber Node）。光信号在光纤结点被转换为电信号，通过同轴电缆传送到每个用户家庭。

原来的有线电视网的最高传输频率是 450MHz，并且仅用于电视信号的下行传输。现在 HFC 网具有双向传输功能，而且扩展了传输频带。根据有线电视频率配置标准 GB/T17786-1999，目前我国的 HFC 网的频带划分如图 2-50 所示。

图 2-50 我国的 HFC 网的频带划分

要使现有的模拟电视机能够接收数字电视信号，需要把机顶盒（Set-top Box）设备连接在同轴电缆和用户的电视机之间。但为了使用户能够利用 HFC 网接入到互联网，以及在上行信道中传送交互数字电视所需的一些信息，还需要增加一个为 HFC 网使用的调制解调器，又称其为电缆调制解调器（Cable Modem）。用户只要把自己的计算机连接到电缆调制解调器上，就可方便地上网了。

电缆调制解调器不需要成对使用，而只需安装在用户端。电缆调制解调器比 ADSL 使用的调制解调器复杂得多，因为它必须解决共享信道中可能出现的冲突问题。在使用 ADSL 调制解调器时，用户计算机所连接的电话用户线是该用户专用的，因此在用户线上所能达到的最高数据率是确定的，与其他 ADSL 用户是否在上网无关。但在使用 HFC 的电缆调制解调器时，在同轴电缆这一段用户所享用的最高数据率是不确定的，因为某个用户所能享用的数据率大小取决于这段电缆上现在有多少个用户正在传送数据。在很少几个用户上网时可以达到比 ADSL 更高的数据率（如达到 10Mbps 甚至 30Mbps），若出现大量用户（如几百个）同时上网，每个用户实际的上网速率可能会低到难以忍受的程度。

2.9.3 FTTx 技术

FTTx 光纤用户网有很多方案，这里的 x 代表不同的光纤接入地点。

光纤到路边（Fiber To The Curb，FTTC），FTTC 主要为住宅区的用户提供服务，将光网络单元（Optical Network Unit，ONU）设备放置于路边机箱，利用 ONU 出来的同轴电缆传送

CATV 信号或双绞线传送电话及上网服务。

光纤到大楼（Fiber To The Zone Building，FTTB），FTTB 的服务对象有两种，一种是公寓大厦的用户，另一种是商业大楼的公司。对这两种服务对象，皆将 ONU 设置在大楼的地下室配线箱处。公寓大厦的 ONU 是 FTTC 的延伸，而商业大楼是为中大型企业单位提供服务，必须提高传输的速率，以提供高速的数据、电子商务、视频会议等宽带服务。

光纤到户（Fiber To The Zone Home，FTTH），国际电信联盟 ITU 认为从光纤端头的光电转换器（或称为媒体转换器）到用户桌面不超过 100m 的情况才是 FTTH。FTTH 将光纤的距离延伸到终端用户家里，为家庭提供各种不同的宽带服务，如视频点播、在家购物、在线教育等。

另外，还有光纤到小区（Fiber To The Zone，FTTZ）、光纤到楼层（Fiber To The Floor，FTTF）、光纤到办公室（Fiber To The Office，FTTO）和光纤到桌面（Fiber To The Desk，FTTD）等。

光纤连接 ONU 主要有两种方式：一种是点对点（Point to Point，P2P）形式拓扑，从中心局到每个用户都用一根光纤；另外一种是使用点对多点（Point to Multi-Point，P2MP）形式拓扑的无源光网络（Passive Optical Network，PON），在光纤干线和广大用户之间，需要铺设一段中间的转换装置即光配线网（Optical Distribution Network，ODN），使得数十个家庭用户能够共享一条光纤干线，"无源"表明在 ODN 中无需配备电源，因此基本上不用维护，其长期运营成本和管理成本都很低。PON 作为一种接入网技术，定位在常说的"最后一公里"，也就是在服务提供商、电信局端和商业用户或家庭用户之间的解决方案。

1987 年英国电信公司的研究人员最早提出了 PON 的概念。APON（ATM PON）是在 1995 年提出的，当时 ATM 在局域网（LAN）、城域网（MAN）和主干网技术中占据主要地位。各大电信设备制造商也研发出了 APON 产品，由于 APON 只能为用户端提供 ATM 服务，2001 年底，全业务接入网论坛 FSAN（Full Service Access Networks）更新网页把 APON 改名为 BPON，即"宽带 PON"，APON 标准衍变成为能够提供其他宽带服务（如 Ethernet 接入、视频广播和高速专线等）的 BPON 标准。

在局域网领域，Ethernet 技术高速发展。Ethernet 已经发展成为了一个广为接受的标准，全球有超过 400 万个以太端口，95%的 LAN 都是使用 Ethernet 技术。Ethernet 技术发展很快，传输速率从 10Mbps、100Mbps 到 1000Mbps、10Gbps，甚至 40Gbps，呈数量级提高，应用环境也从 LAN 向 MAN、核心网发展。

EPON（Ethernet PON）是由 IEEE 802.3 工作组在 2000 年 11 月成立的 EFM（Ethernet in the First Mile）研究小组提出的。EPON 是几个最佳的技术和网络结构的结合。EPON 以 Ethernet 为载体，采用点到多点结构、无源光纤传输方式。EPON 也提供一定的运行维护和管理功能。

EPON 技术与现有的设备具有很好的兼容性。而且 EPON 还可以轻松实现带宽到 10Gbps 的平滑升级。新发展的服务质量（QoS）技术使以太网对语音、数据和图像业务的支持成为可能。这些技术包括全双工支持、优先级和虚拟局域网（VLAN）。

2001 年，FSAN 组启动了另外一项标准工作，旨在规范工作速率高于 1Gbps 的 PON 网络，这项工作被称为 GPON（Gigabit PON）。GPON 除了支持更高的速率之外，还要以很高的效率支持多种业务，具备良好的扩展性。大多数先进国家运营商的代表，提出一整套"吉比特业务需求"（GSR）文档，作为提交 ITU-T 的标准之一，反过来 GSR 又成为提议和开发 GPON 解决方案的基础。这说明 GPON 是一种按照消费者的需求进行设计、由运营商驱动的解决方案，是值得产品用户信赖的。

PON 的架构主要是将从光纤线路终端设备（Optical Line Terminal，OLT）下行的光信号，通过一条光纤经由无源器件光分路器（Splitter），将光信号分路广播给各用户终端设备（Optical Network Unit，ONU），这样就大幅减少网络机房及设备维护的成本，更节省了大量光缆资源等建置成本，PON 因而成为 FTTH 的最新热门技术。

当 OUN 发送上行数据时，先把电信号转化为光信号，光分路器把各 ONU 发来的上行数据汇总后，以 TDMA 方式发往 OLT，而发送时间和长度都由 OLT 集中控制，以便有序地共享光纤主干。

PON 架构如图 2-51 所示。

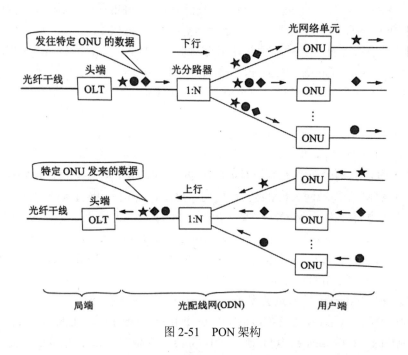

图 2-51　PON 架构

2.10　4G/5G 技术

第四代移动通信技术，简称 4G（第四代），其中 G 代表代（Generation），是为了与之前的第二代（2G）、第三代（3G）移动电话做出区别。

4G 使用的 LTE / LTE-A 系统支持分组交换，数据传输率很高，可以用更快的速度上网。由于 4G 的手机大多同时支持 3G 与 2G，因此在手机找不到 LTE 基地台时仍然会以 UMTS 基地台上网，讲电话或传简讯时仍然是使用 GSM 系统的语音信道来完成。

目前主流的 4G LTE 属于超高频和特高频，我们国家主要使用超高频。

4G 采用正交频分复用技术，将通信信道划分为若干个子信道，然后将所需要传输的数据分流到子信道中进行传输，以此来实现信号的有效传递。该项技术最大的优势在于能够降低通信传输过程中信号的衰减程度，具有较强的抗衰力。同时，正交频分复用技术在传输时还具有抗干扰的功效，能够提高数据传输效率。4G 的数据速率从 3G 的 2Mbps 提高到 100Mbps，在覆盖范围、通信质量、系统造价上满足 3G 所不能达到的支持高速率数据和高分辨率多媒体的服务的需要。广带局域网能与宽带综合业务数据（B-ISDN）和异步传输模式（ATM）兼容，实现广带多媒体通信，形成综合广带通信网。对全速移动用户能够提供 150Mbps 的高质量的影像多媒体业务。

第五代移动通信技术，简称 5G，是 4G 之后的延伸。5G 网络的理论下行速度为 10Gbps（相当于下载速度 1.25GB/s）。

5G 是新一代移动通信技术发展的主要方向，是未来新一代信息基础设施的重要组成部分。与 4G 相比，5G 不仅将进一步提升用户的网络体验，同时还将满足未来万物互联的应用需求。

从用户体验看，5G 具有更高的速率、更宽的带宽，预计 5G 网速是 4G 的 10 倍以上，只需要几秒即可下载一部高清电影，能够满足消费者对虚拟现实、超高清视频等更高的网络体验需求。

从行业应用看，5G 具有更高的可靠性，更低的时延，能够满足智能制造、自动驾驶等行业应用的特定需求，拓宽融合产业的发展空间，支撑经济社会创新发展。

1．5G 的特点

5G 的特点如下所述。

（1）数据速率。数据速率的衡量指标可以分为以下几点。

1）聚合数据或区域容量。聚合数据或区域容量指的是通信系统能够同时支持的总数据速率，单位是单位面积上的 bits/s。相对于 4G 的通信系统，5G 的聚合数据速率要求提高 1000 倍以上。

2）边缘速率。边缘速率指的是当用户处于系统边缘时，用户可能会遇到的最差传输速率，也就是传输速率的下限。又因为一般取传输速率最差的 5% 的用户作为衡量边缘速率的标准，边缘速率又称为 5% 速率。对于该指标，5G 的目标是 100Mbps 到 1Gbps，这比 4G 典型的 1Mbps 边缘速率要求至少提高了 100 倍。

3）峰值速率。顾名思义，峰值速率指的是在所有条件为最好的情况下，用户能达到的最大速率。

（2）延迟。现在 4G 系统的往返延迟是 15ms，其中 1ms 用于基站给用户分配信道和接入方式产生的必要信令开销。虽然 4G 的 15ms 相对于绝大多数服务而言，已经是很够用了。但随着科技发展，新研发出的一些设备需要更低的延迟，比如移动云计算需要的设备和可穿戴设备的联网。

（3）能量花费。随着我们转向 5G 网络，通信所花费的能耗应该越来越低。前面提到，5G 用户的数据速率至少要比 4G 提高 100 倍，这就要求 5G 中传输每比特信息所花费的能耗需要降低至少 100 倍。而现在能量消耗的一大部分在于复杂的信令开销，例如网络边缘基站传回基站的回程信号。由于基站部署更加密集，5G 网络的这一开销会更大，因此，5G 必须要提高能量的利用率。

（4）接入设备特点。5G 网络需要有更强的服务能力，能够同时接入更多的用户。随着机机（Machine to Machine，意为设备到设备）通信技术的发展，单一宏蜂窝应该能够支持超过 1000 个低传输速率设备，同时还要能继续支持普通的高传输速率设备。

（5）D2D。D2D 即设备到设备（Device to Device），同一基站下的两个用户，如果互相进行通信，他们的数据将不再通过基站转发，如直接从手机传送到手机。

2. 5G 的发展趋势及特征

5G 的发展趋势及特征如下所述。

（1）频谱利用率大大提升，高频段频谱资源被更多地利用。目前用于移动通信的频谱资源十分有限，而我国的频谱资源是采用一种固定方式分配给各个无线电部门，这更加导致了资源利用的不均衡和低利用率。相对于 4G 网络，5G 的频谱利用率将会得到大大提升，并且高频段资源也会被适当应用。

（2）更大限度支持业务个性化，提供全方位信息化服务。人们对移动通信的需求趋向于个性化和层次化，在生活中几乎时刻离不开通信网络。5G 网络的目标之一就是建设更为完备的网络体系架构，提高对各种新兴业务的支撑能力，以此为用户打造全新的通信生活。

（3）通信速率极大提升。信息化时代在高速发展，人们对获取信息的速率要求越来越高，这对通信网络的传输速率是很大的挑战。4G 的最高峰值速率为 1Gbps，而 5G 则可以达到 10Gbps。这意味着，在 5G 网络环境下，一部超高清画质的电影在 1s 内就可以下载完成。与此同时，5G 网络在传输中还将呈现低时延、高可靠、低功耗等特点。

（4）绿色节能。5G 网络在保证通信质量的同时，采用有效的绿色节能技术来降低网络损耗，把能耗控制在一定范围之内。在未来的通信过程中，运营商可以根据实时通信状况来调整资源分布，以此节约网络能源。

目前，5G 仍处于研究阶段，还存在许多技术问题有待解决。随着其研究历程的不断深入，在未来，5G 必将会给用户带来全新的通信体验，全面推动信息化时代的发展。

 习题2

2-1　名词解释：

（1）数据　（2）信息　（3）信源　（4）信宿　（5）信道

（6）数据传输速率　（7）信号传输速率　（8）信道容量

2-2　什么是模拟信号？什么是数字信号？数据的传输方式有哪些？

2-3　按数据传输方向，数据信息在信道上的通信方式有哪些？

2-4　通过基带传输数字信号时采用哪些编码？各有什么特点？

2-5　已知脉冲序列为 0100110，请根据本章学习的编码方案，绘制相应的波形。

2-6　简述频分多路复用技术和时分多路复用技术的概念及特点。

2-7　网络交换方式有哪些？各有什么特点？

2-8　分别叙述调幅制（ASK）、调频制（FSK）和调相制（PSK）信号的形成。已知脉冲序列为 1100101，画出 ASK、PSK 和 FSK 信号波形。

第 3 章　数据链路层

本章主要介绍数据链路层的基本功能及概念，讲述数据链路层是如何为高层提供服务的。此外，本章重点讲述局域网的相关技术以及广域网接入技术的工作原理。通过本章的学习，读者应重点理解和掌握以下内容：

- 链路、数据链路的概念，数据链路层的功能
- 数据链路层如何进行差错控制
- 计算机局域网的体系结构
- 常用的局域网标准 IEEE 802
- 标准以太网及交换式以太网的工作原理
- 载波侦听多路访问/冲突检测（CSMA/CD）的工作过程
- 虚拟局域网的工作原理
- 高速局域网和千兆位以太网的基本情况
- PPP 链路协议的工作过程
- PPPoE 协议的工作过程

3.1　数据链路层概述

数据链路层是 OSI 参考模型中的第二层，介于物理层和网络层之间。数据链路层在物理层提供的服务基础上向网络层提供服务。物理层通过通信介质实现实体之间链路的建立、维护和拆除，形成物理连接。物理层只能接收和发送一串比特信号，不考虑信息的意义和信息的结构，也就不能解决真正的数据传输与控制，如异常情况处理、差错控制与恢复、信息格式化、协调通信等。为了进行有效、可靠的数据传输，需要对传输操作进行严格的控制和管理，这就是数据链路传输控制规程的任务，也就是数据链路层协议的任务。数据链路层协议使得在不太可靠的物理链路上进行可靠的数据传输成为可能。

3.1.1　基本概念

1. 链路与数据链路

链路是数据传输中任意两个相邻节点间点到点的物理线路段，链路间没有任何其他节点存在，网络中的链路是一个基本的通信单元。对计算机之间的通信来说，从一方到另一方的数据通信通常是由许多的链路串接而成的，这就是通路。

数据链路是一个数据管道，在这个管道上可以进行数据通信，因此，数据链路除了必须具有物理线路外，还必须具有必要的规程用以控制数据的传输。把用来实现控制数据传输规程

的硬件和软件加到链路上，就构成了数据链路，如图 3-1 所示。

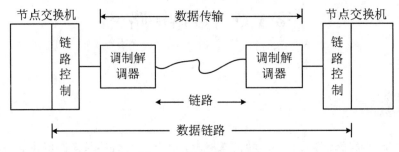

图 3-1   数据链路与链路

2. 报文、报文段、数据报和帧

位于应用层的信息分组称为报文（Message），传输层分组称为报文段（Segment），通过网络层传输的数据的基本单元称为数据报（Datagram），链路层分组称为帧（Frame），实际通信过程及虚拟通信过程的示意图如图 3-2 所示。

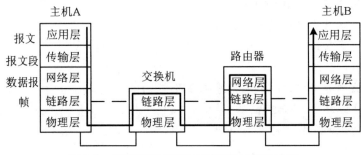

图 3-2   实际通信过程及虚拟通信过程示意图

图 3-2 显示了这样一条物理路径：数据从发送端系统的协议栈向下，中间经过链路层交换机和路由器的协议栈的解封装和再封装，进而向上到达接收端系统的协议栈。

路由器与链路层交换机并不能实现协议栈的所有层次。如图 3-2 所示，链路层交换机实现了第一层与第二层；路由器实现了第一层到第三层；主机实现了所有 5 个层次。

本章研究数据链路层的问题，从数据链路层来看，主机 A 到主机 B 的通信可以看成是由三段不同的链路层通信组成，如图 3-2 虚线所示。

数据链路层从网络层获取到数据报分组，然后将这些分组封装到帧中以便传输。每一帧包含一个帧头、一个数据区（用于存放数据报分组），以及一个帧尾，数据报分组与帧的关系如图 3-3 所示。

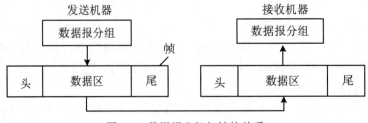

图 3-3   数据报分组与帧的关系

3.1.2　数据链路层提供的服务及功能

1. 为网络层提供的服务

数据链路层的功能是为网络层提供服务。其中最主要的服务是将数据从源机器的网络层传输到目标机器的网络层。源机器的网络层将一些数据交给数据链路层，要求传输到目标机器。数据链路层的任务是将这些位传输给目标机器，然后再将这些数据进一步交给目标机器的网络层。

根据数据链路层向网络层提供的服务质量和应用环境的不同，数据链路层通常会提供以下三种可能的服务。

（1）无确认的无连接服务。源节点的数据链路层可在任何时候向目标节点发送数据帧，目标节点并不对这些帧进行确认，事先并不建立逻辑连接，事后也不用释放逻辑连接。若由于线路上有噪声而造成某一帧丢失，则数据链路层并不会检测这样的丢帧现象，也不会恢复。因此，这种服务的质量低，适合于线路误码率很低以及传送实时性要求高的（如语音类的）信息等。

（2）有确认的无连接服务。为了提高可靠性，数据链路层引入了有确认的无连接服务，当提供这种服务时，仍然没有使用逻辑连接，但是，所发送的每一帧都需要单独确认。这样，发送方知道每一帧是否已经正确到达。如果有一帧在指定的时间间隔内还没有到达，则发送方将再次发送该帧。这种服务尤其适用于不可靠的信道，比如无线系统。

（3）有确认的面向连接服务。数据链路层能够向网络层提供的最复杂的服务是面向连接的服务，这种服务的质量好，是 OSI 参考模型推荐的主要服务方式。该服务方式将网络层移交的一次数据传送分为三个阶段：数据链路建立、数据帧传送和数据链路的拆除。数据链路建立阶段是让双方的数据链路层都同意并做好传送的准备；数据帧传送阶段是将网络层移交的数据传送给对方；当数据传送结束时，拆除数据链路连接。为了实现上述过程，数据链路层提供了服务原语供网络层调用，收到原语后，数据链路协议将原语进行变换并执行。

2. 数据链路层的功能

数据链路层提供的最基本的服务是在网络相邻的两个节点间进行可靠的传输。数据链路层必须具备一系列相应的功能，主要有：将数据组合成数据帧（为数据打包）；控制帧在物理信道上的传输，包括如何处理传输差错；在两个网络实体之间提供数据链路的建立、维持和释放管理。数据链路层的具体功能如下所述。

（1）链路管理。当网络中的两个节点要进行通信时，数据的发送端必须确认接收端是否已经处于准备接收的状态。为此，通信的双方必须先交换一些必要的信息，即必须先建立一条数据链路。在传输数据时要维持数据链路，而在通信完毕时要释放数据链路。数据链路的建立、维持和释放就称为链路管理。

（2）定界与同步。在数据链路层，数据的传送单位是帧，数据一帧一帧地传送。帧同步是指接收端应当能从收到的比特流中准确地区分出一帧开始和结束的位置。

数据链路层将物理层提供的位流划分为帧。帧分为帧头、信息和帧尾 3 个字段。帧头包含各种控制信息，信息字段包含传送的数据，而帧尾包含校验信息。从物理层提供的位流服务中划分出帧的边界有以下 4 种方法。

1）字符计数法。这种方法有一个帧开始的标志字符（如 SOH 序始、STX 文始、FLAG 标志），然后包含一个表示传送数据长度的字节计数字段。在传送数据期间，每传送一个字节，计数值就减 1，当计数字段为零时，再加上校验信息后该帧就传送结束。其后的位流就属于另外一帧。

2）首尾界符法。这种方法主要用于面向字符的编码规程中，用一些特殊的字节作为每个帧的开始和结束，这些特殊字节通常都相同，称为标志字节。然而，当标志字节出现在数据中时，这种情况会严重干扰到帧的分界。为了解决这个问题，可以在传输的数据中的每个标志字节前插入一个特殊的转义字节。因此，只要看接收到的数据中标志字节前面有没有转义字节，就可以把作为帧分界符的标志字节与数据中出现的标志字节区分开来。接收方的数据链路层在将数据传递给网络层之前必须删除转义字节。这种技术就称为字节填充。如果转义字节也出现在数据中，同样使用字节填充技术，即用一个转义字节来填充。在接收方，第一个转义字节被删除，留下紧跟在后面的数据字节。具体实现过程见3.9.2中的字节填充。

3）首尾标志法。这种方法主要用于面向位的编码规程中，帧的划分在比特级完成，用一个特殊的比特组合作为每个帧的开始和结束。如PPP同步传输时，用01111110作为帧开始，也作为帧结束标志。如果待传输的数据中也包含这种比特组合时，就会出现帧分界错误的问题。为此，每当发送方的数据链路层在数据中遇到连续五个1，它便自动在输出的比特流中填入一个比特0，这种技术就称为比特填充。具体实现过程见3.9.2中的零比特填充。

4）物理编码违例法。该方法传送的数据采用曼彻斯特编码，每位电平都在位周期中间改变一次。帧开始和帧结束的字段中，有些位不按曼彻斯特编码规则，如IEEE 802.5的帧起始符为"JK0JK000"，其中，J为正常"1"信号去掉半位处的跳变形成的，K是正常"0"信号去掉半位处的跳变形成的。帧结束符为"JK1JK11E"，J、K的定义和帧起始符相同，E为差错检测位，这种方法无需字符填充和"0"比特插入删除技术。

（3）差错控制。在计算机通信中，接收端可以通过帧校验字段的差错编码（奇偶校验码或CRC码）来判断接收到的帧中是否有差错，如果有差错就通知发送端重新发送这一帧，直到接收端正确地接收到这一帧为止。

（4）透明传输。透明传输就是指不管所传数据是什么样的比特组合，都应当能够在链路上传送。由于数据和控制信息都是在同一信道中传送，在许多情况下，数据和控制信息处于同一帧中，因此，一定要有相应的规则使接收端能够将它们区分开来。当所传数据中的比特组合恰巧出现了与某一个控制信息完全一样时，必须采取适当的措施，使接收端不会将这样的数据误认为是某种控制信息，这样才能保证数据链路层的传输是透明的。

（5）寻址。在多点连接的情况下，必须保证每一帧都能传送到正确的目的站，接收端也应当知道发送端是哪一个节点。

3.2 差错检验和控制

3.2.1 差错类型

数据通信要求信息传输具有高度的可靠性，即要求误码率足够低。然而，数据信号在传输过程中不可避免地会发生差错，即出现误码。造成误码的原因很多，但主要可归结为两个方面：一是信道不理想造成的符号间干扰；二是噪声对信号的干扰。由于前者可以通过均衡办法予以改善，因此，常把噪声作为造成传输差错的主要原因。

危害数据传输的噪声大体上有两类，分别是白噪声和脉冲噪声。白噪声是在较长时间内一直存在的，并且在所有频率上的强度都一样，又称为热噪声，是一种随机的噪声信号；脉冲噪声是由某种特定的、短暂的原因造成的，幅度可能很大，是数据传输中造成差错的主要原因。

噪声类型不同，引发的差错类型也不同，一般可分为以下两种类型的差错。

（1）随机差错。随机差错是指某一码元出错与前后码元无关，它是由信道中的热噪声引起的。如果传输信号的信噪比较高，这种差错可以得到有效的降低。

（2）突发差错。突发差错是前后码元发生的错误有相关性，一个错误的出现往往引起前后码元也出现错误，使错误成串密集地产生。脉冲噪声产生的差错就是突发出错。

实际的传输线路中所出现的差错是随机性错误和突发性错误的混合，如果采用有效的屏蔽措施，改善设备，选择合理的方式、方法，可使噪声大大降低，但不能完全消除噪声的影响，所以传输线路中要有差错控制。

3.2.2　差错控制的方式

差错控制是指在传输数据时用某种方法来发现错误，并进行纠正以提高传输质量。主要从两个方面采取措施：一是将信源的数据进行某种编码，使得信宿在接收到数据后，能够自动地对错误进行检查和纠正；二是当信宿只能发现错误，无法具体定位和纠错时，系统就采取某种措施以纠正差错。差错控制的方式主要有下列几种。

1.　检错重发（Automatic Repeat-reQuest，ARQ）

检错重发又称自动反馈重发，如图 3-4 所示。

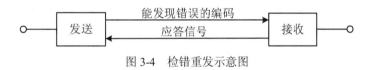

图 3-4　检错重发示意图

发送端送出的信息序列，一方面经检错码编码器编码送入信道，另一方面也把它存入存储器，以备重传。接收端经检错码译码器对接收到的信息序列进行译码，检查有无错误，若无错误，就发出无错误的应答信号，经反馈信道送至发送端，同时将译码后的信息序列传送至信宿；若有错误，则通过反馈信道传送给发送端一个重发指令，信宿不再接收此信息序列。

发送端如果收到重发请求则立即重传原信息序列，直到接收端返回正确接收信息为止；发送端如果收到无错误的应答信号，就会开始下一个发送周期。

检错重发的方式中要求有反馈信道，且接收端无需纠错，实现简单，是目前广泛使用的差错控制方式。但如果干扰频繁，多次重发会使连贯性较差。

在 ARQ 方式中，较常用的三种形式是，发送－等待－自动检错－重发、连续发送－自动检错－重发和选择重传－自动检错－重发。

2.　前向纠错（Forward Error Correction，FEC）

发送端按照一定的编码规则对即将发送的信号码元附加冗余码元，构成纠错码。接收端根据附加冗余码元按一定的译码规则进行变换，用来检测所收到的信号中有无错误。如有错误，则自动地确定误码位置并加以纠正。

FEC 方式的优点是实现简单，无需反馈信道，延时小，实时性好，适用于只能提供单向信道的场合。其缺点是采用的纠错码与信道的差错统计特性有关，因此对信道的差错统计特性必须有充分的了解。另外，冗余码元要占总发送码元的 20%～50%，从而降低了传输效率。

3. 混合纠错（Hybrid Error Correction，HEC）

HEC 方式是前向纠错和检错重发方式的结合。在发送端发送具有检错和纠错能力的码组，接收端对所接收的码组中的差错个数在纠错能力范围以内的能自动进行纠错，否则接收端通过反馈重发的方法来纠正错误。

这种方式综合了 ARQ 和 FEC 的优点，但并没能克服各自的缺点，因而限制了它的实际应用。

4. 信息反馈（Information Repeat request，IRQ）

信息反馈方式又称为回程校验方式（或反馈方式），接收端把接收到的数据序列全部由反向信道送回发送端，发送端比较发送的数据序列与送回的数据序列，从而检测是否有错误，并把有错误的数据序列的原数据再次传送，直到发送端没有发现错误为止。

3.2.3　常用的检错纠错码

发现错误并能自动纠正错误的有效手段是对数据进行抗干扰编码，可分为检错码和纠错码。所谓检错码是指接收端能自动发现差错的编码；而纠错码则是指接收端不仅能发现差错还能自动纠正差错的编码。这两类码并没有明显的界限，纠错码也可用来检错，有的检错码也可用来纠错。

1. 检错纠错码的基本原理

检错纠错码的基本思想是通过对信号码元序列进行某种变换，使得原来彼此独立、无相关性的信号码元之间产生某种规律性或相关性，从而在接收端可以根据这种规律性来检测甚至纠正传输序列中可能出现的错误。例如，只传送两种状态 A 和 B，最有效的编码是采用 1bit，假设用 1 表示 A，0 表示 B。但接收端在收到数据时，无法根据 0 或 1 判断出数据传输是否有错误，即这种编码不具备检纠错的能力。

如果系统采用 2bit 进行编码，并假设用 11 表示 A，00 表示 B。如果接收端收到 10 或 01 时，知道数据发生了错误，但无法纠正这些错误，也就是说只具有检错能力，不具备纠错能力。

在检错纠错码中，编码效率是指传输的码组中信息位和整个码组总位数的比值。如果系统采用 2bit 进行编码，编码效率将由 100% 降低到 50%。

如果系统采用 3bit 进行编码，并假设用 111 表示 A，000 表示 B。如果接收端收到非 111 或 000 的数据时，就会知道数据发生了错误，并可纠正 1 位错误（如将 110、011 或 101 纠正为 111）。这时的编码效率已经降低到了 33.3%。

由上述可以看出，对原有的数据需要附加冗余位才能达到检错纠错的功能，同时也牺牲了编码效率。目前，按照编码的构成可将检错纠错码分为分组码和卷积码两种。

分组码是将 k 个二进制位划分为一组，然后将这 k 个二进制位（又称为信息位）按照一定的规则产生 r 个二进制冗余位（又称为监督位），最后组成长度为 $n=k+r$ 的二进制序列（又称为码组），其编码效率为 k/n。通常称这种结构的码为 (n,k) 码，分组码结构如图 3-5 所示。

图 3-5　分组码结构

在分组码中，监督位是由信息位根据某种算法得到的。在所有的码组集合中，按照通信双方的协议能够出现的码组称为许用码组，不应该出现的称为禁用码组。当接收端收到了禁用码组时，一定说明通信过程中出现了错误，这是分组码能够检错纠错的基础。分组码在计算机网络中经常被采用，常见的有奇偶校验码、循环冗余校验码等。

在分组码中，监督位仅仅是监督本组的二进制位。在卷积码中，每组的监督码元不仅与本组的数据有关，还与前面若干组的数据有关，也就是说每个监督位对它前面的若干位进行监督。卷积码需要的运算较大，实现复杂，在前向纠错中应用比较广泛。

2. 奇偶校验码

奇偶校验码是一种最简单的检错码，其编码规则是：首先将要传送的信息分组，各组信息后面附加一位校验位，校验位的取值使得整个码字（包含校验位）中"1"的个数为奇数或偶数，若为奇数个"1"，则称为奇校验，为偶数个"1"则称为偶校验。

例如，要传输的信息位为 7 位：1010110，现要在信息位末尾增加一个奇校验位，则编码后的二进制串序列为 10101101。

奇偶校验的基本思想是：数据在传输过程中发生错误，只能是"1"变成"0"，或者"0"变成"1"，若有奇数个码元发生错误，就使得整个码组中"1"的个数的奇偶数发生变化。如果在每组信息位后各插入一个冗余位使整个码组中"1"的个数固定为偶数或奇数，这样，在传输中发生一位或奇数位错误，在接收端检测中将因"1"的个数不符合偶数或奇数规律而发现有错。所以奇偶校验码只能发现奇数个数错误，不能发现偶数个数错误。

奇偶校验又可分为垂直奇偶校验和水平奇偶校验。

（1）垂直奇偶校验。首先，把数据先以适当的长度划分成数据块（一个数据块包括若干个码组），并把每个码组按顺序一列一列地排列起来，然后对垂直方向的码元进行奇偶校验，得到一行校验位，附加在其他各行之后，然后按列的顺序进行传输，垂直奇偶校验的说明见表 3-1。

表 3-1 垂直奇偶校验

位	码组									
	1	2	3	4	5	6	7	8	9	10
1	1	0	0	1	1	1	0	0	0	1
2	0	1	1	0	1	0	1	0	1	0
3	1	0	0	1	1	0	0	0	0	1
4	0	0	1	1	1	0	0	0	1	0
5	1	1	1	0	1	1	1	1	0	1
偶校验位	1	1	1	1	1	0	0	1	0	1

待传输数据块共有 10 个码组，每个码组 5 个信息位和 1 个校验位，传输时按列顺序传输（每列包括 5 位信息位和 1 位校验位）。

这种校验方法能检测出传输中的任意奇数个错误，但不能检测出偶数个错误。

（2）水平奇偶校验。在水平奇偶校验中，把数据先以适当的长度划分成数据块（一个数据块包括若干个码组），并把每个码组按顺序一列一列地排列起来，然后对每个码组相同位的码元进行奇偶校验，得到一列校验位，附加在其他各列之后，然后按列的顺序进行传输，水平奇偶校验的说明见表3-2。

表3-2　水平奇偶校验

位	码组										偶校验位
	1	2	3	4	5	6	7	8	9	10	
1	1	0	0	1	1	1	0	0	0	1	1
2	0	1	1	0	1	0	1	0	1	0	1
3	1	1	0	1	1	0	0	0	0	1	1
4	0	0	1	1	1	0	0	0	1	0	0
5	1	1	1	0	1	1	1	1	0	1	0

数据块共有10个码组，每个码组共有5个信息位。传输时按列的顺序先传送第1个码组，然后传送第2个码组，……最后传送第11个码组，即校验位码组。

水平奇偶校验不但可以检测数据块内各个字符同一位上的奇数个错误，而且可检测出突发长度≤n（每列长度）的突发性错误。突发长度是指出现突发差错的一串连续的二进制位数。因此，它的检错能力比垂直奇偶校验强，但实现电路比较复杂。

（3）水平垂直奇偶校验。水平垂直奇偶校验方法是水平方向和垂直方向奇偶校验法的联合应用，是将要传输的码组一列一列排列起来，然后对数据块进行水平和垂直两个方向的校验，又称为二维奇偶校验或方阵码。水平垂直奇偶校验的说明见表3-3，传输时依然按列顺序进行传输。

表3-3　水平垂直奇偶校验

位	码组										偶校验位
	1	2	3	4	5	6	7	8	9	10	
1	1	0	0	1	1	1	0	0	0	1	1
2	0	1	1	0	1	0	1	0	1	0	1
3	1	1	0	1	1	0	0	0	0	1	1
4	0	0	1	1	1	0	0	0	1	0	0
5	1	1	1	0	1	1	1	1	0	1	0
偶校验位	1	1	1	1	1	0	0	1	0	1	1

水平垂直奇偶校验除了能够检测出所有行和列中的奇数个错误外，还有更强的检错能力。虽然每行的监督位不能用于检测本行的偶数个错误，但按照列的方向有可能检测出来，同样对于在每列中出现的偶数个错误也可能会被检测出来，也就是说，方阵码有可能检测出大多数的偶数个错误。此外，方阵码对检测突发误码也有一定的适应性：因为突发误码常常成串出现，随后有较长一段无错区间，所以在某个码组中出现多个奇数个或偶数个错误的概率较大，而行校验和列校验的共同作用正适合这种场合。

3. 循环冗余校验码

循环冗余码（Cyclic Redundancy Code，CRC）是一种分组码，其主要特性如下。

（1）一种码中的任何两个许用码组按模 2 相加后，形成的新序列仍为一个许用码组。

（2）一个许用码组每次移位后，仍为许用码组。

循环冗余码又称为多项式码，任何一个由二进制数位串组成的代码都可以和一个只含有 0 和 1 两个系数的多项式建立一一对应关系，即任何一个二进制比特流都可以看成是某个一元多项式的系数。

例如，二进制串 101101 可以看成是一元多项式 $x^5+x^3+x^2+x^0$ 的系数。以 $k+1$ 个信息位为系数构成的多项式称为信息多项式 $K(x)$，其最高次幂为 k 次。以 $r+1$ 个监督位构成的多项式称为监督多项式 $R(x)$，其最高幂次为 r 次。

现在用 $K(x)$ 代表欲发送数据信息的码多项式，对码多项式 $K(x)$ 左移 r 位，即为 $x^r \cdot K(x)$。用 r 次的生成多项式 $G(x)$ 去除 $x^r \cdot K(x)$（模 2 运算），得

$$x^r \cdot K(x) \Big/ G(x) = C(x) + R(x) \Big/ G(x) \tag{3-1}$$

其中，$C(x)$ 为 $x^r \cdot K(x)/G(x)$ 的商；$R(x)$ 为 r 位的余数。

将（3-1）式变换得

$$x^r \cdot K(x) = C(x) \cdot G(x) + R(x) \tag{3-2}$$

将（3-2）式两端同时加上 $R(x)$，得

$$x^r \cdot K(x) + R(x) = C(x) \cdot G(x) + R(x) + R(x) \tag{3-3}$$

因为采用模 2 运算，则 $R(x)+R(x)=0$，即 $x^r \cdot K(x)+R(x)$ 能被 $G(x)$ 整除。因此可以规定发送方发出的码组为

$$P(x) = x^r \cdot K(x) + R(x) \tag{3-4}$$

假设接收方接收的码组为

$$P(x) + E(x) \tag{3-5}$$

若 $E(x)$ 为错误样本，当 $E(x)$ 为 0 时，接收方收到的码组为 $P(x)$，能被 $G(x)$ 除尽，否则当 $P(x)+E(x)$ 不能被 $G(x)$ 除尽时，则认定 $E(x)$ 并非全 0，传输过程中出现错误。

显然若 $E(x)$ 并非全 0，但它恰好是生成多项式 $G(x)$ 的整数倍，则接收方会把有错的接收数据误认为无错误。$G(x)$ 的选择应使出错概率非常小。

CRC 校验具有很强的检错能力，它的校验能力与 $G(x)$ 的构成密切相关。$G(x)$ 的次数越高，检错能力越强，目前国际常用的生成多项式有：

$$\text{CRC} - 12 = x^{12} + x^{11} + x^3 + x^2 + x^1 + 1$$

$$\text{CRC} - 16 = x^{16} + x^{15} + x^2 + 1$$

$$\text{CRC} - \text{CCITT} = x^{16} + x^{12} + x^5 + 1$$

$$\text{CRC} - 32 = x^{32} + x^{26} + x^{22} + x^{16} + x^{12} + x^{11} + x^{10} + x^8 + x^7 + x^5 + x^4 + x^2 + x + 1$$

在 CRC 检验中，由信息位产生监督位的编码过程，就是已知 $K(x)$ 和 $G(x)$，完成除法运算求 $R(x)$ 的过程。这里的除法指的是模 2 除法，除法中用到的减法也是模 2 减法，它和模 2 加法一样，也是"异或"运算。

假设要计算 $k+1$ 位的信息位 $K(x)$ 的校验码，生成多项式为 $G(x)$，计算校验码的算法如下。

（1）设 $G(x)$ 为 r 阶，则在信息位的末尾附加 r 个 0，使帧变为 $k+r+1$ 位，此时相应的多项式是 $x^r \cdot K(x)$。

（2）按模 2 除法用对应于 $G(x)$ 的位串去除对应于 $x^r \cdot K(x)$ 的位串。

（3）将余数与 $x^r \cdot K(x)$ 进行异或。

计算结果就是要传送的带校验码的多项式 $P(x)$。

例：假设信息位为 1101011011，生成多项式为 $G(x)=x^4+x+1$，计算它的冗余位。

由题意可知：除数为 10011，$r=4$。

在信息码字后附加 4 个 0 形成的串为 11010110110000，进行模 2 除法如下：

```
                    1100001010
    10011 √   11010110110000
                 10011
                  10011
                   10011
                    00001
                    00000
                     00010
                     00000
                      00101
                      00000
                       01011
                       00000
                        10110
                        10011
                         01010
                         00000
                          10100
                          10011
                           01110
                           00000
                            1110   （余数）
```

得到余数后按 $x^r \cdot K(x) \oplus R(x)$ 构成的帧 $P(x)$ 为 11010110111110。

发送方发送 $P(x)$ 到接收方，接收方用生成 $R(x)$ 相同的生成多项式 $G(x)$ 对 $P(x)$ 进行模 2 除法运算，若能够除尽（余数为 0），则说明传输过程没有发生错误。

随着集成电路工艺的发展，循环冗余码的产生和校验均有相应的集成电路产品可实现，发送端能够自动产生 CRC 码，接收端自动校验，速度大大提高。因此，CRC 目前广泛应用在计算机和数据通信中。

3.3 局域网概述

3.3.1 局域网的定义与发展过程

局域网（Local Area Network，LAN）是指在某一区域范围内，将各种计算机、通信设备、外部设备和数据库等互相连接起来的计算机通信网。"某一区域"指的是同一办公室、同一建筑物、同一公司或同一学校等，一般是方圆几千米以内。局域网可以实现文件管理、应用软件共享、打印机共享、扫描仪共享等功能。局域网是封闭型的，可以由办公室内的两台计算机组成，也可以由一个公司内的上千台计算机组成。

计算机局域网是计算机网络的一个重要分支，它的发展一般分为 5 个阶段。

（1）20 世纪 60 年代末至 70 年代初。此阶段是萌芽阶段，其主要特点是增加单机系统的计算能力和资源共享能力，典型代表是美国贝尔实验室 1969 年研制成功的 NEWHALL 环型局域网，以及 1972 年开发的 PIERCE 环型局域网等。美国夏威夷大学 20 世纪 70 年代完成的 ALOHA 网，是一种采用无线电信道的随机访问式网络，它奠定了总线型局域网的基础。

（2）20 世纪 70 年代中期。此阶段是局域网络发展的一个重要阶段，其特点是局域网络作为一种新的网络体系结构，开始由实验室进入科研部门和产业公司的研制部门。此阶段局域网的典型代表是美国的 Xerox 公司研制的以太网（Ethernet），它是基于 ALOHA 网的原理发展而来的第一个竞争型总线型局域网。在此期间，英国剑桥大学还开发出了环型网（Cambridge-Ring）。这一阶段人们还对局域网的理论方法和实现技术做了大量深入的研究，这对促进局域网的进一步发展具有重要作用。

（3）20 世纪 80 年代。此阶段是局域网走向大发展的时期，其特点是局域网开始得到大规模发展，形成了一些局域网产品的工业标准和局域网的 IEEE 802 标准。在该阶段，10Mbps 标准以太网技术得到了快速的发展。

（4）20 世纪 90 年代，局域网技术发展突飞猛进，新技术、新产品不断涌现。特别是交换技术的出现，更使局域网技术进入了一个崭新的阶段。在该阶段，100Mbps 快速以太网技术得到快速发展和普遍应用。

（5）21 世纪，光纤技术得到快速发展并应用到了局域网的组建中，使得局域网的速度从百兆跨越到了千兆甚至万兆。与此同时，无线技术应用到局域网中，使得局域网的构建更具灵活性。目前，以太网技术以及无线局域网技术是局域网组建的主要技术。

3.3.2　局域网的特点

局域网主要有如下特点。

（1）地理范围有限。局域网一般分布在一座办公大楼或集中的建筑群内，为一个部门所有，所辖范围一般只有几千米。

（2）通信速率高。局域网一般采用基带传输，传输速率通常为 100～10000Mbps，支持计算机间高速通信。

（3）可采用多种通信介质。例如，价格低廉的双绞线、同轴电缆或光纤等，可根据不同的需求进行选用。

（4）可靠性较高。多采用分布式控制和广播式通信，误码率通常为 10^{-8}～10^{-11}。节点的增删比较容易。

一般说来，决定局域网特性的主要技术有如下 3 个方面。
- 局域网的拓扑结构。
- 用以共享媒体的介质访问控制方法。
- 用以传输数据的介质。

局域网本身的特点决定局域网具有以下优点。
- 能够方便地共享网内资源，包括主机、外部设备、软件和数据。

- 便于系统扩展。
- 提高了系统的可靠性、可用性和可维护性。
- 各设备位置可以灵活地调整和改变。
- 有较快的响应速度（数据传输率较高）。

3.4　局域网的组成

一个局域网（LAN）通常由两个部分组成：局域网硬件和局域网软件。其中局域网硬件主要有服务器、工作站、网络适配器（网卡）和数据转发设备等。局域网软件主要有网络操作系统、通信协议和网络应用软件等。

3.4.1　局域网硬件

1. 服务器

服务器是整个网络系统的核心，它为网络用户提供服务并管理整个网络。从硬件角度讲，服务器就是一台功能相对强大、配置高、速度快、可靠性高的计算机，安装了不同的服务器软件就成了不同类型的服务器。当今的局域网络架设基本上是按照 Internet 规则。因此，其构成要素也基本上就是 Internet 的构成要素。常见的服务器类型有以下 4 种。

（1）Web 服务器。Web 服务器也称为 WWW（World Wide Web）服务器，其主要功能是提供网上信息浏览服务。通过 Web 服务器，人们使用简单的方法，就可以很迅速地获取丰富的信息资料。由于用户在通过 Web 浏览器访问信息资源的过程中，无需再关心一些技术性的细节，而且 Web 浏览器界面非常友好，因而，Web 服务器得到广泛应用。近年来，Web 服务器和数据库服务器协同工作，在 Web 服务器上利用一定的技术访问数据库服务器，获得数据后再以 Web 页面的形式反馈给客户端，从而实现更加复杂的功能，如企业管理信息系统、网络教学系统、办公自动化、生产过程的控制等。

（2）FTP 服务器。FTP（File Transfer Protocol）即文件传输协议。FTP 服务器是在网上提供存储空间的计算机，它们依照FTP 协议提供服务。用户通过一个支持 FTP 协议的客户端程序，连接到服务器上的 FTP 服务器程序。用户通过客户端程序向服务器程序发出命令，请求文件资源，服务器程序执行用户所发出的命令，将用户要求的文件资源传输给用户。

（3）DHCP 服务器。DHCP（Dynamic Host Configuration Protocol）即动态主机配置协议。DHCP 服务器集中管理局域网中的 IP 地址并自动配置与 IP 地址相关的参数（如子网掩码、默认网关和 DNS 服务器地址等）。当 DHCP 客户端启动时，它会自动与 DHCP 服务器建立联系，并要求 DHCP 服务器提供 IP 地址；DHCP 服务器收到客户端请求后，根据管理员的设置，把一个 IP 地址及其相关的网络属性分配给客户端。因此，采用 DHCP 服务后，免去了给每一台客户端设置网络属性的麻烦。

（4）数据库服务器。数据库服务器由运行在局域网中的一台或多台计算机和数据库管理系统软件共同构成。数据库服务器把数据管理及处理工作从客户机分离出来，使网络上各计算机的资源能各尽其用。数据库服务器提供统一的数据库备份、恢复、启动和停止等管理工具。数据库服务器响应客户端请求，为客户应用提供服务，这些服务包括查询、更新、事务管理、索引、高速缓存、查询优化、安全及多用户存取控制等。

另外，服务器还有多种类型，如邮件服务器、DNS 服务器等，将在本书的后续内容中逐渐介绍。

2．工作站

工作站又称为客户机。当一台计算机连接到局域网上时，这台计算机就成为局域网的一个工作站。工作站与服务器不同，服务器为网络上许多网络用户提供服务以共享它的资源，而工作站仅对操作该工作站的用户提供服务。工作站是用户和网络的接口设备，用户可以通过它与网络交换信息，共享网络资源。工作站通过网卡、通信介质以及通信设备连接到网络服务器。工作站只是一个接入网络的设备，它的接入和离开对网络不会产生多大影响，也不像服务器那样一旦失效，可能会造成网络的部分功能无法使用，使正在使用这一功能的网络都会受到影响。现在的工作站都用 PC（个人计算机）机来承担。

3．网络适配器

网络适配器（Network Interface Card，NIC）也就是俗称的网卡。网卡是构成计算机局域网络系统中最基本、最重要的连接设备，计算机主要通过网卡接入局域网络。网卡除了起到物理接口的作用外，还有控制数据传送的功能。网卡一方面负责接收网络上传过来的数据包，解包后，将数据通过主板上的总线传输给本地计算机；另一方面它将本地计算机上的数据打包后送入网络。网卡一般插在每台工作站和服务器主机板的扩展槽里。另外，由于计算机内部的数据是并行数据，而一般在网上传输的是串行比特流信息，故网卡还有串—并转换功能。为防止出现在传输中数据丢失的情况，在网卡上还需要有数据缓冲器，以实现不同设备间的缓冲。在网卡的 ROM 上固化有控制通信软件，用来实现上述功能。

4．数据转发设备

局域网中的数据转发设备有交换机、路由器和集线器等。在局域网早期，集线器是主要的数据转发设备。随着计算机技术的发展，目前最常用的局域网数据转发设备是交换机。交换机具有为两上通信点提供"独享通路"的特性。有时为了扩展局域网的范围，还会引入路由器等网络设备。

3.4.2　局域网软件

1．网络操作系统

网络操作系统是网络上为各计算机能方便有效地共享网络资源，为网络用户提供所需的各种服务的软件和有关规程的集合。网络操作系统与通常的操作系统有所不同，它除了具有通常操作系统应具有的处理机管理、存储器管理、设备管理和文件管理功能外，还应具有以下两大功能。

（1）提供高效、可靠的网络通信功能。

（2）提供多种网络服务功能。例如，远程作业录入并进行处理的服务功能、文件传输服务功能、电子邮件服务功能和远程打印服务功能等。

目前局域网中主要有以下几类网络操作系统：Windows Server 2003、Windows Server 2008、UNIX、Linux 等。

2．通信协议

网络通信协议是对计算机之间通信的信息格式、能被收/发双方接受的传送信息内容的一组定义。局域网常用的三种通信协议分别是 TCP/IP 协议、NetBEUI 协议和 IPX/SPX 协议。

TCP/IP 协议是这三大协议中最重要的一个，作为互联网的基础协议，没有它就不能上网。NetBEUI 协议是一种短小精悍、通信效率高的广播型协议，安装后不需要进行设置，特别适合于在"网上邻居"上传送数据。IPX/SPX 协议是 Novell 公司开发的专用于 NetWare 网络中的协议。目前，随着 NetWare 网络逐渐退出市场，IPX/SPX 协议也不常被采用了。

3. 网络应用软件

软件开发者根据网络用户的需要，开发出来的各种应用软件统称为网络应用软件。例如，常见的在局域网环境中使用的 Office 办公套件、局域网聊天工具和网络文件传输软件等。

3.5　传统以太网

3.5.1　以太网概述

1. IEEE 802 参考模型

20 世纪 80 年代是局域网迅速发展的时期，各种标准的局域网产品层出不穷。为了使得不同厂家生产的局域网产品能够互连互通,IEEE 于 1980 年 2 月成立了一个局域网标准化委员会，专门从事局域网标准的制定，由此而形成的一系列标准统称为 IEEE 802 标准。IEEE 802 标准已被 ANSI 接受为美国国家标准，并于 1984 年 3 月被 ISO 采纳作为局域网的国际标准系列。

局域网所涉及的内容主要是一组数据如何通过网络进行传输，不存在路由选择问题，因此它不需要网络层，而只有最低的两个层次——物理层和数据链路层。其中数据链路层又分为介质访问（接入）控制（Medium Access Control，MAC）子层和逻辑链路控制（Logical Link Control，LLC）子层。网络的服务访问点 SAP 在 LLC 层，与高层的交界处。OSI 参考模型与 IEEE 802 参考模型的比较示意图如图 3-6 所示。

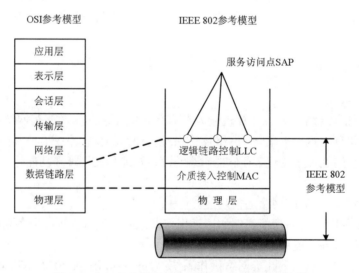

图 3-6　OSI 参考模型与 IEEE 802 参考模型的比较

与接入到传输介质有关的内容都放在 MAC 子层，基于令牌总线网的 IEEE 802.4、基于令牌环的 IEEE 802.5 和基于以太网的 IEEE 802.3 均为 MAC 子层标准。LLC 子层则与传输介质无关，不管采用何种传输介质和 MAC 子层，对 LLC 子层来说都是透明的。LLC 子层为不同高层协议提供相应接口，并且进行流量和差错控制，LLC 子层的标准为 IEEE 802.2。

2. 以太网概述

1972 年底，罗伯特·梅特卡夫（Robert Metcalfe）和施乐公司帕洛阿尔托研究中心（Xerox PARC）的同事们研制出了世界上第一套实验型的以太网系统。1973 年，梅特卡夫以历史上表示传播电磁波的以太（Ether）来命名这个网络为"以太网"。

最初的以太网是一种实验型的同轴电缆网。该网络的成功引起了大家的关注。1980 年，DEC、Intel 和 Xerox 三家公司联合研发了 10Mbps 以太网 1.0 规范，即 DIX Ethernet 1.0 规范。最初的 IEEE 802.3 即基于该规范，并且与该规范非常相似。802.3 工作组于 1983 年通过了草案，并于 1985 年出版了官方标准 ANSI/IEEE Std 802.3-1985。从此以后，随着技术的发展，该标准进行了大量的补充与更新，以支持更多的传输介质和更高的传输速率等。1982 年，DIX 发布了以太网 2.0 规范，即 DIX Ethernet 2.0 规范。

虽然 DIX 以太网规范与 IEEE 802.3 标准差异很小，但它们并不是一回事。以太网所提供的服务主要对应于 OSI 参考模型的第一层和第二层，即物理层和逻辑链路层；而 IEEE 802.3 则主要是对物理层和逻辑链路层的介质访问部分进行了规定，但没有定义任何逻辑链路控制协议。另外，两者定义的帧格式也有一些不同，DIX 以太网与 IEEE 802.3 帧格式比较如图 3-7 所示。

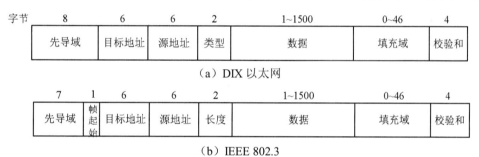

图 3-7 DIX 以太网与 IEEE 802.3 帧格式比较

如图 3-7 所示，当 IEEE 标准化以太网时，委员会对 DIX 帧格式做了两个改动。第一个改动是将先导域降低到 7 个字节，并且将空出来的一个字节用作帧起始分解符，这样做的目的是为了与 802.4 和 802.5 兼容。第二个改动是将类型域变成了长度域。

进入 20 世纪 90 年代后，竞争激烈的局域网市场逐渐明朗。以太网在局域网市场已取得垄断地位，并且几乎成为了局域网的代名词。由于因特网发展很快，TCP/IP 体系经常使用的局域网只剩下 DIX Ethernet v2。现在，IEEE 802 委员会制定的逻辑链路控制子层（即 IEEE 802.2 标准）的作用基本消失。因此，很多厂商生产的网卡就仅有 MAC 协议而没有 LLC 协议。

3. 组网规格

传统以太网的传输速率是 10Mbps，主要有以下 4 种组网规格。

（1）10Base5 网络。10Base5 网络采用总线拓扑结构和基带传输，采用直径为 10mm、阻抗显 50Ω 的同轴电缆，速率为 10Mbps，网络段长度为 100m 的 5 倍，这种网络被称为标准以太网。10Base5 网络并不是将节点直接连接到网络公用电缆上，而是使用短电缆从节点连接到公用电缆。这些短电缆称为附加装置接口（AUI）电缆或收发电缆。收发电缆通过一个线路分接头（AUI 或 DIX）与网络公用电缆相连接。当符合 10Base5 的网络标准时，该分接头称为介质附加装置或收发器。图 3-8 是 10Base5 网络的物理拓扑图。

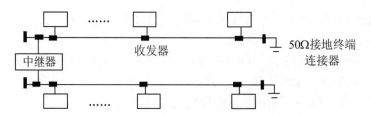

图 3-8　10Base5 网络的物理拓扑

（2）10Base2 网络。10Base2 又称细缆以太网，采用总线拓扑。在这种网络中，各个站通过总线连成网络。总线使用 RG-58A/U 同轴电缆，这是一种较细的电缆，所以又称它为细缆网络或廉价网络。之所以称它为 10Base2，是由于采用基带传输，速率为 10Mbps，一个网段的传输距离约为 100m 的 2 倍（实际距离为 185m）。图 3-9 是 10Base2 网络的物理拓扑图。

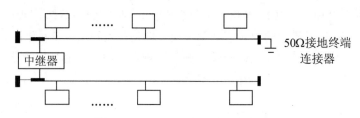

图 3-9　10Base2 网络的物理拓扑

（3）10Base-T 网络。10Base-T 网络不采用总线拓扑，而是采用星型拓扑。10Base-T 网络也采用基带传输，速率为 10Mbps，T 表示使用双绞线作为传输介质，一个网段的最大传输距离为 100m。图 3-10 是 10Base-T 网络的物理拓扑图。

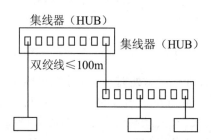

图 3-10　10Base-T 网络的物理拓扑

（4）10Base-F 网络。10Base-F 网络使用光纤作为传输介质，具有很好的抗干扰性，速率为 10Mbps。一个网段的最大传输距离是 2000m。

表 3-4 所列是 IEEE 802.3 以太网的 4 种组网规格总结。

表 3-4　10Base5、10Base2、10Base-T 和 10Base-F 规格总结

名称	传输介质	最大段长度/m	每段最大节点数/个
10Base5	粗同轴电缆	500	100
10Base2	细同轴电缆	185	30
10Base-T	双绞线	100	1024
10Base-F	光纤	2000	1024

3.5.2　MAC 地址

在以太网中，为了实现站点间通信，每个站点都分配了一个唯一的标识符，该标识符称为介质存取控制（Media Access Control，MAC）地址，又称硬件地址或物理地址。该地址烧录在网卡里，具有唯一性。在网络底层的物理传输过程中，通过 MAC 地址来识别主机。

IEEE 802 标准规定 MAC 地址采用 48 位二进制（6 字节）表示，其中，前 3 个字节（即高 24 位）称为组织唯一标识符（Organizationally Unique Identifier，OUI），用于代表不同的网卡生产厂家。任何生产网卡的厂商都要向 OUI 的管理机构——IEEE 注册机构（Registration Authority，RA）申请购买 OUI。例如，Intel 公司使用的一个 OUI 为 00-13-20。应当注意，24 位的 OUI 并不一定和厂家——对应，因为一个公司可能有几个 OUI，也可能有几个小公司合起来购买一个 OUI。

MAC 地址的后 3 个字节（即低 24 位）由厂家自行指派，称为扩展标识符（Extended Identifier）。每个厂家生产时都会保证使用同一 OUI 的网卡扩展标识符不重复使用。因此，全球范围内每个网卡的 MAC 地址都是唯一的。

要查看某台主机网卡的 MAC 地址，可以在 DOS 提示符下运行 ipconfig/all 命令，查看结果如图 3-11 所示。

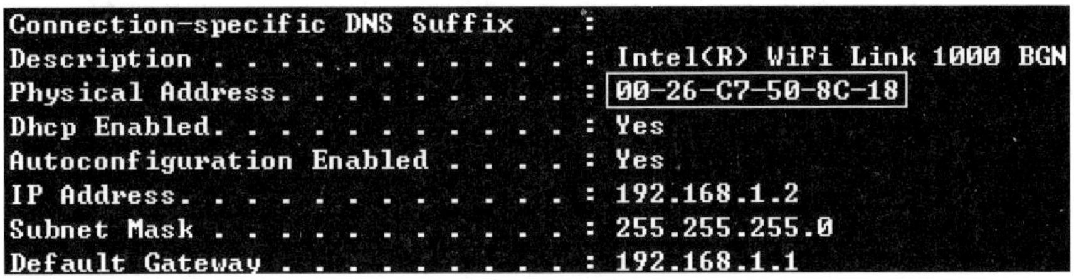

```
Connection-specific DNS Suffix  . :
Description . . . . . . . . . . . : Intel(R) WiFi Link 1000 BGN
Physical Address. . . . . . . . . : 00-26-C7-50-8C-18
Dhcp Enabled. . . . . . . . . . . : Yes
Autoconfiguration Enabled . . . . : Yes
IP Address. . . . . . . . . . . . : 192.168.1.2
Subnet Mask . . . . . . . . . . . : 255.255.255.0
Default Gateway . . . . . . . . . : 192.168.1.1
```

图 3-11　查看主机网卡的 MAC 地址

在图 3-11 中，查看的主机网卡的 MAC 地址是 00-26-C7-50-8C-18。

发送方通过数据帧的目的 MAC 地址字段指定不同的接收方。根据 MAC 地址标明的接收方站点数量的不同，MAC 地址可分为单播 MAC 地址、多播 MAC 地址和广播 MAC 地址。

（1）单播 MAC 地址用来代表一个站点。网卡内固化的 MAC 地址就是单播 MAC 地址。单播 MAC 地址既可以用于帧首部的源地址字段又可以用于目的地址字段。当发送方希望数据帧被一台计算机接收时，就将帧首部的目的地址字段置为目的计算机网卡的 MAC 地址（单播地址）。当一台计算机的网卡收到目的地址是单播 MAC 地址的帧后，网卡会对比该 MAC 地址与本机 MAC 地址是否相等，如果相等就接收，如果不等就丢弃，不再进行其他处理。

（2）多播 MAC 地址用来代表网内一组站点。这种 MAC 地址只能在目的地址字段使用。IEEE 规定 MAC 地址第一个字节的最低位为 I/G 位。I/G 表示 Individual/Group。当 I/G 位为 0 时，MAC 地址是一个单播地址；当 I/G 位为 1 时，MAC 地址是一个多播地址。多播地址由网管配置，由组播进程和组播管理协议建立路由器转发规则。配置了多播地址的网卡，其由生产厂商烧制在网卡上的全球唯一地址不会改变，只不过是又具有了一个组地址。图 3-12 是一个组播 MAC 地址实例结构，前三个字节（01-00-5e）是 IANA 指定用于多播地址的标识符，后三个字节用于组标识符，一般与组播 IP 地址协同使用。

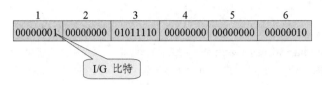

图 3-12　组播 MAC 地址实例结构

（3）广播 MAC 地址用来代表本局域网内的全部站点。和多播地址一样，广播 MAC 地址只能在目的地址字段使用，不能分配给网卡。当发送方向本地局域网内所有站点发送数据帧时，需要将帧首部的目的地址字段置为广播地址。每个网卡都要接收并处理目的地址为广播地址的帧。广播 MAC 地址的 48 位均为 1，即广播 MAC 地址为 FF-FF-FF-FF-FF-FF。

3.5.3　MAC 帧结构

目前最常用的 MAC 帧是以太网 V2 标准，图 3-13 所示是该标准的帧格式。

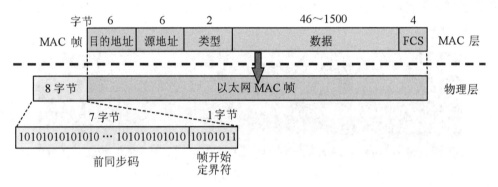

图 3-13　以太网 V2 标准的帧格式

以太网 V2 格式的帧由五个字段组成。前两个字段例如，分别为 6 字节长的目的地址和源地址字段。第三个字段是 2 字节的类型字段，类型字段用来标识上一层使用的是什么协议，以便把收到的 MAC 帧的数据交给上一层的这个协议。例如，十六进制数 0x0800 代表 IP 协议数据，0x809B 代表 AppleTalk 协议数据，0x8138 代表 Novell 类型协议数据等。第四个字节是数据字段，其长度在 46 到 1500 字节之间。最后一个字段是 4 字节的帧校验序列 FCS，通过 CRC 校验码对全帧的传输错误进行检测。

为了完成以太网的成帧，使接收方能区分出每一个帧，发送帧时在帧前插入 8 字节分隔字符。其中的第一个字段共 7 个字节，是前同步码，用来迅速实现 MAC 帧的比特同步。第二个字段是帧开始定界符，表示后面的信息就是 MAC 帧。图 3-14 是一个以太网帧的实例。

```
⊞ Frame 1 (73 bytes on wire, 73 bytes captured)
⊟ Ethernet II, Src: 02:00:02:00:00:00 (02:00:02:00:00:00), Dst: 7e:b6:20:00:02:00 (7e:b6:20:00:02:00)
  ⊞ Destination: 7e:b6:20:00:02:00 (7e:b6:20:00:02:00)
  ⊞ Source: 02:00:02:00:00:00 (02:00:02:00:00:00)
    Type: IP (0x0800)
⊞ Internet Protocol, Src: 27.189.135.89 (27.189.135.89), Dst: 222.222.202.202 (222.222.202.202)
⊞ User Datagram Protocol, Src Port: 49822 (49822), Dst Port: domain (53)
⊞ Domain Name System (query)
```

图 3-14　一个以太网帧实例

帧首部各字段的取值和含义如下。

- 目的地址（Destination Address）= 7e:b6: 20:00:02:00。这是以十六进制表示的 MAC 地址，它代表了接收方网卡的 MAC 地址为 7e:b6: 20:00:02:00。
- 源地址（Source Address）= 02:00:02:00:00:00。它代表了发送该帧网卡的 MAC 地址为 02:00:02:00:00:00。
- 帧类型（Type）=0x0800。十六进制数的 0800 代表该帧数据字段是一个 IP 协议的分组。

3.5.4　CSMA/CD 介质访问控制协议

1. 载波侦听多路访问协议

在共享介质的网络中，各计算机节点都通过共享介质发送自己的帧，其他节点都可以从介质上接收这个帧。当仅有一个节点发送时，才能发送成功；当有两个或两个以上节点同时发送时，共享介质上的信息是多个节点发送信息的混合，目标节点无法辨认，则发送失败。信息在共享介质上混合称为冲突。如果各节点随机发送，冲突必然会发生。

载波侦听多路访问（Carrier Sense and Multiple Access，CSMA）又称为"先听后说"，是减少冲突的主要技术。具体方法是，网络中各站在发送信息帧之前，先监听信道，看信道是否被占用，如信道空闲（即没有别的站往信道上发送信息帧）就发送信息帧；否则，就推迟自己的发送行动。推迟的时间，可以选择一种退避算法决定。显然这种方法有利于避免冲突。不过只有网络内任何源—目的站之间的传播延迟时间 r 小于信息包发送的时间 T 时，CSMA 才有好处。这是因为，如果传播时间过长，当某个站发送一帧后，要经过比较长的时间，才能使信道上其他站都知道该站在发送。在这段时间内，某些站将测得信道空闲而发送自己的信息帧，由此可引起冲突。在局域网中，由于地理范围较小，传播延迟较小，因此 CSMA 是一种有效的介质访问控制方法。

根据退避算法，载波侦听多路访问可以分为 3 种类型：非坚持型 CSMA、1-坚持型 CSMA 和 P 坚持型 CSMA。

（1）非坚持型 CSMA。非坚持型 CSMA 就是测得信道空闲后立即发送自己的信息帧，若测得信道被占用，则推迟其发送行动，延迟一个随机时间后，再重新监听信道。显然这种方法的出发点是想尽量减少冲突的发生。但是有可能出现当信道由忙变闲时，被推迟发送的站正处在随机延迟时间内，不能启动其发送过程，造成信道空闲，降低了信道的利用率。

（2）1-坚持型 CSMA。1-坚持型 CSMA 的原理：该站要发送信息帧前先监听信道，若信道空闲，立即发送信息帧；若信道被占用（有别的站已经在发送信息帧），则该站继续监听信道，待信道变为空闲，立即发送自己的信息帧。这里 1 指的是测得信道空闲，立即发送信息帧，即发送信息帧的概率为 1，坚持是指测得信道忙后，仍继续监听，一直坚持到测得信道为空闲时立即发送自己的信息帧为止。这种方法的出发点是尽量不让信道空闲，以保持较高的信道利用效率。

（3）P-坚持型 CSMA。由上述可知，1-坚持型 CSMA 对提高信道利用率有利，但增加了冲突的机会，而非坚持型 CSMA 虽然能减少冲突机会，但会造成信道利用率的下降。P-坚持型 CSMA 综合了前两者的优势。它的原理如下：若测得信道空闲，则该站以 P 的概率发送信息帧，以(1-P)的概率推迟其发送过程，推迟时间为 r。在新的时间点上，若信道空闲，再以概率 P 发送或以(1-P)概率推迟发送，一直重复下去，直至发送成功或者冲突产生。若冲突，则等待一段随机时间再重复以上步骤。在新的时间点上，若信道被占用，则按某种给定的延迟重发算法把发送过程往后延迟一段时间。若最初测得信道被占用，则等待至下一个时间段开始，再重新监听信道。

2．载波侦听多路访问/冲突检测协议（CSMA/CD）

CSMA 提高了信道利用率，但这种介质访问控制方法存在一个问题，即一个站测得信道空闲后，发送了自己的信息帧，但这时还可能发生冲突，一旦冲突发生，由于没有冲突检测措施，两个站均不知道已经产生了冲突，因此两个站都要把信息帧发送完毕，等待应答信息到来与否才知道是否发生了冲突，这样造成了信道的浪费。但是如果在站点传输的时候继续监听，这种浪费是可以减少的，这就是 CSMA/CD 算法对 CSMA 的改进之处，因此 CSMA/CD 又称为边说边听。CSMA/CD 的工作原理如图 3-15 所示。

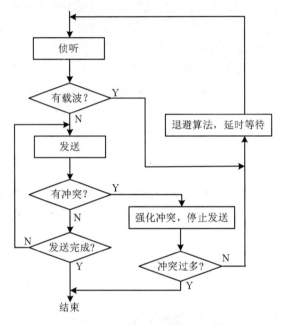

图 3-15　CSMA/CD 的工作原理

（1）若信道空闲，则发送信息帧，否则转第（2）步。

（2）若信道被占用，等待一个随机时间后再次监听直到信道空闲，然后立即传输。

（3）若在传输过程中监听到冲突，则发出一个短的人为干扰信号，让所有的站点都知道发生了冲突并停止传输。

（4）发送完人为干扰信号后等待一个随机时间，再次尝试传输［从第（1）步开始重复］。

这里提到的随机时间的确定采用的是指数退避算法（Exponential Backoff Algorithm）。

发送某一帧遇到第 n 次冲突，则在 $(0,1,2,\cdots,2^m-1,\ m=\min(n,10))$ 之间随机选择一 k 值，退避时间 $t=k\times512\text{bit times}$。对于 10Mbps 网络，512bit times = 51.2μs。

按此算法，当某一帧遇到第 1 次冲突时，$n=1$，则 k 为 0 或 1 的概率各 50%。$k=0$，不等待；$k=1$，等待 51.2μs 后再重试。

第 2 次冲突，$n=2$，则 k 在 $(0,1,2,3)$ 之间随机选取。第 3 次冲突，$n=3$，k 在 $(0,1,2,3,4,5,6,7)$ 之间随机选取。当第 10 次或更多次冲突时，k 在 $(0,1,2,3,\cdots,1023)$ 之间随机选取，选取的范围按指数增大。

3.6　交换式局域网

3.6.1　交换式局域网概述

在传统的共享介质局域网中，所有节点共享一条公共通信传输介质，不可避免地会有冲突发生。随着局域网规模的扩大，网中节点数的不断增加，每个节点能平均分配到的带宽越来越少。例如，对于采用集线器的 10Mbps 共享式局域网，若共有 N 个用户，则每个用户占有的平均带宽只有总带宽（10Mbps）的 $1/N$。因此，当网络通信负荷加重时，冲突与重发现象将大量发生，网络效率也会急剧下降。为了克服网络规模与网络性能之间的矛盾，人们提出将共享介质方式改为交换方式，这就导致了交换式局域网的发展。

典型的交换式局域网是交换式以太网（Switched Ethernet），它的核心部件是以太网交换机（Ethernet Switch）。以太网交换机可以有多个端口，每个端口可以单独与一个节点连接，也可以与一个共享介质式的以太网集线器（HUB）连接。如果每个端口到主机的带宽还是 10Mbps，但由于一个用户在通信时是独占而不是和其他用户共享传输媒体的带宽，因此拥有 N 个端口的交换机的总容量为 $N\times10Mbps$。交换式以太网的结构如图 3-16 所示。

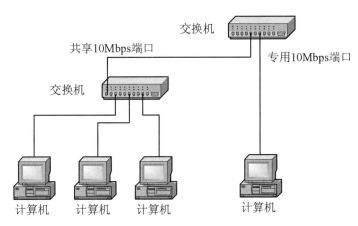

图 3-16　交换式以太网的结构

局域网交换机
工作原理

3.6.2　局域网交换机工作原理

局域网交换机属于数据链路层设备，它是依据第二层的 MAC 地址传送数据帧。在交换机中维护一个"MAC 地址—端口"对应表。交换机根据数据帧的源 MAC 地址建立对应关系表，通过读取数据帧的目的 MAC 地址，确定将数据帧转发至哪个端口。交换机具体工作流程如下。

（1）当交换机初次加电时，其 MAC 地址表是空的。

（2）当交换机从某个接口收到一个数据帧，它先读取帧首部中的源 MAC 地址，这样它就知道源 MAC 地址的计算机连接在哪个端口上。然后交换机将读取的源 MAC 地址和其对应的端口关系添加到 MAC 地址表中。

（3）交换机再去读取帧首部的目的 MAC 地址字段，并在地址表中查找对应的端口。

（4）如果表中有与目的 MAC 地址对应的端口，则数据包直接转发到该端口上。

（5）如果表中找不到与目的 MAC 地址对应的端口，则把数据包广播到除进入端口外的所有端口上。当目的计算机对源计算机回应时，交换机就可以学习到该目的 MAC 地址与哪个端口对应。

下面举例说明交换机的工作过程。如图 3-17 所示，假设交换机刚刚启动，此时 MAC 地址表是空的。具体步骤如下所述。

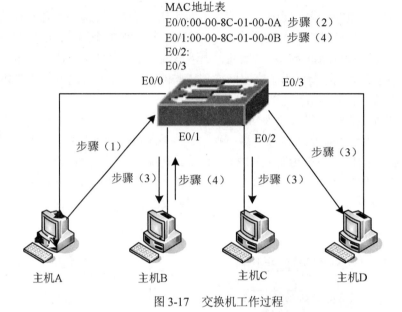

图 3-17　交换机工作过程

（1）主机 A 向主机 B 发送一个帧。主机 A 的 MAC 地址是 00-00-8C-01-00-0A，主机 B 的 MAC 地址是 00-00-8C-01-00-0B。

（2）交换机在 E0/0 接口上收到帧，并将源地址放入 MAC 地址表中。

（3）由于目的地址不在 MAC 地址表中，帧就被转发到所有接口上。

（4）主机 B 收到帧并回应了主机 A。交换机在接口 E0/1 上收到此帧，并将源硬件地址放入 MAC 地址表中。

（5）主机 A 和主机 B 现在可以实现点到点的连接了，而且只有这两台设备会收到帧。主机 C 和主机 D 将不会看到帧，在 MAC 地址表中也不会找到它们的 MAC 地址，因为它们还没有向交换机发送帧。

如果主机 A 和主机 B 在特定的时间内没有再次跟交换机通信，交换机将刷新其 MAC 地址表表项，以尽可能地维持当前的信息。

3.6.3　局域网交换机的帧转发方式

局域网交换机的帧转发方式可以分为以下两类。

（1）直通式（Cut Through）。直通方式的以太网交换机可以理解为在各端口间是纵横交叉的线路矩阵电话交换机。它在输入端口检测到一个数据包时，检查该包的包头，获取包的目的地址，启动内部的动态查找表将其转换成相应的输出端口后，就立即将该帧转发出去，而不管这一帧数据是否出错。帧出错检测任务由节点主机完成。由于不需要存储，因此延迟非常小、交换非常快，这是它的优点。直通式的缺点是，因为数据包内容并没有被以太网交换机保存下来，因而不能提供错误检测能力，由于没有缓存，所以不能将具有不同速率的输入/输出端口直接连通，因而容易丢包。

（2）存储转发方式（Store and Forward）。存储转发方式是计算机网络领域应用最为广泛的方式。它把输入端口的数据包先存储起来，然后进行 CRC 检查，在对错误包处理后才取出包的目的地址，通过查找表转换成输出端口并送出包。正因如此，存储转发方式在数据处理时延时大，这是它的不足。但是它可以对进入交换机的数据包进行错误检测，有效地改善了网络性能。尤其重要的是，它可以支持不同速度的输入/输出端口间的转换，保持高速端口与低速端口间的协同工作。随着交换技术的不断发展和成熟，存储转发交换机和直通式交换机之间的速度差距越来越小。此外，许多厂商已经推出了可以根据网络的运行情况，自动选择不同交换技术的混合型交换机。

这里需要说明的是，上述两种方式并不是指两种交换机，而是说交换机能够以这两种方式工作。直通式交换是有条件的：第一，要在目的端口的发送队列为空时，直通交换方式才得以实现；第二，如果目的端口连接的是共享域（比如 HUB），交换机要运行 CSMA/CD，以避免冲突，此时也要先存储。

3.7　虚拟局域网

3.7.1　虚拟局域网概述

1. 虚拟局域网基本概念

虚拟局域网（Virtual Local Area Network，VLAN）是一种将物理局域网在逻辑上划分成不同网段的技术，每个逻辑网段（即一个 VLAN）相当于一个小型局域网，所以一个 VLAN 内的设备属于同一个 IP 子网。同一个 VLAN 内的设备可以通过传统的以太网交换技术实现通信，而不受物理位置的约束；不同 VLAN 的设备之间的通信需要通过三层交换机或路由器等网络层设备才能实现。

2. VLAN 的作用

VLAN 的作用如下所述。

（1）有效地控制广播。在一个局域网内，如果主机数量过多，容易造成广播泛滥，带宽和主机资源浪费严重。有了 VLAN 之后，广播被限制在一个 VLAN 内，广播流量的泛洪范围减小，从而有效地节省了带宽和系统处理开销。图 3-18 显示了一个局域网规划 VLAN 前后的对比。

（2）增强局域网的安全性。不同 VLAN 的主机不能直接通信，使用 VLAN 可以将交换机下面连接的不同业务或部门的主机进行有效的隔离，通过广播泛洪的病毒也被限制在一个 VLAN 内部。

（3）提高网络的灵活性。可以将处于不同物理位置的设备划分到同一个虚拟工作组，使网络构建和后期维护更加方便，VLAN 灵活构建虚拟工作组的示意图如图 3-19 所示。

（4）增强网络的健壮性。故障被限制在一个 VLAN 内，本 VLAN 内的故障不会影响到其他 VLAN 的正常工作。

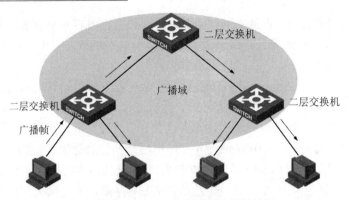

（a）划分 VLAN 之前广播流传递的情况

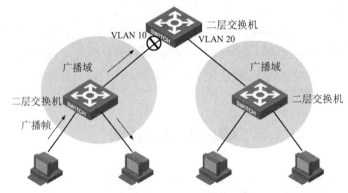

（b）划分 VLAN 之后广播流传递的情况

图 3-18　局域网规划 VLAN 前后的对比

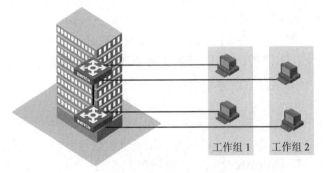

图 3-19　VLAN 灵活构建虚拟工作组示意图

3.7.2　VLAN 的划分方式

根据划分方式，VLAN 可以分为不同的类型。最常见的 VLAN 划分方式为基于端口的 VLAN、基于 MAC 地址的 VLAN、基于协议的 VLAN 和基于 IP 子网的 VLAN。

（1）基于端口的 VLAN 划分方式。基于以太网交换机端口的 VLAN 是最常用的 VLAN 划分方法。它将交换机的单个或多个端口划分到某一个 VLAN，这些端口可以不连续，甚至可以位于不同的交换机上，之后这些端口就可以转发该 VLAN 的数据帧了。图 3-20 显示了基于端口的 VLAN 划分方式。

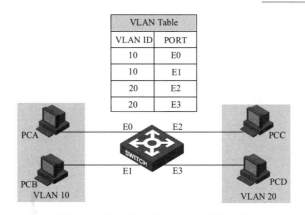

图 3-20　基于端口的 VLAN 划分方式

这种划分 VLAN 的方式定义成员比较简单，端口的配置也比较固定，网络的运维和管理很方便。缺点是当用户从一个端口移动到另一个端口时，网络管理员可能需要对 VLAN 成员进行重新配置，移动性支持不好。

（2）基于 MAC 地址的 VLAN 划分方式。这种方法是根据设备的 MAC 地址来划分 VLAN，所以需要预先配置好 MAC 地址和 VLAN 的对应关系。当交换机收到一个设备发出的数据帧时，通过读取数据帧的源 MAC 地址并查找 MAC 地址与 VLAN 的映射表，给帧分配对应的 VLAN。图 3-21 显示了基于 MAC 地址的 VLAN 划分方式。

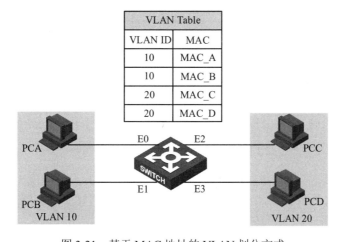

图 3-21　基于 MAC 地址的 VLAN 划分方式

这种划分方法的优点是当设备在不同物理位置间移动时（比如设备从交换机当前端口移动到其他端口，或移动到其他交换机），不需要重新配置 VLAN。缺点是当网络进行初始化配置时，需要收集所有用户设备的 MAC 地址，然后做 MAC 地址到 VLAN 的映射关系配置。如果用户数量大，则配置工作量也很大。

（3）基于协议的 VLAN 划分方式。这种方法根据端口收到的帧所属的协议（簇）类型及封装格式来给帧分配不同的 VLAN ID。可用来划分 VLAN 的协议簇有 IP、IPX、AppleTalk 等，封装格式有 Ethernet II、802.3、802.3/802.2 LLC、802.3/802.2 SNAP 等。图 3-22 显示了基于协议的 VLAN 划分方式。

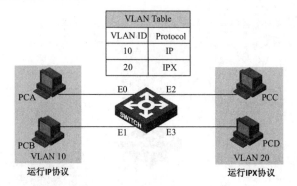

图 3-22 基于协议的 VLAN 划分方式

这种方法可以将不同服务类型的流量关联到指定的 VLAN，方便对于各种业务或控制流量的区分和管理。对于当前以 IP 协议为主的网络来说，该 VLAN 划分方式并不常用。

（4）基于 IP 子网的 VLAN 划分方式。这种方法根据数据帧中的源 IP 地址和子网掩码来划分 VLAN，所以交换机需要能够检查数据帧中的网络层信息，根据 IP 地址和 VLAN 的对应关系表来划分 VLAN。图 3-23 显示了基于 IP 子网的 VLAN 划分方式。

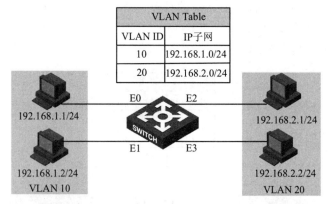

图 3-23 基于 IP 子网的 VLAN 划分方式

这种方法的优点是当用户设备的物理位置发生改变的，只要不改变 IP 地址，就不需要重新划分 VLAN，减轻配置任务，利于管理。缺点是该方法需要交换机检查每一个数据包的网络层地址，所以需要消耗一定的处理时间和系统开销，如果用户流量很大，就会导致交换机性能下降。

3.7.3 VLAN 原理

以太网交换机根据 MAC 地址表来转发数据帧。MAC 地址表中包含了端口和端口所连接终端主机 MAC 地址的映射关系。交换机从端口接收到以太网帧后，通过查看 MAC 地址表来决定从哪一个端口转发出去。如果端口收到的是广播帧，则交换机把广播帧从除源端口外的所有端口转发出去。

在 VLAN 技术中，通过给以太网帧附加一个标签（Tag）来标记这个以太网帧能够在哪个 VLAN 中传播。这样，交换机在转发数据帧时，不仅要查找 MAC 地址来决定转发到哪个端口，还要检查端口上的 VLAN 标签是否匹配。

在图 3-24 中，交换机给主机 PCA 和 PCB 发来的以太网帧附加上了 VLAN 10 的标签，给 PCC 和 PCD 发来的以太网帧附加 VLAN 20 的标签，并在 MAC 地址表中增加关于 VLAN 标签的记录。这样，交换机在进行 MAC 地址表查找转发操作时，会查看 VLAN 标签是否匹配；如果不匹配，则交换机不会从端口转发出去。这样相当于用 VLAN 标签把 MAC 地址表里的表项区分开来，只有相同 VLAN 标签的端口之间能够互相转发数据帧。

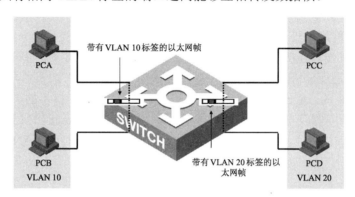

图 3-24　VLAN 标签

1. VLAN 的帧格式

VLAN 标签采用的是 IEEE 802.1Q 的正式标准，该标准是在传统以太网数据帧基础之上定义的，在源 MAC 地址字段和协议字段之间增加 4 个 Byte 的 802.1Q 标签。IEEE 802.1Q 数据帧如图 3-25 所示。

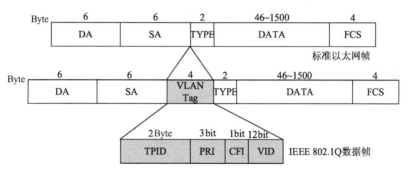

图 3-25　IEEE 802.1Q 数据帧

VLAN Tag 中的字段解释如下。

VLAN 标签包含 4 个字段：TPID、PRI、CFI、VID。

（1）TPID，即标签协议标识符（Tag Protocol Identifier，TPID），是 IEEE 定义的新的类型，该字段长度为 16bit，表明这是一个封装了 802.1Q 标签的帧。TPID 包含了一个固定的值 0x8100。

（2）PRI，即优先级（Priority，PRI），用来表示数据帧的 802.1Q 的优先级，该字段长度为 3bit，取值为 0~7。在应用 QoS 相关技术后，交换机的端口在发生拥塞后优先发送高优先级的数据。

（3）CFI，即标准格式指示位（Canonical Format Indicator，CFI），用于指明数据帧中的 MAC 地址是否为标准格式，用于兼容以太网和令牌环网。该字段长度为 1bit，CFI 为 0 表示是经典格式，CFI 为 1 表示是非经典格式，用于区分以太网帧、FDDI（Fiber Distributed Digital Interface）帧和令牌环网帧。在以太网中，CFI 的值为 0。

（4）VID，即 VLAN 号（VLAN ID，VID），表示该帧所属 VLAN，长度为 12bit。VLAN ID 取值范围是 0～4095。由于 0 和 4095 为协议保留取值，所以 VLAN ID 的有效取值范围是 1～4094。

2．VLAN 端口类型

为适应不同的网络场景和需求，交换机主要定义了两种端口类型，分别是 Access 端口和 Trunk 端口。这两种端口连接的对象和对收发数据帧的处理都不同。下面对两种端口的作用及对报文的处理流程进行分析。

（1）Access 端口。Access 端口一般用于连接不支持 802.1Q 标签的主机和其他非交换机设备（如路由器、防火墙等），连接的链路类型为接入链路。Access 接口只能属于一个 VLAN，默认所有端口属于 VLAN 1。该类型端口在收到以太网帧后打上对应 VLAN 标签，转发出端口时剥离 VLAN 标签，对终端主机透明。Access 端口的工作过程如图 3-26 所示。

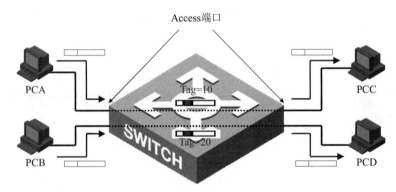

图 3-26　Access 端口的工作过程

（2）Trunk 端口。Trunk 端口一般用于连接交换机、AP 以及 IP 电话等，对应的链路类型为 Trunk（中继或主干）链路，可以同时承载多个 VLAN 的数据，且在接收和发送过程中不对帧中的标签进行任何操作。不过，默认 VLAN（PVID）帧是一个例外。在发送帧时，Trunk 端口要剥离默认 VLAN（PVID）帧中的标签；同样，交换机从 Trunk 端口接收到不带标签的帧时，要打上端口默认 VLAN 标签。PCA 到 PCC、PCB 到 PCD 的 VLAN 标签操作过程如图 3-27 所示。

首先分析 PCA 到 PCC 的 VLAN 标签操作过程。

● PCA 到 SWA

PCA 发出普通以太网帧，到达 SWA 的 E1/0/1 端口。因为端口 E1/0/1 被设置为 Access 类型，且属于 VLAN 10，也就是默认 VLAN 是 10，所以接收到的以太网帧被打上 VLAN 10 标签，然后在交换机内部转发。

● SWA 到 SWB

SWA 的 E1/0/24 端口被设置为 Trunk 类型，且 PVID 设置为 10，所以带有 VLAN 10 标签的以太网帧能够在交换机内部转发到端口 E1/0/24，且因为 PVID 是 10，与帧中的标签相同，所以交换机对其进行标签剥离操作，去掉标签后从端口 E1/0/24 转发出去。SWA MAC 地址表见表 3-5。

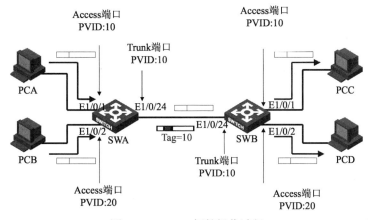

图 3-27　VLAN 标签操作过程

表 3-5　SWA MAC 地址表

MAC	VLAN ID	PORT
MAC_A	10	E1/0/1
MAC_B	20	E1/0/2

- SWB 到 PCC

SWB 收到不带标签的以太网帧，因为端口设置为 Trunk 端口，且 PVID 被设置为 10，所以交换机对接收到的帧添加 VLAN 10 标签，再根据 MAC 地址表进行内部转发。因为此帧带有 VLAN 10 标签，而端口 E1/0/1 被设置为 Access 端口，且其属于 VLAN 10，所以交换机将帧转发到端口 E1/0/1，经剥离标签后到达 PCC。SWB MAC 地址表见表 3-6。

表 3-6　SWB MAC 地址表

MAC	VLAN ID	PORT
MAC_C	10	E1/0/1
MAC_D	20	E1/0/2

再分析 PCB 到 PCD 的 VLAN 标签操作过程。

- PCB 到 SWA

PCB 发出普通以太网帧，到达 SWA 的 E1/0/2 端口。因为端口 E1/0/2 被设置为 Access 类型，且属于 VLAN 20，也就是默认 VLAN 是 20，所以接收到的以太网帧被打上 VLAN 20 标签，然后在交换机内部转发。

- SWA 到 SWB

SWA 的 E1/0/24 端口被设置为 Trunk 类型，且 PVID 设置为 10，所以带有 VLAN 20 标签的以太网帧能够在交换机内部转发到端口 E1/0/24，且因为 PVID 是 10，与帧中的标签不同，所以交换机不对其进行标签剥离操作，只是从端口 E1/0/24 转发出去。

- SWB 到 PCD

SWB 收到带标签的以太网帧，保持标签不变并查找 MAC 地址表进行内部转发。因为此帧带有 VLAN 20 标签，而端口 E1/0/2 被设置为 Access 端口，且其属于 VLAN 20，所以交换机将帧转发到端口 E1/0/2，经剥离标签后到达 PCD。

　　Trunk 端口通常用于跨交换机 VLAN 通信。通常在多交换机环境下，且需要配置跨交换机 VLAN 时，与 PC 相联的端口被设置为 Access 端口，交换机之间互联的端口被设置为 Trunk 端口。

3.8　高速以太网技术

3.8.1　快速以太网

　　为了满足网络应用对带宽的需求，开发一种简单、实用、能普遍应用于桌面系统的快速局域网技术，IEEE 802.3 委员会于 1992 年提出制定快速以太网标准。在委员会内部有两种不同的建议，其一是在原以太网基础上，应用 IEEE 802.3 标准中描述的 CSMA/CD 共享介质访问方法，只是将速率提高 10 倍。另一个建议是不使用现有的 CSMA/CD，而重新制定一套新的标准。经过多次讨论之后，802.3 委员会决定采纳第一个建议，即在 IEEE 802.3 基础上，把传输速率从 10Mbps 提高到 100Mbps，并于 1995 年 6 月，正式把它定为快速以太网标准 IEEE 802.3u。IEEE 802.3u 定义了一整套快速以太网规范和介质标准，包括 100Base-TX、100Base-T4 和 100Base-FX。100Base-T 媒体标准如图 3-28 所示。其中，100Base-TX 和 100Base-T4 统称为 100Base-T，又把使用相同信号规范和编码方案的 100Base-TX 和 100Base-FX 统称为 l00Base-X。而那些支持第二个建议的人们不会甘心失败，他们组成了自己的委员会，制定了一套能支持实时通信的快速局域网标准 100VG-AnyLAN，IEEE 802 委员会把它纳入 IEEE 802 标准系列，成为又一个快速以太网标准 IEEE 802.12。

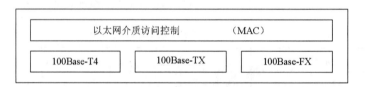

图 3-28　100Base-T 媒体标准

1.　100Base-TX

　　100Base-TX 使用 5 类非屏蔽双绞线（UTP）或 1 类屏蔽双绞线（STP）作为传输介质，其中 5 类 UTP 是目前使用最为广泛的介质。100Base-TX 规定 5 类 UTP 电缆采用 RJ-45 连接头，而 1 类 STP 电缆采用采用 9 芯 D 型（DB-9）连接器。

　　100Base-TX 的 100Mbps 传输速率是通过加快发送信号（提高 10 倍）、使用高质双绞线以及缩短电缆长度实现的。100Base-TX 使用与以太网完全相同的标准协议，但物理层却采用 4B/5B 编码方案。它的处理速率高达 125MHz，而每 5 个时钟周期为一组，每组发送 4bit，从而保证 100Mbps 的传输速率。

2.　100Base-T4

　　100Base-T4 是 3 类非屏蔽双绞线方案，该方案需使用 4 对 3 类非屏蔽双绞线介质。它能够在 3 类线上提供 100Mbps 的传输速率。双绞线段的最大长度为 100m。目前，这种技术没有得到广泛的应用。

100Base-T4 采用的信号速度为 25MHz，比标准以太网（20MHz）高 25%。为了达到 100M 带宽，100Base-T4 使用 4 对双绞线。一对双绞线总是发送，一对双绞线总是接收，其他两对双绞线可根据当前的传输方向进行切换。100Base-T4 实现快速传输的技术方案与 100Basc-TX 不同，它将 100Mbps 的数据流分为 3 个 33Mbps 流，分别在 3 对双绞线上传输。第 4 对双绞线作为保留信道，可用于检测碰撞信号，在第 4 对线上没有数据发送。100Base-T4 采用的是 8B/6T 编码方案，即 8bit 被映射为 6 个三进制位，它发送的是三元信号。100Base-T4 每秒有 25MHz 的时钟周期，每个时钟周期可发送 4bit，从而获得 100Mbps 的传输速率。100Base-T4 的硬件系统和组网规则与 100Base-TX 相同，但不支持全双工的传输方式。

3. 100Base-FX

100Base-FX 是光纤介质快速以太网，它通常使用光纤芯径为 62.5μm，外径为 125μm，波长为 1310nm 的多模光缆。100Base-FX 用两束光纤传输数据，一束用于发送，另一束用于接收，它也是一个全双工系统，每个方向上都是 100Mbps 的速率。而且，站和集线器之间的距离可以达到 2km。在 100Base-FX 标准中，可以使用 3 种光纤介质连接器，常用的标准连接器有 SC、ST 和常在 FDDI 中使用的 MIC。

100Base-FX 无论是数据链路层还是物理层都采用与 100Base-TX 相同的标准协议，它的信号编码也使用 4B/5B 编码方案。100Base-FX 常用于主干网连接或噪声干扰严重的场合。在主干网应用中，由于其共享带宽所带来的问题，故很快被交换式 100Base-FX 代替。

快速以太网组网规格总结见表 3-7。

表 3-7　快速以太网组网规格总结

名称	传输介质	最大段长度	特点
100Base-TX	双绞线	100m	100Mbps 全双工；5 类 UDP
100Base-T4	双绞线	100m	100Mbps 半双工；3 类 UDP
100Base-FX	光纤	2000m	100Mbps 全双工；长距离

3.8.2　千兆以太网

千兆以太网（Gigabit Ethernet）也称为吉比特以太网，是 IEEE 802.3 标准以太网的扩展，千兆以太网标准的制定从 1995 年开始。1996 年 8 月，成立了 IEEE 802.3z 工作组，主要研究多模光纤与屏蔽双绞线的千兆以太网物理层标准；1997 年年初，成立了 IEEE 802.3ab 工作组，主要研究单模光纤与非屏蔽双绞线的千兆以太网物理层标准；1998 年 2 月，IEEE 802 委员会正式批准了千兆以太网标准——IEEE 802.3z；1999 年 6 月，IEEE 802 委员会批准了千兆以太网标准——IEEE 802.3ab。目前，千兆以太网已成为大、中型局域网系统主干网的首选方案。

IEEE 802.3 委员会制定的标准千兆以太网组网规格见表 3-8 所示。

表 3-8　标准千兆以太网组网规格

名称	传输介质类型	最大段长度/m
1000Base-SX（IEEE 802.3z）	62.5μm 多模光纤	300
	50μm 多模光纤	500

续表

名称	传输介质类型	最大段长度/m
1000Base-LX （IEEE 802.3z）	62.5μm 多模光纤 50μm 多模光纤 10μm 单模光纤	550 550 5000
1000Base-CX （IEEE 802.3z）	2 对 STP	25
1000Base-T （IEEE 802.3ab）	4 对 5 类 UTP	100

千兆以太网标准具有如下特点：

（1）允许在 1000Mbps 全双工和半双工两种方式下工作。

（2）保留传统 Ethernet 的帧格式与最小、最大帧长度等特征，使之与标准以太网和快速以太网兼容。

（3）在半双工方式下使用 CSMA/CD 协议，全双工方式下不需要使用 CSMA/CD 协议。

（4）定义千兆介质专用接口（Gigabit Media Independent Interface，GMII），将 MAC 子层与物理层分隔开。这样，物理层实现 1000Mbps 速率时使用的传输介质和信号编码方式的变化不会影响 MAC 层。千兆以太网结构如图 3-29 所示。

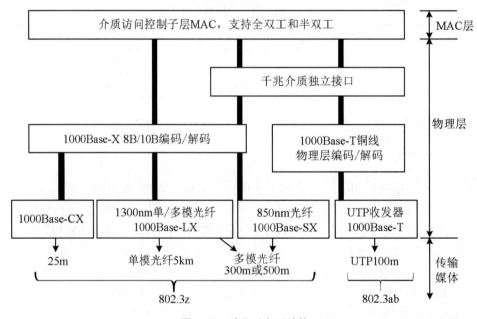

图 3-29　千兆以太网结构

除以上正式发布的千兆以太网标准外，还有一些规范没有以标准形式发布，但在实际中得到了广泛的应用，如 1000Base-LH、1000Base-ZX、1000Base-LX10、1000Base-BX10、1000Base-TX 等。非标准千兆以太网组网规格见表 3-9。

表 3-9 非标准千兆以太网组网规格

名称	传输介质类型	最大段长度
1000Base-LH	单模光纤	10km
1000Base-ZX	单模光纤	70km
1000Base-LX10	单模光纤	10km
1000Base-BX10	单模光纤	10km
1000Base-TX	6 类或者 7 类 UTP	100m

3.8.3 万兆以太网

随着 Internet 业务和其他数据业务的高速发展,对带宽的增长需求影响到网络的各个部分,包括骨干网、城域网和接入网。

为了充分利用骨干网带宽,人们目前采用了密集波分复用(DWDM)技术,但接入网的低带宽使得网络中的瓶颈问题逐渐突出。网络服务提供商面临带宽不足的严重问题。为了满足这种需求,需要一种新的技术提供更新的业务。目前应用最广泛的以太网技术可以实现这样的需求,能够简单、经济地构建各种速率的网络。现阶段最实际的做法是继承以太网技术,同时 IEEE 802.3 本身具有可升级性,可将 MAC 层的速率提高到 10Gbps,10G(万兆)以太网正是在这样的背景下产生发展起来的。

1999 年 3 月,IEEE 802.3ae 工作组成立,经过三年多的努力,2002 年 6 月 12 日,802.3 以太网标准组织批准了 10G 以太网标准的最后草案。

1. 万兆以太网的特点

万兆以太网并非将千兆以太网的速率简单地提高了 10 倍,其中有很多复杂的技术问题要解决。万兆以太网主要具有以下特点:

- 万兆以太网的帧格式与 10Mbps、100Mbps 和 1000Mbps 的帧格式完全相同。
- 万兆以太网仍然保留了 802.3 标准对以太网最小帧和最大帧长度的规定。这就使得用户在将已有的以太网升级时,仍便于与较低速率的以太网进行通信。
- 由于数据传输速率高达 10Gbps,因此万兆以太网的传输介质不再使用铜质的双绞线,而只使用光纤。它使用长距离的光收发器与单模光纤接口,以便于能够在广域网和城域网的范围内工作,也可以使用较便宜的多模光纤,但传输距离限制在 65~300m。
- 万兆以太网只工作在全双工方式,因此不存在争用问题。由于不使用 CSMA/CD 协议,因此万兆以太网的传输距离不再受冲突检测的限制。
- 标准中采用了局域网和广域网两种物理层模型,从而使以太网技术能方便地引入广域网中,进而使 LAN、MAN 和 WAN 网络可采用同一种以太网网络核心技术。这样,也方便对各网络的统一管理和维护,并避免了烦琐的协议转换,实现了 LAN、MAN 和 WAN 网络的无缝连接。

2. 万兆以太网的分层结构

万兆以太网的分层结构如图 3-30 所示。

(1)介质访问控制层(Media Access Control,MAC)。MAC 子层在 MAC 用户之间提供

一条逻辑链路，主要负责初始化、控制和管理这条链路。

（2）Reconciliation 子层，简称 RS 子层，即协调子层，用于物理层和数据链路层之间的衔接。

（3）10G 介质无关接口（10G Media Independent Interface，XGMII）。XGMII 在 MAC 层和物理层之间提供了一个标准的接口，它将 MAC 层和物理层隔开，使MAC 层能适应不同的物理层。

（4）物理编码子层（Physical Coding Sublayer，PCS）。PCS 子层主要负责对来自 MAC 层的数据进行编码和解码，现在标准中对默认的编码方式并未确定，只是提出了几种候选方案供讨论。

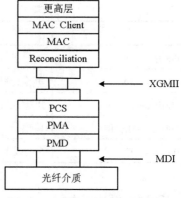

图 3-30　万兆以太网的分层结构

（5）物理介质接入子层（Physical Media Access，PMA）。PMA 子层负责把编码串行化，变成适合物理层传输的比特流。同时数据解码的同步也在这一层完成，PMA 子层能够接收比特流中分离出来的定时时钟，用于对数据进行同步。

（6）物理介质相关子层（Physical Media Dependent，PMD）。PMD 子层负责信号的传输。它的功能包括信号放大、调制、波的整形等。不同的 PMD 设备支持不同的物理介质。

（7）介质相关接口（Media Dependent Interface，MDI）。MDI 就是指连接器，它定义对应于不同的物理介质和 PMD 设备所采用的连接器类型。

3.9　Internet 的链路层协议

用户接入 Internet 的方法一般有两种：一种是通过电话线，拨号接入 Internet；另一种是使用专线接入。不管使用哪一种方法，在传送数据时都需要有数据链路层协议。其中点对点协议（Point-to-Point Protocol，PPP）是全世界范围内使用最广的协议。

3.9.1　PPP 层次结构

PPP 是一个面向连接的协议，它使得第 2 层链路能够经过多种不同的物理层进行连接。它支持同步和异步链路，也能在半双工和全双工模式下工作。它允许任意类型的网络层数据报通过 PPP 连接发送。PPP 层次结构如图 3-31 所示。

网络层	IP　　IPX　　其他网络层协议	
数据链路层	（IPCP　　IPXCP　　其他 NCP） 网络控制协议（NCP）	PPP
	（认证　　其他选项） 链路控制协议（LCP）	
物理层	物理链路	

图 3-31　PPP 层次结构示意图

（1）链路控制协议（LCP），LCP 负责设备之间链路的建立、维护和终止。正是这个灵活的、可扩展的协议，才使得能够交换许多配置参数以确保两台设备就如何使用链路达成一致。

（2）网络控制协议（NCP），PPP 支持许多不同的第 3 层数据报类型的封装，一旦用 LCP 完成了链路的创建，控制就传递给了 NCP，它对在 PPP 链路上承载的第 3 层协议是特定的。例如，当 IP 运行在 PPP 上时，使用的 NCP 就是 PPP 互联网协议控制协议（Internet Protocol Control Protocol，IPCP）。

3.9.2　PPP 帧格式

PPP 帧格式

PPP 协议是基于高级数据链路控制（High-Level Data Link Control，HDLC）协议开发的，但现在 HDLC 已很少使用了。PPP 使用了与 HDLC 相同的帧格式，PPP 帧格式如图 3-32 所示。

图 3-32　PPP 帧格式

PPP 帧的第一个字节和最后一个字节是标志字段，用于指示帧的开始和结束，规定为十六进制的 0x7E（01111110）。当连续传输两个帧时，前一个帧的结束标志字段可以兼作后一帧的起始标志字段。

地址字段为固定值 0xFF（11111111），控制字段为固定值 0x03（00000011），这两个字段在 PPP 协议中没有实际意义。

协议字段占两个字节，用于标识封装在帧中的信息字段的数据所使用的协议。若协议字段为 0x0021，PPP 帧中信息字段就是 IPv4 数据报；若为 0xC021，则信息字段是 PPP 链路控制协议（LCP）的数据；若为 0x8021，则信息字段是 PPP 互联网协议控制协议（IPCP）的数据。

信息字段用于封装网络层数据报、PPP 链路控制信息和 PPP 网络控制信息等。该字段长度是可变的，但不能超过 1500 个字节。

帧校验序列（Frame Check Sequence，FCS）字段占两个字节，它采用的生成多项式是 CRC-CCITT，所校验的范围是从地址字段的第一个比特起到信息字段的最后一个比特为止。

当信息字段中出现和标志字段相同的字节（0x7E）时，就采用一些措施使这种形式上和标志字段一样的字节不会出现在信息字段中，以保证 PPP 帧的透明传输。这些措施包括字节填充和零比特填充。

1. 字节填充

当 PPP 工作于异步传输链路时，使用逐个字符传送的方式。如果标志字节出现在信息字段中，则使用转义字节 0x7D 去填充。具体过程如下：

（1）将信息字段中出现的每一个 0x7E 字节转变成 2 字节序列 0x7D5E。

（2）若信息字段中出现 0x7D 字节，则将其转换为 2 字节序列 0x7D5D。

（3）若信息字段中出现 ASCII 码控制字符（小于 0x20 的字符），则在该字符前要加入一个 0x7D 字节，同时该字符与 0x20 进行异或操作。

如图 3-33 所示，假如信息字段数据为 0x6E7E7F7D5019，则使用 PPP 字节填充法处理后的数据为 0x6E7D5E7F7D5D507D39。在接收端恢复数据时，进行与发送端相反的操作，即可恢复成原来的数据。

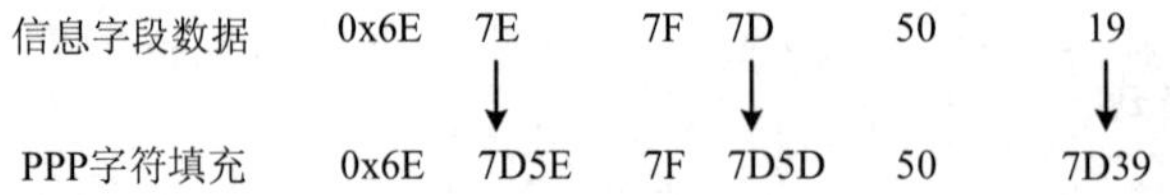

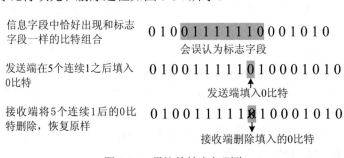

信息字段数据   0x6E   7E   7F   7D   50   19

PPP字符填充   0x6E   7D5E   7F   7D5D   50   7D39

图 3-33   PPP 字符填充过程

2. 零比特填充

当 PPP 用在同步光纤网（Synchronous Optical Network，SONET）/同步数字体系（Synchronous Digital Hierarchy，SDH）同步传输链路时，使用一连串的比特连续传送。如果信息字段中包含和标志字段一样的比特组合 01111110，则采用零比特填充法实现透明传输。具体做法如下所述。

在发送端，当一串比特流尚未加上标志字段时，先扫描全部比特（用硬件或软件）。只要发现有 5 个连续的 1，则立即填入 1 个 0。经过这种零比特填充后的数据，就可以保证不会出现 6 个连续的 1。在接收一个帧时，先找到标志字段以确定帧的边界，接着再对其中的比特流进行扫描。每当发现 5 个连续的 1 时，就将这 5 个连续的 1 后的 1 个 0 删除，以还原成原来的比特流。这样就保证了在所传送的比特流中，不管出现什么样的比特组合，都不至于引起帧边界的判断错误。零比特填充和删除过程如图 3-34 所示。

信息字段中恰好出现和标志   0100111111110001010
字段一样的比特组合   会误认为标志字段

发送端在5个连续1之后填入   0100111111010001010
0比特   发送端填入0比特

接收端将5个连续1后的0比   0100111111010001010
特删除，恢复原样   接收端删除填入的0比特

图 3-34   零比特填充与删除

3.9.3   PPP 工作过程

PPP 会话建立主要包括 3 个阶段，分别是链路建立阶段、身份认证阶段（可选）和网络协商阶段。

（1）链路建立阶段：PPP 链路的两端设备通过 LCP 向对方发送配置信息报文。此阶段双方对配置选项进行选择，包括身份认证方法、压缩方法、是否回叫等。如果配置信息报文发送成功，就建立起 PPP 链路。

（2）身份认证阶段：被认证端发送表明自己身份的信息给认证端，如果认证成功，进入网络协商阶段，如果认证失败，则进入链路终止阶段。

（3）网络协商阶段：通过调用适当的 NCP 协议可以配置网络层，如配置 IP 地址、子网

掩码和 DNS 服务器地址等。

经过上述 3 个阶段，PPP 链路就建立起来了，此时用户就可以在链路上进行数据传输。

当用户通信完毕时，NCP 释放网络层连接，收回原来分配出去的 IP 地址。接着 LCP 释放数据链路层连接，最后释放物理层连接。

PPP 协议的基本工作过程可用图 3-35 所示的状态图来描述。

（1）从静止状态开始，用户拨 ISP 号码，准备接入 ISP。

（2）ISP 路由器对拨号做出应答，并与用户的 MODEM 建立一条物理连接，线路进入建立状态。

（3）PC 机向路由器发送一系列的 LCP 分组（封装成多个 PPP 帧），协商 PPP 参数，协商结束后进入鉴别状态。

（4）若通信的双方鉴别身份成功，则进入网络状态。

（5）开始配置网络层，NCP 给新接入的 PC 机分配一个临时的 IP 地址，随后进入可进行数据通信的通信状态。

（6）数据传输结束后，NCP 释放网络层连接，收回原来分配出去的 IP 地址，接着，LCP 释放数据链路层连接，转到终止状态，最后释放物理层连接。载波停止后则回到静止状态。

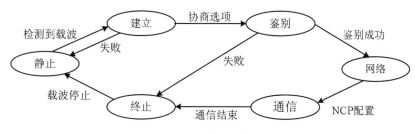

图 3-35　PPP 链路工作状态图

3.9.4　PPP 身份认证

PPP 提供了两种身份认证方法：口令认证协议（Password Authentication Protocol，PAP）和挑战握手认证协议（Challenge-Handshake Authentication Protocol，CHAP）。

（1）PAP。PAP 是一个非常简明的身份认证协议，采用两次握手机制，口令为明文，其认证过程如下：

被认证方向认证服务器发送用户名和口令，认证服务器查看是否有此用户，以及口令是否正确。如果用户名和口令都正确，则通过认证，发送响应给被认证方。

（2）CHAP。为了保证认证的安全性，常采用更加复杂的挑战握手认证协议 CHAP，该协议采用三次握手机制，口令为密文，其认证过程如图 3-36 所示，简述如下。

1）链路建立阶段结束之后，认证服务器 3640-1 向被认证方发送"挑战"消息，如图 3-36 中的 01 号数据包。"挑战"消息中包含 random 值（随机生成）、ID 号和用户名。

2）被认证方提取出 random 值、ID 号和用户名，根据用户名在用户数据库中查找其对应的密码。如果查找不到，认证失败；如果能查找到，则将 random、ID 号和密码进行单向哈希函数计算得到 hash 值。然后把自己保存的用户名连同 ID 号和刚得到的 hash 值一起发送给服务器，如图 3-36 中的 02 号数据包。

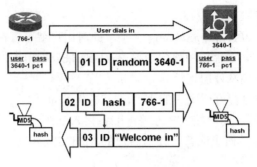

图 3-36   CHAP 认证过程

3）认证服务器将收到的数据包也进行第 2 步操作得到 hash 值，再把算得的 hash 值与从客户端得到的 hash 值进行比较，两值相同服务器就发送一个通过的信息；两值不同服务器就发送一个拒绝的信息。可以看出，CHAP 在整个验证过程中是不发送密码的，所以是一种安全的认证。

3.9.5   PPPoE

1. PPPoE 概述

家庭拨号上网通常是通过 PPP 在用户端调制解调器和运营商的接入服务器之间建立通信链路。目前，宽带接入已基本取代拨号接入，在宽带接入技术日新月异的今天，PPP 也衍生出新的应用。典型的应用是在非对称数据用户环线（Asymmetrical Digital Subscriber Loop，ADSL）接入方式当中，PPP 与其他的协议共同派生出了符合宽带接入要求的新的协议，如 PPPoE（PPP over Ethernet）。

利用以太网（Ethernet）资源，在以太网上运行 PPP 来进行用户认证接入的方式称为 PPPoE。PPPoE 既保护了用户方的以太网资源，又完成了 ADSL 的接入要求，是目前 ADSL 接入方式中应用最广泛的技术标准。

PPPoE 协议的工作流程包含发现和会话两个阶段。当一个主机想开始一个 PPPoE 会话时，必须首先进入发现阶段，以识别接入服务器的以太网 MAC 地址，并建立一个 PPPoE 会话标识符（SESSION-ID），在发现阶段结束后，就进入标准的 PPP 会话阶段。

在发现阶段，基于网络的拓扑，主机可以发现多个接入服务器，然后允许用户选择一个。当发现阶段成功完成，主机和选择的接入服务器便都有了他们在以太网上建立 PPP 连接的信息。直到 PPP 会话建立，发现阶段一直保持无状态的客户/服务器模式。该阶段包括以下 4 个步骤。

第一步，主机首先主动发送一个广播包——PPPoE 主动发现初始包（PPPoE Active Discovery Initiation，PADI），寻找接入服务器，PADI 数据域部分必须至少包含一个服务类型的标签，以表明主机所要求提供的服务。

第二步，接入服务器收到包后，如果可以提供主机要求的服务，则给主机发送应答——PPPoE 主动发现提议包（PPPoE Active Discovery Offer，PADO）。

第三步，主机在回应 PADO 的接入服务器中选择一个合适的，并发送请求包——PPPoE 主动发现请求包（PPPoE Active Discovery Request，PADR），告知接入服务器，PADR 中必须声明向接入服务器请求的服务种类。

第四步，接入服务器收到 PADR 包后，开始为用户分配一个唯一的会话标识符，启动 PPP 状态机以准备开始 PPP 会话，并向主机发送一个会话确认包——PPPoE 主动发现会话确认

（PPPoE Active Discovery Session-confirmation，PADS）。主机收到 PADS 后，双方进入 PPP 会话阶段，执行标准的 PPP 工作过程。

在 PPPoE 中定义了一个 PPPoE 主动发现终止包（PPPoE Active Discovery Terminate，PADT）来结束会话，它可以由会话双方的任意一方发起，但必须是会话建立之后才有效。

2．PPPoE 数据包分析

（1）PPPoE 数据报文格式。PPPoE 的数据报文是被封装在以太网帧的数据域内的。简单地说可以把 PPPoE 报文分成两大部分，一部分是 PPPoE 的数据报头，另一块是 PPPoE 的数据域，PPPoE 报文数据域中的内容会随着会话过程的进行而不断改变。图 3-37 为 PPPoE 数据报文格式。

0	4	8	16	31
版本	类型	代码	会话 ID	
长度域			数据域	

图 3-37　PPPoE 数据报文格式

- PPPoE 数据报文最开始的 4 位为版本域，协议中给出了明确的规定，这个域的内容填充为 0x01。
- 紧接在版本域后的 4 位是类型域，协议中同样规定，这个域的内容填充为 0x01。
- 代码域占用 1 个字节，在 PPPoE 的不同阶段，代码域内的内容是不一样的，后续部分会给出介绍。
- 会话 ID 占用 2 个字节，当访问服务器还未分配唯一的会话 ID 给用户主机时，该域内的内容必须填充为 0x0000，一旦主机获取了会话 ID，那么在后续的所有报文中该域必须填充这个唯一的会话 ID 值。
- 长度域为 2 个字节，用来指示 PPPoE 数据报文中数据的长度。
- 数据域，也称为净载荷域，在 PPPoE 的不同阶段该，域内的数据内容会有很大的不同。在 PPPoE 的发现阶段时，该域内会填充一些标记（Tag）；而在 PPPoE 的会话阶段，该域则携带的是 PPP 的报文。

（2）PPPoE 数据报文分析。PPPoE 数据包封装在以太帧中进行传输，现根据图 3-38 分析 PPPoE 数据包的格式。

```
⊟ Ethernet II, Src: c8:0a:a9:9b:f4:e5 (c8:0a:a9:9b:f4:e5)
  ⊞ Destination: Broadcast (ff:ff:ff:ff:ff:ff)
  ⊞ Source: c8:0a:a9:9b:f4:e5 (c8:0a:a9:9b:f4:e5)
    Type: PPPoE Discovery (0x8863)
⊟ PPP-over-Ethernet Discovery
    0001 .... = Version: 1
    .... 0001 = Type: 1
    Code: Active Discovery Initiation (PADI) (0x09)
    Session ID: 0x0000
    Payload Length: 16
⊞ PPPoE Tags
```

图 3-38　PPPoE 数据包格式

- 版本（Version）：4 位，规定为 0001。
- 类型（type）：4 位，规定为 0001。
- 代码（Code）：8 位，对于 PPPoE 的不同阶段，其值不同。该阶段主机发送一个广播包 PADI，Code 值为 0x09。

- 会话标识符（Session ID）：16 位，当接入服务器还没有分配唯一的 Session ID 给用户主机时，该域的值为 0x0000，一旦主机获取了 Session ID，在后续的所有报文里面必须填充此 ID 值。

- Payload 长度（Payload Lenth）：16 位，该值表明了 PPPoE 的 Payload 长度，不包括以太网头部和 PPPoE 头部的长度。

PPPoE 的建立过程分为 PPP Discovery（发现）和 PPP Session（会话）两个阶段。图 3-39 是 PPPoE 抓包示意图，下面以该图为例说明 PPPoE 的工作过程（限于篇幅，图中只详细显示了 2 号数据帧的全部信息）。

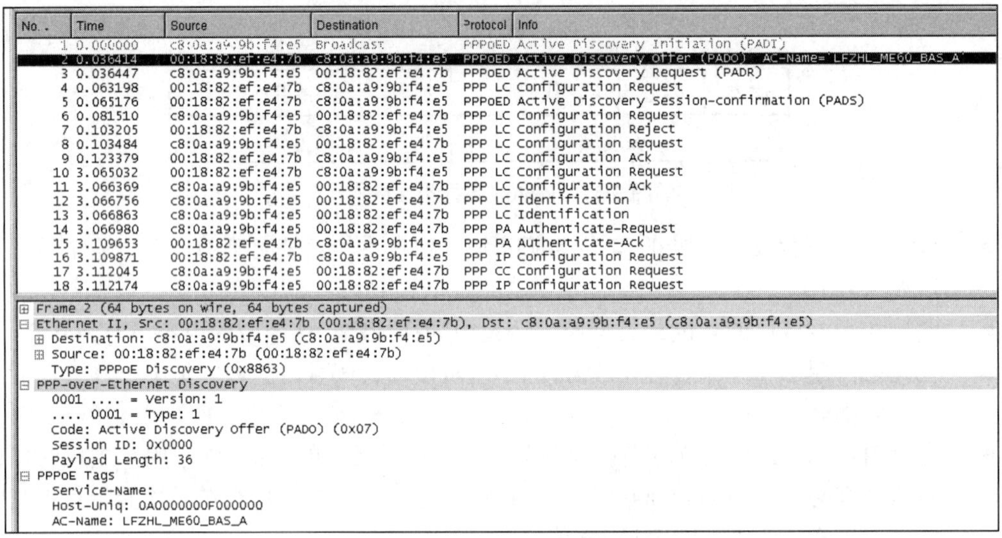

图 3-39　PPPoE 抓包示意图

1）PPPoE Discovery 阶段。PPPoE 的发现阶段可分为四步，其实这个阶段也是 PPPoE 四种数据报文交换的一个过程，完成这四步后，用户主机与接入服务器双方就能获知对方的 MAC 地址和唯一的会话 ID 号，从而进入到下一个阶段（PPPoE 的会话阶段）。

在 Discovery 阶段，以太网帧头中 Type 的值为 0x8863。

1 号数据帧（PADI）：Discovery 阶段的第一步。用户以广播的方式发送 PADI 数据包，请求建立链路。Code 值为 0x09，Session ID 值为 0x0000。

2 号数据帧（PADO）：Discovery 阶段的第二步。接入服务器（MAC 地址为 00-18-82-EF-E4-7B）对主机（MAC 地址为 C8-0A-A9-9B-F4-E5）的请求作出应答，以单播方式发送一个 PADO 数据包给主机。Code 值为 0x07，Session ID 值是 0x0000。PADO 数据域包含一个 AC-Name［PPPOE 接入服务器（访问集中器）名称］字段，该字段指明接入服务器的名字（LFZHL_ME60_BAS_A）。

3 号数据帧（PADR）：Discovery 的第三步。因为 PADI 数据包是广播的，所以主机可能收到多个 PADO 报文。主机在收到报文后，会根据 AC-Name 或者 PADO 所提供的服务来选择一个接入服务器，然后主机向选中的接入服务器单播一个 PADR 数据包。此例中，选中的是 MAC 为 00-18-82-EF-E4-7B 的服务器，所以 Destination Address 值为 00-18-82-EF-E4-7B，Code 值为 0x19，Session ID 值为 0x0000。

5 号数据帧（PADS）：Discovery 阶段的第四步。接入服务器收到 PADR 报文后，做出响应，即给主机发送一个 PADS 数据包，准备开始 PPP 的会话，并为 PPPoE 会话创建一个唯一的 Session ID。Code 值为 0x65，Session ID 值为 0x1112。

2）PPPoE Session 阶段。以太网帧头中 Type 值为 0x8864，Code 值为 0x00，Session ID 始终是 0x1112。此阶段执行标准的 PPP 过程。

4 号、6～13 号数据帧：创建阶段（LCP 协商阶段）。

主机和服务器都需要发送 LCP 数据包来配置和测试数据通信链路，完成最大传输单元、是否进行认证和采用何种认证方式的协商。

14～15 号数据帧：身份认证阶段。

Protocol 值为 0xC023，表明用 PAP 认证方法。其中，14 号数据帧：主机向服务器发送 PeerID 和 Password，PeerID 值为 lfag157634@adsl，Password 值为 555674。15 号数据帧：主机通过认证，服务器向主机发送响应，Message 值为 SUCCESS。

16～25 号数据帧：网络协商阶段（IPCP 协商阶段）。

主机和服务器对 IP 服务阶段的一些要求进行多次协商，决定双方都能够接受的约定，如 IP 地址的分配等。达成一致后，双方进入数据包的真正的传输阶段。

习题3

3-1　简述通路、链路和数据链路之间的关系。

3-2　数据链路层的基本功能是什么？

3-3　什么是报文？什么是帧？数据通信中报文与帧的转换是如何实现的？

3-4　什么是局域网？它有哪些特点？

3-5　局域网为何设置介质访问控制子层？

3-6　什么是冲突？在 CSMA/CD 中如何解决冲突？

3-7　简述 MAC 地址结构。

3-8　简述交换机的工作原理？

3-9　简述局域网交换机的帧转发方式有哪几种？

3-10　简述虚拟局域网的优点？

3-11　简述 PPP 的层次结构。

3-12　简述 PPP 的工作过程。

3-13　一个 PPP 帧的数据部分（用十六进制写出）是 7D 5E FE 27 7D 5D 7D 5D 65 7D 5E。试问真正的数据是什么（用十六进制写出）？

3-14　PPP 使用同步传输技术传送比特串 0110111111111100。试问经过零比特填充后变成怎样的比特串？若接收端收到的 PPP 帧的数据部分是 0001110111110111110110，问删除发送端加入的零比特后变成怎样的比特串？

协议分析实验

运行 Wireshark 软件并使你的计算机与 Internet 相连，上网浏览某网站，抓取几个上下行的数据包，找到 Ethernet 帧并分析其结构。

第 4 章　无线局域网技术

本章主要介绍无线局域网的基本概念和工作原理，重点介绍 IEEE 802.11 体系结构。通过本章的学习，读者应该重点理解和掌握以下内容：

- 无线网络的基本概念
- IEEE 802.11 体系结构
- IEEE 802.11 MAC 层协议
- 无线局域网络的分类和功能
- 无线局域网的工作原理
- 无线网络安全
- IEEE 802.11 帧结构

4.1　无线网络概述

无线网络是计算机网络技术与无线通信技术相结合的产物，它采用红外线、微波、激光等无线传输媒体替代电缆，是有线网络的延展。无线网络的技术包括长距离无线连接的移动通信网络，也包括短距离的红外线和蓝牙技术。无线设备通常包括带有无线网卡的计算机、笔记本电脑、智能手机、平板电脑和智能家电等。

WLAN（Wireless Local Area Network）是无线局域网的简称，是指应用无线通信技术将计算机设备互联起来，构成可以互相通信和实现资源共享的网络体系。目前，WLAN 的应用无处不在。WLAN 的蓬勃发展，离不开技术标准的不断成熟，同时，WLAN 技术得到越来越广泛的应用，也反过来促进了相关技术标准的不断完善。WLAN 相关的组织和标准如下。

1. IEEE

美国电气与电子工程师学会（The Institute of Electrical and Electronics Engineers，IEEE）是美国一个较大的科学技术团体，由美国电气工程师学会（AIEE）和美国无线电工程师学会（IRE）合并而成。IEEE 现已逐步发展成一个国际性的学术机构，其学术活动已遍布世界各地。IEEE 每年均有大量的出版物，在国际上颇有影响，在电子学文献中占有相当重要的地位。IEEE 自 1997 年以来先后公告了一系列的 WLAN 技术标准，如 IEEE 802.11、IEEE 802.11b、IEEE 802.11a、IEEE 802.11g、IEEE 802.11n 以及 IEEE 802.11ac 等。

2. Wi-Fi 联盟

Wi-Fi 联盟是一个成立于 1999 年的非营利国际协会，其成员超过 70 个，有 Lucent、Cabletron、Aironet、Dell 和 Intersil 等。该联盟旨在认证基于 IEEE 802.11 规格的无线局域网产品的互操作性和推动无线新标准的制定，以确保不同厂商的 WLAN 产品的互通性，经过 Wi-Fi 认证的产品表明其具备基本的互通性（如无线连接、加密、漫游等）。Wi-Fi 联盟也不断推出 802.11 相关的协议标准，如 802.11i（安全）子集 WPA、802.11e（QOS）子集 WMM 等。

3. IETF

互联网工程任务组（The Internet Engineering Task Force，IETF）是一个自律的、志愿组成的民间学术组织，成立于 1985 年底，其主要任务是负责互联网相关技术规范的研发和制定。IETF是一个由为互联网技术工程及发展做出贡献的专家自发参与和管理的国际民间机构。它汇集了与互联网架构演化和互联网稳定运作等业务相关的网络设计者、运营者和研究人员，并向所有对该行业感兴趣的人士开放。IETF 体系结构分为三类，分别是互联网架构委员会（IAB）、互联网工程指导委员会（IESG）和在八个领域里面的工作组（Working Group）。标准制定工作具体由工作组承担，工作组分成八个领域，包括 Internet 路由、传输、应用领域等。

4. CAPWAP

无线接入点的控制和配置协议（Control And Provisioning of Wireless Access Points，CAPWAP）是 IETF 中有关无线控制器和 FIT AP 间的控制和管理标准化的工作组。其目的是制定无线控制器和 FIT AP 之间的管理和控制协议，用户购买的无线控制器和 FIT AP 只要遵从CAPWAP 定义的标准，那么无线控制器和 FIT AP 可以由不同的厂商制造。不过由于标准组没有定义无线控制器之间的控制管理协议，因此目前不同厂商的无线控制器之间还无法互通。

5. WAPI 联盟

当前全球无线局域网领域仅有的两个标准，分别是美国行业标准组织提出的 IEEE 802.11系列标准（包括 802.11a/b/g/n/ac 等）和中国提出的无线局域网鉴别和保密基础结构（Wireless LAN Authentication and Privacy Infrastructure，WAPI）标准。WAPI 标准是我国首个在计算机宽带无线网络通信领域自主创新并拥有知识产权的安全接入技术标准。

本方案已由国际标准化组织 ISO/IEC 授权的机构 IEEE Registration Authority（IEEE 注册权威机构）正式批准发布，分配了用于 WAPI 协议的以太类型字段，这也是中国在该领域唯一获得批准的协议。同时 WAPI 标准也是中国无线局域网强制性标准中的安全机制。

4.2　IEEE 802.11 体系结构

IEEE 802.11 是国际电工电子工程学会（IEEE）为无线局域网络制定的标准。目前在 IEEE 802.11 的基础上开发出了 802.11a、802.11b、802.11g、802.11n、802.11ac。IEEE 802.11 系列技术标准见表 4-1。为了保证 802.11 工作得更加安全，IEEE 又开发出了 802.1x、802.11i 等协议。IEEE 802.11 无线标准由物理层和 MAC 层两部分的相关协议组成，其协议栈组成部分如图 4-1 所示。

图 4-1　IEEE 802.11 协议栈组成部分

4.2.1　802.11 协议标准

电气和电子工程师协会 IEEE 在 1990 年成立 IEEE 802.11 工作组，1993 年形成基础协议，1997 年完成 IEEE 802.11 标准的制定，此后一直在不断发展和补充更新。其中 802.11ac 标准是现在市场上的主流。表 4-1 给出了 IEEE 802.11 系列技术标准。

表 4-1　IEEE 802.11 系列技术标准

无线标准	发布时间	工作频段	编码	理想速率	信道带宽
802.11b	1999 年	2.4GHz	扩频	11Mbps	20MHz
802.11a	1999 年	5GHz	OFDM	54Mbps	20MHz
802.11g	2003 年	2.4GHz	OFDM	54Mbps	20MHz
802.11n	2009 年	2.4GHz 或 5GHz	MIMO OFDM	72Mbps(1×1, 20MHz) 150Mbps(1×1, 40MHz) 288Mbps(4×4, 20MHz) 600Mbps(4×4, 40MHz)	20MHz/40MHz（信道绑定）
802.11ac	2011 年	5GHz	MIMO OFDM	433Mbps(1×1, 80MHz) 867Mbps(1×1,160MHz) 6.77Gbps(8×8,160MHz)	40MHz/80MHz/160MHz

所有 802.11 技术都使用短程无线电传输信号，通常工作在 2.4GHz 或 5GHz 频段，这两个频段属于 ISM（Industrial Scientific Medical）。这些频段的最大优点是无须许可证，任何人只要遵守一些限定都可以免费使用。

其中 802.11b/g/n 工作在 2.4GHz 频段，相互之间具有兼容性。802.11a/n/ac 工作在 5GHz 频段，与 802.11b/g 不兼容。

基于正交频分复用（Orthogonal Frequency Division Multiplexing，OFDM）编码方案的传输技术分别在 1999 年的 802.11a 和 2003 年的 802.11g 中被引入进来，从 2009 年 802.11n 开始引入了多入多出（Multiple Input Multiple Output，MIMO）技术，基站和终端同时使用多重天线收发信号，以此增加数据传输速率和准确性。4×4 表示无线网络的基站有 4 根天线发射数据，用户终端有 4 根天线接收数据。

802.11ac 虽然只是 5GHz 标准，但大部分主流 802.11ac 设备都采用双频设计，能同时发送两个信号，5GHz 频段支持 802.11ac，2.4GHz 频段向下兼容 802.11b/g/n。

802.11 网络
基本元素

4.2.2　802.11 网络基本元素

802.11 体系结构的组成包括：服务集识别码（Service Set ID，SSID），无线站点（Station，STA），无线接入点（Access Point，AP），独立基本服务集（Independent Basic Service Set，IBSS），基本服务集（Basic Service Set，BSS），分布式系统（Distribution System，DS）和扩展服务集（Extended Service Set，ESS）。

1. SSID

SSID 标识一个无线服务，内容包括：接入速率、工作信道、认证加密方法和网络访问权限等。802.11 无线局域网中通过不同的 SSID 来标识不同的无线接入服务，SSID 如图 4-2 所示，本例中的无线接入服务的 SSID 是 School。

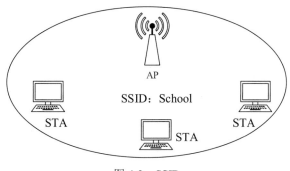

图 4-2　SSID

2. STA、AP 和 BSS

STA 是指任何配备无线网络接口的终端设备。

AP 不但像 STA 一样完成数据的收发，同时还负责为 BSS 内的 STA 转发数据报文。

BSS 是 802.11 网络中的基本单元，由一组相互通信的 STA 所构成。如果一个 BSS 中完全由 STA 组成，则该 BSS 称为独立基本服务集（Independent BSS，IBSS）；如果一个 BSS 中有 AP 参与，那么该 BSS 称为基础结构型基本服务集（Infrastructure BSS）。在基础结构型基本服务集中，AP 负责网络中所有 STA 之间的通信。BSS 如图 4-3 所示。

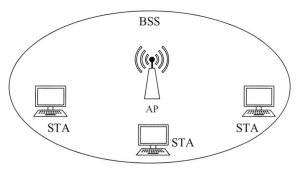

图 4-3　BSS

3. DS

DS 是指连接多个 BSS 的网络和有线网络。其可以采用无线或有线技术进行连接，通常采用以太网技术。DS 如图 4-4 所示。

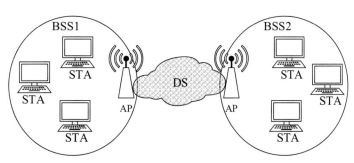

图 4-4　DS

4. ESS

ESS 是指采用相同的 SSID 的多个 BSS 形成的更大规模的虚拟 BSS。ESS 如图 4-5 所示。

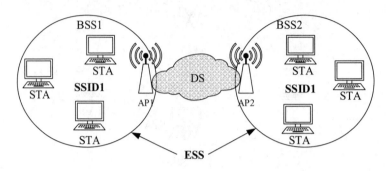

图 4-5　ESS

BSS 的服务范围可以覆盖小型会议室或家庭，不过无法服务较广的区域。在 802.11 中利用骨干网络将几个 BSS 串联起来成为 ESS，借此扩展无线网络的覆盖范围。所有位于同一个 ESS 的 AP 将提供同样的 SSID。

5. Ad Hoc

如果一个 BSS 中完全由 STA 组成，则该 BSS 称为独立基本服务集（Independent BSS，IBSS）。IBSS 有时被称为特设 BSS，即 Ad Hoc BSS。Ad Hoc 如图 4-6 所示。

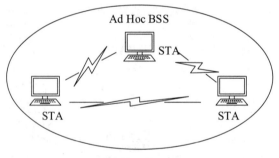

图 4-6　Ad Hoc

Ad Hoc 构成一种特殊的无线网络应用模式，该模式只有 STA，不存在 AP，STA 负责接收和发送与本机有关的数据报文，不负责转发到其他 STA 的数据报文。

4.2.3　802.11 MAC 层工作原理

基于 802.11 协议的 WLAN 设备的大部分无线功能都是建立在 MAC 层上的。802.11 MAC 层主要负责客户端与 AP 之间的通信，其主要功能包括扫描、认证、接入、加密和漫游等。

802.11 MAC 层报文分为三类，分别是数据帧、控制帧和管理帧。

（1）数据帧：用户的数据报文。

（2）控制帧：协助数据帧收发的控制报文，如 RTS 帧、CTS 帧和 ACK 帧等。RTS 帧、CTS 帧是避免在无线覆盖范围内出现隐藏节点的控制帧，ACK 是比较常见的确认帧。WLAN 设备每发送一个数据报文，都要求通信的对方回复一个 ACK 报文，这样才认为数据发送成功。

（3）管理帧：负责 STA 和 AP 之间的交互、认证、关联等管理工作，例如 Beacon、Probe、Authentication 和 Association 等。Beacon 和 Probe 是用于 WLAN 设备之间互相发现的，Authentication 和 Association 是用于 WLAN 设备之间互相认证和关联的。

如图 4-7 所示，无线客户端接入到 802.11 无线网络的过程分为以下四个步骤：

- STA 通过 Scanning 搜索附近存在的 AP；
- STA 选择 AP 后，向其发起 Authentication 过程；
- 通过 Authentication 后，STA 发起 Association 过程；
- 通过 Association 后，STA 和 AP 之间链路已建立，可以互相收发数据报文。

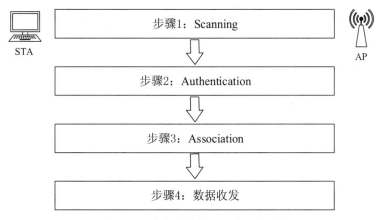

图 4-7 无线客户端接入无线网络过程

4.2.4 802.11 网络安全

无线网络安全的两个重要部分是数据加密和用户身份认证。在 1997 年到 2004 年这 7 年间，原始 802.11 标准并没有定义太多安全方面的内容，只定义了一种称为有线等效加密（Wired Equivalent Privacy，WEP）的加密方式。WEP 加密已经被破解，且不被考虑用于数据加密。原始 802.11 标准还定义了两种认证方式，分别是开放式系统认证和共享密钥认证。

1. 802.11i 安全修正案

802.11i 安全修正案批准和发布在 IEEE Std.802.11i-2004 中，它定义了更强的加密方法和更好的认证方案。802.11i 安全修正案毫无疑问是对原始 802.11 标准最重要的一次增强，主要包括以下两方面。

（1）增强的数据加密：定义了一种称为 CCMP 的更强的加密方式，其使用 AES 算法进行加密；还定义了一种称为 TKIP 的可选的加密方式，其使用 RC4 算法进行加密。

（2）增强的认证：定义了两种认证方式，802.1X 授权架构和 PSK（预共享密钥）。

802.11i 安全修正案已经被并入到 802.11-2007 标准中。802.11-2007 标准定义了 802.1X/EAP 作为企业无线局域网的认证方式，PSK（预共享密钥）作为 SOHO 无线局域网的认证方式。

2. WPA 认证

在 IEEE 批准 802.11i 修正案之前，Wi-Fi 联盟开发了 Wi-Fi 保护接入（Wi-Fi Protected Access，WPA）认证，作为 802.11i 修正案获批之前的过渡性方案，WPA 仅支持 TKIP/RC4 动态加密。WPA-Enterprise（WPA-企业）用于企业环境，采用 802.1X/EAP 作为认证方式，

WPA-Person（WPA-个人）用于 SOHO 环境，采用 PSK 认证。

802.11i 修正案获批之后，Wi-Fi 联盟又开发了 WPA2（Wi-Fi 保护接入第 2 版）认证。WPA2 在功能上与 802.11i 修正案完全相同，支持 CCMP/AES 和 TKIP/RC4 两种动态加密机制。WPA2-Enterprise（WPA2-企业）用于企业环境，采用 802.1X/EAP 作为认证方式，WPA2-Person（WPA2-个人）用于 SOHO 环境，采用 PSK 认证。

3. RSN（强壮安全网络）

802.11-2007 标准定义了强壮安全网络（Robust Security Network，RSN）和强壮安全网络关联（Robust Security Network Association，RSNA）。两台客户端之间必须相互认证、关联并通过四次握手的过程以创建动态加密密钥，客户端之间的这种关联称为 RSNA。换句话说，每对无线电使用的动态加密密钥是唯一的。CCMP/AES 加密是其强制加密方式，TKIP/RC4 是其可选的加密方式。802.11-2007 还定义了 Pre-RSNA，允许传统的安全机制（如 WEP）与 RSN 安全机制在同一个 BSS 中共存，这种网络被称为过渡安全网络（Transition Security Network，TSN）。

4. 802.11r 修正案

部署 WPA-Enterprise 和 WPA2-Enterprise 安全解决方案时，802.1X/EAP 认证的过程通常需要 700ms 以上的认证时间，这将严重地影响漫游的性能。因此，IEEE 制定了 802.11r 修正案以解决时间敏感的应用（如 VoIP 等）在漫游时的快速切换问题。802.11r 修正案一般被称为快速基本服务集切换（Fast Basic Service Set，FBSS）修正案，批准和发布在 IEEE Std.802.11r-2008 中。

5. 802.11w 修正案

无线网络中普遍的一种攻击类型就是拒绝服务（Denial-of-Service，DoS）攻击。最常见的 DoS 攻击通常发生在第 2 层，如通过篡改 802.11 管理帧（解除认证帧或解除关联帧）来实现攻击。因此，IEEE 制定了 802.11w 修正案来保护 802.11 管理帧，以防止第 2 层 DoS 攻击，但并不能终结所有的第 2 层 DoS 攻击。802.11w 被批准和发布在 IEEE Std.802.11w-2009 中。

4.2.5 802.11 无线网络漫游

基本上，无线网络漫游是指 STA 转换连接 AP 的过程。在漫游过程中，要求 STA 转换连接前后的 AP 属于同一 ESS，即参与客户端漫游的 AP 上所有配置的 SSID 必须相同，这是漫游的前提条件。其次，要求无线客户端已有业务不中断，且 IP 地址不改变，这也是漫游的表现形式和特点。无线网络漫游如图 4-8 所示。

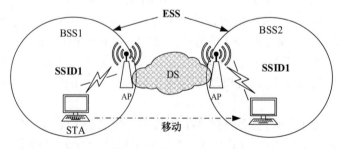

图 4-8　无线网络漫游

无线网络漫游分为二层无线漫游和三层无线漫游。

1. 二层无线漫游

由于不涉及子网的变化，因此只需保证用户在 AP 间切换时访问网络的权限不变即可。为了保证快速的切换，通常都会利用 STA 在原有 AP 上使用的资源（如 Key 等）。二层无线漫游过程如图 4-9 所示。

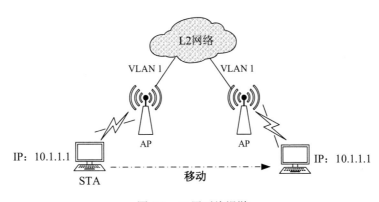

图 4-9　二层无线漫游

2. 三层无线漫游

由于用户漫游的两个 AP 处于不同的子网，因此，除了要实现二层无线漫游中提到的内容之外，通常会采用一些特殊手段来保证用户业务的不中断。目前较流行的做法有：二层隧道透传、Mobile IP 等。

当无线客户端同时搜索到多个相同 SSID 的 AP 信号时，客户端对所要连接信号的判断选择方式，称为无线客户端的漫游。

在搜索可连接网络以及判断是否切换 AP 方面，每个网卡的表现不尽相同。802.11 并未限制客户端设备如何决定是否切换 AP，并且不允许 AP 以任何方式影响客户端设备的决定。因此，无线客户端的漫游更多地取决于客户端自身的驱动程序算法，大多数客户端以信号强度或质量（如 RSSI、SNR）作为主要依据，并试图与信号最好的 AP 进行通信。三层无线漫游过程如图 4-10 所示。

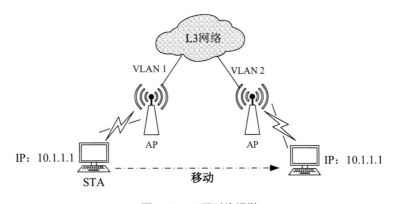

图 4-10　三层无线漫游

4.3　IEEE 802.11 MAC 层协议

4.3.1　802.11 MAC 协议层支持的两种访问控制方式

1. 隐藏终端与暴露终端问题

下面以图 4-11 为例说明在无线网络中的隐藏终端和暴露终端问题。

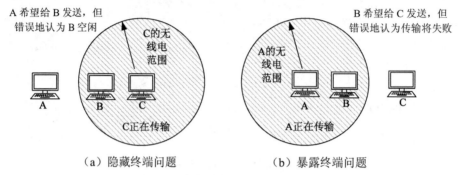

（a）隐藏终端问题　　　　　（b）暴露终端问题

图 4-11　隐藏终端与暴露终端问题

图 4-11（a）说明了隐藏终端问题。因为不是所有的站都在彼此的无线电广播范围内，因此蜂窝中一部分正在进行的传输无法被同一蜂窝中的其他地方收听到。在这个例子中，C 站正在给 B 站发送信息，如果 A 站侦听信道，它将听不到任何东西，因而错误地认为现在它可以开始给 B 站传输了信息。显然，这一决定将导致冲突的发生。

相反的情况是暴漏终端问题，如图 4-11（b）所示，在这里，B 想给 C 发送信息，所以它去侦听信道。当 B 听到信道上有帧在传送，便错误地认为信息可能无法发送到 C，即便事实上 A 或许在给 D（未显示）传输信息。显然，这个决定浪费了一次传输机会。

2. 无争用服务与争用服务

MAC 层的主要功能是实现对多节点共享无线通信信道的访问控制，支持主机漫游，提供数据验证与保密服务。

IEEE 802.11 的 MAC 层协议支持以下两种访问控制方式。

（1）无争用服务（PCF）。无争用服务的系统中存在着中心控制节点——基站。基站具有"点协调功能"（Point Coordination Function，PCF），以轮询的方式周期性地广播一个信标帧，广播的周期为 0.01～0.1s。网络管理员在安装接入点 AP 时，为 AP 分配 SSID。信标帧包含基站的 SSID 与带宽等参数，同时也起到邀请新节点申请加入的作用。如果一个节点加入申请得到批准，它就获得一定的带宽保证。IEEE 802.11 MAC 层协议无争用服务模式中，基站控制着多节点对共享无线信道的无冲突访问，同时接收与转发节点之间交换的数据，形成以基站为中心的星状结构。

（2）争用服务（DCF）。IEEE 802.3 的 MAC 层采用 CSMA/CD 冲突检测方式，IEEE 802.11 的 MAC 层采用载波侦听多路访问/冲突避免（Carrier Sense Multiple Access with Collision Avoidance，CSMA/CA）的冲突避免方法。人们将 IEEE 802.11 协议实现争用服务的能力称为"分布协调功能"（Distributed Coordination Function，DCF）。

IEEE 802.11 标准规定 MAC 层都必须支持分布协调功能 DCF，而点协调功能 PCF 是可选的。在默认状态下，IEEE 802.11 的 MAC 层工作在分布协调功能 DCF 模式；只有在对传输时间要求高的视频、音频会话类应用时，才会启动点协调功能 PCF。点协调功能 PCF 由于采用轮询方式发送，因此会增加网络管理的开销。

4.3.2　IEEE 802.11 网络介质访问控制协议

总线型局域网在 MAC 层的介质访问标准定义为载波侦听多路访问/冲突检测（Carrier Sense Multiple Access with Collision Detection，CSMA/CD）。但由于无线产品的适配器不易检测信道是否存在冲突，因此，802.11 定义了一种新的在无线网络环境下使用介质的协议，即载波侦听多路访问/冲突避免（Carrier Sense Multiple Access with Collision Avoidance，CSMA/CA）。

1.　帧间间隔的规定

在讨论 CSMA/CA 的基本工作原理时，首先需要了解帧间间隔的概念。为了尽可能地减小冲突发生的概率，IEEE 802.11 协议规定所有的主机在检测到信道空闲到真正发送一帧，或者是发送一帧之后到发送下一帧都需要间隔一段时间，这个时间间隔叫作帧间间隔（InterFrame Space，IFS）。IEEE 802.11 规定了 4 种帧间间隔。

（1）短帧间间隔（Short IFS，SIFS）。

（2）点协调功能帧间间隔（Point Coordination IFS，PIFS）。

（3）分布协调功能帧间间隔（Distributed Coordination IFS，DIFS）。

（4）扩展帧间间隔（Extended Coordination IFS，EIFS）。

帧间间隔的长短取决于发送帧的类型。高优先级的帧等待的时间短，可以优先获得信道的发送权。低优先级的帧等待的时间长，如果在低优先级的帧处于等待发送的时间，空闲信道已经被优先级高的帧占用，信道就从空闲变成忙，低优先级的帧只能继续等待，延迟发送。

2.　CSMA/CA 基本工作原理

IEEE 802.11 标准 MAC 层分布式协调功能 DCF 支持两种工作模式：基本模式与可选的 RTS/CTS 预约模式。

设计 CSMA/CA 协议的目的是尽可能减小冲突发生的概率。CSMA/CA 基本模式的工作原理可以总结为：信道监听、推迟发送、冲突退避。图 4-12 为 CSMA/CA 工作原理示意图。

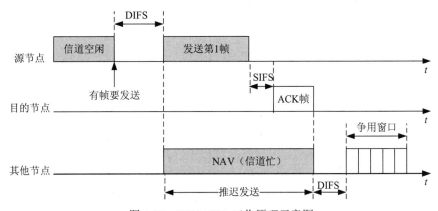

图 4-12　CSMA/CA 工作原理示意图

（1）信道监听。CSMA/CA 要求物理层执行信道载波监听功能。当确定信道空闲时，源节点在等待 DIFS 时间之后，若信道仍然空闲，则发送一帧。当发送结束后，源节点等待接收 ACK 确认帧。目的节点在收到正确的数据帧的 SIFS 时间之后，向发送节点发出 ACK 确认帧。发送节点在规定的时间之内收到 ACK 确认帧之后，则说明没有发生冲突，这一帧发送成功。

（2）推迟发送。IEEE 802.11 的 MAC 层还采用一种虚拟监听（Virtual Carrier Sense，VCS）机制与网络分配向量（Network Allocation Vector，NAV）实现对使用情况的预测，以达到主动避免冲突的发生，进一步减小发生冲突概率的目的。

IEEE 802.11 的 MAC 层在帧头的第 2 个字段设置了一个长度为 2B 的"持续时间"字段。发送节点在发出一帧时，同时在该字段内填入以 μs 为单位的值，表示在该帧发送结束后，还要占用信道多长的时间（包括目的主机的确认时间）。网中其他节点收到正在信道中的数据帧"持续时间"的通知后，如果该值大于自己的 NAV 值，就根据接收的持续时间字段值来修改自己的 NAV 值。NAV 作为一个计时器，随着时间推移递减，只要 NAV 不为 0，节点就认为信道被占用，不发送数据帧。

（3）冲突退避。考虑到可能有多个相邻的节点都在同一个时刻 NAV=0，这些节点都会认为信道空闲，这时多节点同时发送数据帧又会出现冲突，因此协议规定，所有节点在 NAV 值为 0 时，再经过一个 DIFS 时间之后还必须执行退避算法，以进一步减小碰撞的概率。

IEEE 802.11 采用的是二进制指数退避算法，它与 IEEE 802.3 协议不同的地方是第 i 次退避在 2^{2+i} 个时间片中随机地选择一个。例如，第 1 次退避是在 8 个时间片中随机地选择 5 个时间片；第 2 次退避是在 16 个时间片中随机地选择 12 个时间片。

当一个节点使用退避算法，进入争用窗口时，它将启动一个退避计时器（Back Off Timer），按照二进制指数退避算法随机选择退避时间片的值。当退避计时器的时间为 0 时，节点开始发送。如果此时信道已经被占用，那么节点将退避计时器复位后，重新进入退避争用状态，直到成功发送。

3．RTS/CTS 预约机制

为了更好地解决隐蔽终端带来的冲突问题，IEEE 802.11 协议允许发送节点对信道进行预约。RTS/CTS 预约机制的工作原理如图 4-13 所示。

下面以图 4-13（a）所示的节点位置关系为例，来说明如图 4-13（b）所示的预约机制的工作原理。

（1）当节点 A 准备向节点 B 发送数据时，节点 A 需要向节点 B 发送一个 RTS（Request To Send）帧。由于节点 C 与节点 B 都在节点 A 的覆盖范围内，因此节点 C 与节点 B 都能够收到节点 A 发送的 RTS 帧。

（2）节点 B 在接收到节点 A 发送的 RTS 帧之后，同意节点 A 的发送请求，就会向节点 A 返回一个 CTS（Clear To Send）确认帧。与此同时，节点 D 也收到节点 B 发送的 CTS 帧，知道已经有节点在共享的无线信道上发送数据。按照预约机制，节点 D 根据 CTS 帧提供的信息，估算出该帧发起的通信过程所需的时间，来设定节点 D 的 NAV 值。

（3）节点 A 在收到 CTS 帧后，可以发送数据帧，并启动一个 ACK 计时器。节点 B 在正确接收数据帧之后，向节点 A 发送 ACK 帧，并结束接收过程。如果 ACK 帧在节点 A 的 ACK 计时器预定的时间内收到，节点 A 结束这次数据帧发送过程；如果在 ACK 计时器预定的时间内没有收到 ACK 帧，则节点 A 重启数据帧发送过程。

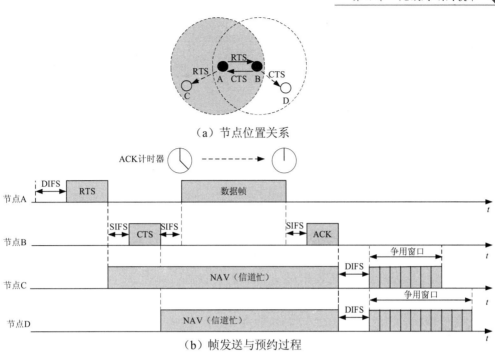

（a）节点位置关系

（b）帧发送与预约过程

图 4-13　RTS/CTS 预约机制的工作原理

（4）假设节点 D 不在节点 A 的覆盖范围内，而是在节点 B 的覆盖范围内，那么它能够接收到节点 B 发送的 CTS 帧。同样，按照预约机制，节点 D 根据 CTS 帧提供的信息，估算出该帧发起的通信过程所需的时间，来设定节点 D 的 NAV 值。

需要注意的是，NAV 值并不需要发送出去，只是用来协调主机发送时间。通过设定 NAV 值来达到预约节点发送时间的方法，可以主动避免冲突的发生，进一步减小冲突发生的概率。

4. 分片传输

由于无线信道中数据传输受到噪声干扰比较严重，帧长度越长，帧传输出错的概率就越大。在无线通信信道中，任何一位发生错误的概率为 p，那么长度为 n 的一帧被正确接收的概率为 $(1-p)^n$。

假设：帧长度 n=1518B=12144bit，当 p=10^{-4} 时，帧被正确接收的概率小于 30%，则三帧中至少有两帧传输出错；当 p=10^{-5} 时，帧被正确接收的概率小于 99%，则 100 个帧中只有 1 个帧传输出错。

为了解决无线信道误码率高的问题，减小帧长度是最有效的方法。IEEE 802.11 协议允许将待传输的帧分成多个小的分片。每一个分片都有自己的校验和，并使用停止－等待方式进行传输，分片被单独编码和确认。发送节点在发出编号为 k 的分片后，等待接收节点对第 k 个分组的确认后，才继续发送第 k+1 个分片。一旦一个节点利用 RTS/CTS 获得了信道发送的权力，则一个帧的多个分片组成一个分片串连续发送，分片发送过程如图 4-14 所示。

5. DCF 与 PCF 共存状态

DCF 与 PCF 共存状态是通过设定不同的帧间间隔值来实现的。

（1）短帧间间隔 SIFS。短帧间间隔 SIFS 用于分隔一次对话的各帧。在一个短帧间间隔 SIFS 内，可以完成以下动作。

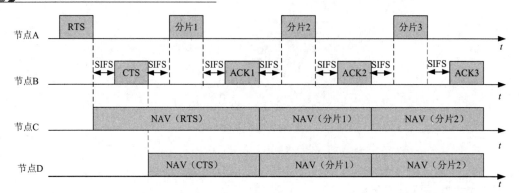

图 4-14　分片发送过程

- 节点可以从发送状态切换成接收状态。
- 让接收节点发送一个 CTS 来响应一个 RTS。
- 让接收节点发送一个 ACK 来对一个帧或分片确认。
- 让一个分片串的发送节点发送下一个分片，而无须再发送一个 RTS。

SIFS 值与物理层相关，如红外无线 IR 的 SIFS 为 7μs，直接序列扩频通信 DSSS 的 SIFS 为 10μs，跳频扩频通信 FHSS 的 SIFS 为 28μs。

（2）点协调功能帧间间隔 PIFS。在一个短帧间间隔 SIFS 之后，总有一个节点会得到发送或应答的授权。如果这个节点没有能利用这次机会，那么就要等到比 SIFS 时间长的 PIFS。点协调功能帧间间隔 PIFS 的长度等于 SIFS 值加上一个 50μs 的时间片值，那么跳频扩频通信 FHSS 的 PIFS 值为 78μs。

当达到 PIFS 帧间间隔时，基站可以插入点协调功能 PCF，发送一个信标帧或一个表决帧。点协调功能 PCF 可以在无竞争的情况下，完成数据帧或分片序列的发送。

（3）分布协调功能帧间间隔 DIFS。分布协调功能帧间间隔 DIFS 最长，它等于在 PIFS 值上再加一个 50μs 的时间片值，那么跳频扩频通信 FHSS 的 DIFS 值为 128μs。等待 DIFS 时间之后，任何一个节点都可以通过 CSMA/CA 的方法来竞争发送数据帧的权利。

（4）扩展帧间间隔 EIFS。扩展帧间间隔 EIFS 用于报告坏帧。当节点接收到一个坏帧时，在最长的扩展帧间间隔 EIFS 到达之后再发送坏帧报告。这种情况的优先级最低，目的是尽量不影响正常的帧发送与接收状态。

图 4-15 为 4 种帧间间隔作用的比较。

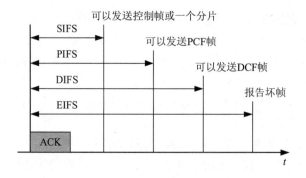

图 4-15　4 种帧间间隔作用的比较

4.4　IEEE 802.11 帧结构

802.11 标准定义了三种不同类型的帧，分别是数据帧、控制帧和管理帧。每一种帧都有一个头，包含了与 MAC 子层相关的各种字段。除此以外，还有一些头被物理层使用，这些头绝大多数被用来处理传输所涉及的调制技术，这里不进行讨论。

802.11 数据帧的格式如图 4-16 所示。首先是帧控制（Frame Control）字段。它本身包含 11 个子字段，其中第一个子字段是协议版本（Protocol Version），正是有了这个字段，将来可以在同一个蜂窝内同时运行协议的不同版本；接下来是类型（Type）字段（比如数据帧、控制帧或管理帧）和子类型（Subtype）字段（比如 RTS 或者 CTS）；去往 DS（To DS）和来自 DS（From DS）标志位分别表明该帧是发送到或者来自于与 AP 连接的网络，该网络称为分布式系统；更多段（More Fragment）标志位意味着后面还有更多的段；重传（Retry）标志位表明这是以前发送的某一帧的重传；电源管理（Power Management）标志位表明发送方进入节能模式；更多数据（More Data）标志位指明发送方还有更多的帧需要发送给接收方；受保护的（Protected Frame）标志位指明该帧的帧体已经被加密；顺序（Order）标志位告诉接收方高层希望严格按照顺序来处理帧序列。

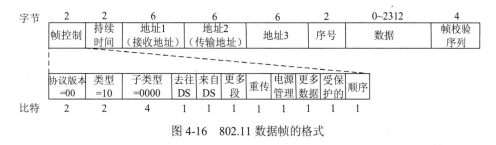

图 4-16　802.11 数据帧的格式

数据帧的第二个字段为持续时间（Duration）字段，它通告本帧和其确认帧将会占用信道多长时间，按微秒记时。该字段会出现在所有帧中，包括控制帧，其他站使用该字段来管理各自的 NAV 机制。

接下来是地址字段。发往 AP 或者从 AP 接收的帧都具有 3 个地址，这些地址都是标准的 IEEE 802 格式。第一个地址是接收方地址，第二个地址是发送方地址。很显然，这两个地址是必不可少的。当帧在一个客户端和网络中另一点之间传输时，AP 只是一个简单的中继点，这网络中的另一点也许是一个远程客户端，或许是 Internet 接入点，第三个地址就指明了这个远程端点。

序号（Sequence）字段是帧的编号，可用于重复帧的检测。序号字段可用 16 位，其中 4 位标识了段，12 位标识了帧，每发出去一帧该数字递增。数据（Data）字段包含了有效载荷，其长度可以达到 2312 个字节。有效载荷中前面部分字节的格式称为逻辑链路控制（Logical Link Control，LLC），标识有效载荷应该递交给哪个高层协议（如 IP）处理。最后是帧校验序列（Frame Check Sequence）字段，采用 CRC 校验。

管理帧的格式与数据帧的格式相同，其数据部分的格式因子类型的不同而变（如信标帧中的参数）。控制帧要短一些。像所有帧一样，它们有 Frame Control、Duration 和 Frame Check

Sequence 字段。然而，它们只有一个地址，并且没有数据部分。大多数关键信息都转换成 Subtype 字段了（如 ACK，RTS 和 CTS）。

4-1　主要的无线技术有哪些？

4-2　无线局域网网络的优缺点有哪些？

4-3　IEEE 802.11 无线局域网的标准有哪些？

4-4　请简述 CSMA/CA 的工作原理。

第 5 章　网络层

学习目标

本章是有关网络层基本功能的描述，重点介绍 Internet Protocol 工作原理。通过本章的学习，应重点理解和掌握以下内容:

- 网络层的功能以及在 TCP/IP 体系结构中的位置
- 传统的分类 IP 地址及子网掩码
- 子网划分和无分类域间路由选择 CIDR
- IP 数据报的格式与工作原理
- ARP 协议的工作原理
- Internet 路由选择机制
- 网络地址转换 NAT 的原理和工作模式
- ICMP 的作用
- MPLS 的工作机制

5.1　网络层与 IP 协议

5.1.1　网络层概述

TCP/IP 经过多年的发展和完善，形成了一组从上到下的单向依赖关系的协议栈（Protocol Stack），也叫作协议簇。在 TCP/IP 协议簇中，各层都定义了一些相关的协议，图 5-1 所示为 TCP/IP 协议簇示意图。

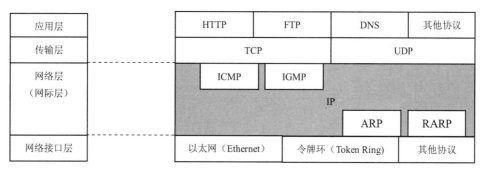

图 5-1　TCP/IP 协议簇示意图

本章主要讨论网络层协议，而 IP 协议是 TCP/IP 体系中最重要的协议之一，它使互联起来的不同类别的计算机网络能够进行通信，因此 TCP/IP 体系中的网络层也称为网际层或 IP 层。

现在讨论网络互联时，一般是指在网络层用路由器进行网络互联和路由选择。如图 5-2（a）

所示，不同结构的计算机网络通过路由器进行互联。**TCP/IP** 体系在网络互联上采用的做法是，在网络层采用标准化协议（国际协议 IP）使异构的网络相互联接，因此可以把互联以后的计算机网络看成一个虚拟的互联网络，如图 5-2（b）所示。所谓虚拟互联网络也就是逻辑互联网络，即互联起来的各种物理网络的异构性本来是客观存在的，但是利用 IP 协议就可以使这些性能各异的网络从网络层上看起来好像是一个统一的网络。

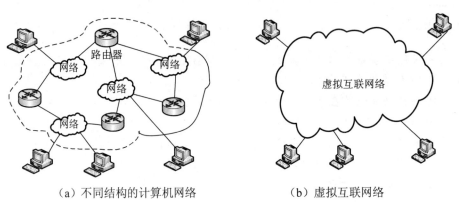

（a）不同结构的计算机网络　　　　　　（b）虚拟互联网络

图 5-2　互联网络

5.1.2　网络层提供的服务

网络层为接在网络上的主机提供的服务有两大类，即无联接的网络服务和面向联接的网络服务。这两种服务的具体实现就是通常的数据报服务和虚电路服务。

1. 数据报服务

在数据报服务中，当源节点要发送报文时，先将报文分成若干个分组，各分组会单独寻找路径。每个分组称为一个数据报，数据报中带有序号和地址信息，当节点收到数据报后，根据数据报中的地址信息和当前网络流通状况选择路径，找到一个合适的出口，把数据报转发给下一个节点，直到数据报到达目的节点。由于不同时间的网络流通状况不同，各数据报可能选择不同的路径，因此数据报不能保证按照原有顺序到达目的节点，这就需要目的节点按数据报中携带的序号重新将其恢复成原有报文。

如图 5-3（a）所示，主机 H1 要和主机 H5 通信，在 H1 向 H5 发送的分组中，有些经过的路径是 H1→A→B→E→H5，而另外一些可能经过的路径是 H1→A→C→E→H5，或 H1→A→C→B→E→H5。在同一网络中，可以有多个主机同时发送数据报，如 H1 向 H5 发送数据报的同时，H2 经过节点 B、E 向主机 H6 发送数据报。

2. 虚电路服务

在虚电路服务中，源节点和目的节点在进行数据传输之前必须建立一条虚电路，虚电路是面向连接的，只不过此电路是虚拟的（虚电路表示这是一条逻辑上的连接，并不是真正建立了一条物理连接）。所有的分组都沿着虚电路按发送顺序到达目的节点，不允许节点对任何分组进行单独的处理或另选路径。

如图 5-3（b）所示，假设主机 H1 要和主机 H5 通信，于是，主机 H1 要先发起一个虚呼叫（Virtual Call），即发送一个特定格式的呼叫分组到主机 H5，要求进行通信，同时也寻找一条合适的路由。若主机 H5 同意通信，就发回响应，然后双方就可以传送数据了。类似电话通信，先拨号建立电路，然后再通话。设寻找到的路由是 A→B→E，这样，就建立了一条虚电路（Virtual Circuit）：H1→A→B→E→H5，并将它记为 VC1。以后 H1 发送给 H5 的所有分组都必须沿着这条虚电路传送，在数据传送完毕后，还要将这条虚电路释放。

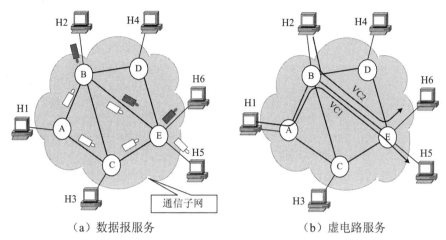

（a）数据报服务　　　　　　　　　　（b）虚电路服务

图 5-3　数据报服务和虚电路服务

需要注意的是，当占用一条虚电路进行计算机通信时，由于采用的是"存储－转发"的分组交换方式，所以只是断续地占用一段又一段的链路，虽然好像占用了一条端到端的物理电路，但并没有真正地占用。

从图 5-3（b）中可以看出，主机 H2 与主机 H6 通信，所建立的虚电路 VC2 经过了 B、E 两个节点，它与 VC1 共用了 B→E 的链路。

表 5-1 归纳了数据报服务和虚电路服务的主要区别。

表 5-1　数据报服务和虚电路服务的主要区别

项目	数据报服务	虚电路服务
建立连接	不需要	需要
路由选择	每个分组独立选择路由	建立虚电路时选择路由，以后各分组都使用该路由
寻址方式	每个分组都包括源地址和目的地址	在连接建立时使用目的地址，分组使用短的虚电路号
分组顺序	分组不一定按发送顺序到达目的节点	分组总按发送顺序到达目的节点
节点失败的影响	除在出故障时正在由该节点处理的分组都丢失外，无其他影响	所有经过出故障的节点的虚电路均不能工作
差错控制	由两端节点负责	由通信子网负责
流量控制	由两端节点负责	由通信子网负责
拥塞控制	难	容易
端到端服务质量	不易保证	容易保证

自提出分组交换的概念后，数据报服务与虚电路服务之争已近半个世纪。这两种服务各有优劣，到底采用哪种服务取决于应用环境，没有排他性的结论。分组交换网 X.25、帧中继

以及 ATM 网都是采用虚电路服务，而全球第一个分组交换网 ARPAnet（因特网的前身）是采用数据报服务的。因特网采用的设计思路是网络层向上只提供简单灵活的、无连接的、尽最大努力交付的数据报服务。因特网发展到今天的规模，也说明了在网络层提供数据报服务是非常成功的。目前，无论是计算机网络还是电信网络，使用更多的是数据报服务。

5.1.3　网络层的功能

网络层协议可以处理跨越多个网络的机器之间的路由问题，同时也管理网络名称和地址，以解决路由问题。具体来说，网络层的主要功能主要包括如下 3 个方面。

（1）寻址。在交付数据报之前，必须知道要将该数据报交付到什么地方。因此，网络层必须包含一套设备寻址机制，而且，该机制能够跨过任意类型的网络进行设备的唯一寻址。

（2）路由转发。路由即对数据报从源节点到目的节点所使用的某一条路径做出决策；转发则是当一个数据报到达中间设备（如路由器）时该采取什么样的动作。当源机器和目标机器在同一个网络时，则直接交付；当不在同一个网络时，需要跨越若干个路由器，由路由器进行路径选择并将数据报转发到下一台设备，即间接交付。

如图 5-4 所示，当主机 A 要向另一台主机 B 发送 IP 数据报时，先要检查目的主机 B 是否与源主机 A 连接在同一网络上，如果是，就将 IP 数据报直接交付给目的主机 B 而不需要通过路由器。如果主机 A 要把数据报发送给连接在另一个网络上的主机 C，这时主机 A 应把数据报发送给本网络上的某个路由器 R1，由路由器 R1 按照路由表指出的路由把数据报转发给下一个路由器 R2，这叫作间接交付。按照同样的方法，路由器 R2 又用间接交付的方法把数据报发送给另一个路由器 R3。R3 与目的主机 C 在同一个网络上，因此，最后一步就由路由器 R3 把数据报直接交付给目的主机 C。

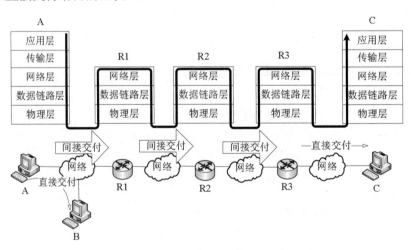

图 5-4　数据报在互联网中传送

（3）MTU 分片和重新装配。当路由将数据报从一种类型的网络传送到另一种类型的网络时，网络能够承载的最大数据块，即 MTU（Maximum Transmission Unit），可能发生变化。当数据从支持较大 MTU 的网络传送到支持较小 MTU 的网络时，这一数据必须被分割成若干较小的数据分片，以便匹配参与传输较小 MTU 的网络。当所有分片到达接收设备后，使用重新装配功能重新构造整个数据报。

5.1.4　IP 协议的特点

IP 协议是网络层最重要的协议，为传输层提供服务。IP 接收传输层打包的数据，根据需要处理该数据，然后发送出去。IP 协议的特点如下所述。

IP 协议是一种无连接、不可靠的分组传送服务协议。

IP 协议提供的是一种无连接的分组传送服务，它不提供对分组传输过程的跟踪。因此，它提供的是一种"尽力而为"的服务。无连接（Connectionless）意味着 IP 协议不是在预先建立从源节点到目的节点的传输路径之后才开始传输数据分组，每个分组的传输过程是相互独立的，分组到达每个路由器后，根据路由器所维护的路由表选择分组到达的下一个节点。此外，IP 协议并不维护 IP 分组发送后的任何状态信息。

不可靠（Unreliable）意味着 IP 协议不能保证每个 IP 分组都能够正确地、不丢失和顺序地到达目的主机，传输的可靠性交由传输层完成。

（1）IP 协议是点—点线路的网络层通信协议。网络层需要在互联网络中为通信的两台主机寻找一条端到端的传输路径，而这条端到端的传输路径是由多个路由器的点到点链路组成的。IP 协议的作用是要保证分组从一个路由器到另一个路由器，通过多条路径从源主机到达目的主机。因此，IP 协议是针对源主机—路由器、路由器—路由器、路由器—目的主机之间的数据传输的点—点线路的网络层通信协议。

（2）IP 协议屏蔽了网络在数据链路层、物理层协议与实现技术上的差异。作为一个面向 Internet 的网络层协议，它必须要面对各种异构的网络和协议。在 IP 协议设计中，设计者需要充分考虑到这一点。互联的网络可能是广域网，也可能是城域网、局域网。即使都是局域网，它们的数据链路层与物理层协议也可能是不同的。网络的设计者希望通过 IP 协议将结构不同的数据帧按照统一的分组格式封装起来，向传输层提供格式一致的 IP 分组。传输层不需要考虑互联网络的数据链路层、物理层使用的协议与实现技术上的差异性，只需要考虑如何使用低层所提供的服务。IP 协议使得异构网络的互联变得更加容易。

5.1.5　IP 协议的演变及发展

1981 年，在 RFC791"网际协议（IP）"中定义了最先被广泛使用的 IP 版本，即 IP 版本 4，经常简写为 IPv4，也是目前广泛使用的 IP 协议。

即使 IP 最初被设计用于互联网络，其规模只是目前因特网的一小部分，但 IPv4 已经证明自身具有非凡的能力。随着时间推移，使用 IP 的方式已经有了各种增加和变化，特别对寻址更是如此，但主要的协议还基本上与 20 世纪 80 年代早期的相同。

IPv4 为我们做了很好的服务，但当 Internet 规模发展到一定程度时，修改和完善 IPv4 已显得无济于事，最终人们不得不期待着研究一种新的网络层协议去解决 IPv4 协议面临的所有困难，这个新的协议就是 IPv6 协议，也称为 IP 下一代或 IPng。

2011 年国际 IP 地址管理部门宣布：在 2011 年 2 月 3 日的美国迈阿密会议上，最后 5 块 IPv4 地址被分配给全球 5 大区域 Internet 注册机构之后，IPv4 地址全部分配完毕。现实让人们深刻地认识到，IPv4 向 IPv6 的过渡已经迫在眉睫。2017 年底，中共中央办公厅、国务院办公厅印发了《推进互联网协议第六版（IPv6）规模部署行动计划》，我国已逐步开始在全国部署 IPv6 网络，提升网络业务承载能力和网络安全性。

5.2 IPv4 地址

5.2.1 IP 地址基本概念

1. IP 地址概述

在 TCP/IP 体系结构中，用于在 IP 层识别每一个连接到 Internet 设备的标识符称为 Internet 地址或 IP 地址，该地址为逻辑地址，以此来屏蔽物理地址的差异。

IP 地址是全球唯一的。它唯一地且全球地定义了一台主机或路由器与 Internet 之间的一个联接，也就是说 IP 地址是该接口的地址。IP 地址的唯一性表现在每个地址仅能定义一个到 Internet 的联接，Internet 上的任意两个接口不能具有相同的 IP 地址。IP 地址的全球性表现在任何联接到 Internet 的主机必须采纳该地址空间。

IP 网络如图 5-5 所示，该网络由 2 台路由器连接 3 个网络构成。其中网络 1 中包含 2 台主机，每台主机需要配置一个 IP 地址，通过二层交换机与路由器 1 的接口 GE 0/0/1 相连，路由器 GE 0/0/1 接口需要配置一个 IP 地址，二层交换机上不需要配置 IP 地址。网络 2 由互连的两个路由器接口构成，每个接口需要配置一个 IP 地址。网络 3 由路由器 2 连接 PC3 构成，需要为路由器 GE 0/0/1 接口和 PC3 各配置一个 IP 地址。该网络中一共包含 7 个地址，每个地址都不相同。

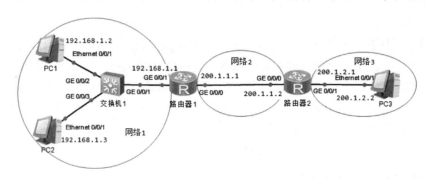

图 5-5 IP 网络

2. IPv4 地址及其表示方法

目前，使用较为广泛的是 IPv4 地址。IPv4 地址是一个 32 比特的二进制数，如"00001010 00000000 00000000 00000001"。为了提高可读性，每 8 位二进制数用一个十进制数（0～255）表示，并以小数点分隔。这样，上面的 IP 地址就可以表示为"10.0.0.1"，IP 地址的这种表示法叫作"点分十进制记法"，如图 5-6 所示。这显然比 1 和 0 容易记忆。不管是自动获取还是人为指定，每一台联网的主机至少要有一个 IP 地址。

8 位	8 位	8 位	8 位
00001010	00000000	00000000	00000001

10	.	0	.	0	.	1

图 5-6 IPv4 地址表示方法

3. IPv4 地址的发展

（1）第一阶段：标准分类 IP 地址。标准分类 IP 地址是指将 IP 地址空间分为 A 到 E 的 5

类。该 IP 地址采用"网络号－主机号"的两级 IP 地址结构，如 A 类 IP 地址网络号占 8 位，主机号占 24 位。B 类 IP 地址网络号占 16 位，主机号占 16 位。C 类 IP 地址网络号占 24 位，主机号占 8 位。

（2）第二阶段：子网划分。第二个阶段是在 1985 年提出的子网划分（Subnetting）技术（RFC950）。该技术针对标准分类 IP 地址使用中存在的地址利用率低的问题，在标准分类 IP 地址的基础上，增加子网号的三级地址结构。构成子网就是将一个大的网络，划分成几个较小的子网络，将传统的"网络号－主机号"的两级 IP 地址结构变为"网络号－子网号－主机号"的三级结构。

（3）第三阶段：构成超网的无类别域间路由。第三个阶段是 1993 年提出的无类别域间路由（Classless Inter Domain Routing，CIDR）技术（RFC1517、1518、1519、1520）。由于 CIDR 不是按标准的地址分类规则，而是将剩余的 IP 地址按可变大小的地址块来分配，同时 CIDR 地址涉及 IP 寻址与路由选择，正是因为有这两种重要的特征，CIDR 被称为无类别域间路由技术。

（4）第四阶段：网络地址转换技术。第四个阶段是 1996 年提出的网络地址转换（Network Address Translation，NAT）技术（RFC2993，RFC3022）。IP 地址短缺已是非常严重的问题，而整个 Internet 迁移到 IPv6 的进程缓慢，人们需要有一个在短时期内快速缓解地址短缺的方法，支持 IP 地址重用，NAT 技术就是在这样的背景下产生的。

标准分类 IP 地址

5.2.2　标准分类 IP 地址

1．标准分类 IP 地址简介

起初，IP 地址是按类编址的，这种编址体系结构叫作分类编址。在分类编址中，IP 地址空间被分成 5 类：A 类、B 类、C 类、D 类和 E 类。每一类地址都由两个固定长度的字段组成，其中一个字段是网络号 net-id，它标志主机（或路由器）所连接的网络，网络号在整个因特网范围内必须是唯一的；另一个字段是主机号 host-id，它标志主机（或路由器）。主机号在它前面的网络号所指明的网络范围内必须是唯一的，因此，一个 IP 地址在整个因特网范围内是唯一的。

各类 IP 地址的网络号字段和主机号字段如图 5-7 所示，其中，A 类、B 类和 C 类地址都是单播地址，是最常用的。单播指的是一对一通信，包含单播目标地址的数据分组发送给特定主机。

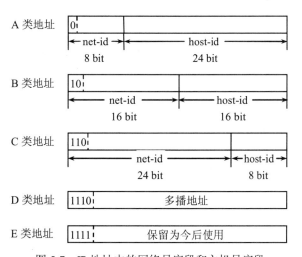

图 5-7　IP 地址中的网络号字段和主机号字段

网络号字段 net-id：A 类、B 类和 C 类地址的网络号字段分别为 1 字节、2 字节和 3 字节长，在网络号字段的最前面有 1~3 位的类别比特，其数值分别为 0、10 和 110。

主机号字段 host-id：A 类、B 类和 C 类地址的主机号字段分别为 3 字节、2 字节和 1 字节长。

D 类地址（前 4 位是 1110）用于多路（多目的）播送地址，确定因特网上一组特定的主机，当需要发送信息给多个但不是所有接收者时，可以使用多路播送。

E 类地址（前 4 位是 1111）作为保留，到目前为止仍未指定其用途。

当某个单位申请到一个 IP 地址时，实际上是获得了具有同样网络号的一块地址，具体的各台主机号则由该单位自行分配，只要做到在该单位管辖的范围内无重复的主机号即可。

2. 常见的三种类别的 IP 地址

用点分十进制记法，观察地址首字节的大小可以分辨其类别。在 A 类地址中，首字节的首位被定义成 0，所以首字节能表示的数最大为 127，又因为全 0 和全 1 有特殊的定义，所以 A 类地址的首字节在 1~126 之间。同理，B 类地址的首字节在 128~191 之间，C 类地址首字节在 192~223 之间。

A 类地址网络号占 8 位，第 1 位固定为 0，其余 7 位可以进行分配，因此可分配的网络号有 $2^7-2=126$ 个，网络号 0 和网络号 127 留作特殊用途。A 类地址的主机号长度为 24 位，因此每个 A 类网络可以有 $2^{24}-2=16777214$ 个主机地址，主机号全 0 和全 1 留作特殊用途使用。

B 类地址网络号占 16 位，第 1~2 位固定为 10，其余 14 位可以进行分配，因此可分配的网络号有 $2^{14}=16384$ 个。B 类地址的主机号长度为 16 位，因此每个 B 类网络可以有 $2^{16}-2=65534$ 个主机地址，主机号全 0 和全 1 留作特殊用途使用。

C 类地址网络号占 24 位，第 1~3 位固定为 110，其余 21 位可以进行分配，因此可分配的网络号有 $2^{21}=2097152$ 个。C 类地址的主机号长度为 8 位，因此每个 C 类网络可以有 $2^8-2=254$ 个主机地址，主机号全 0 和全 1 留作特殊用途使用。

IP 地址的可用范围见表 5-2。

表 5-2　IP 地址的可用范围

网络类别	最大网络数	第一个可用的网络号	最后一个可用的网络号	第一个可用 IP 地址	最后一个可用 IP 地址	每个网络中的最大主机数
A	126（2^7-2）	1	126	1.0.0.1	126.255.255.254	16777214（$2^{24}-2$）
B	16384（2^{14}）	128.0	191.255	128.0.0.1	191.255.255.254	65534（$2^{16}-2$）
C	2097152（2^{21}）	192.0.0	223.255.255	192.0.0.1	223.255.255.254	254（2^8-2）

3. 特殊 IP 地址

（1）每个地址块中的特殊地址。每个地址块有一些地址有着特殊的用途。在前面计算某个地址块可用 IP 地址数量时，必须从主机位数计算得到的总地址数量中扣除 2 个地址，如对于一个 C 类地址，主机位数是 8 位，包含的可用 IP 地址数量是 2^8-2。扣除的 2 个地址分别是主机位全 0 的网络地址和主机位全 1 的广播地址。

1）网络地址（主机位全 0）。在 A 类、B 类、C 类 IP 地址中，如果主机号是全 0（如 200.1.1.0），那么这个地址称为网络地址。该地址标识网络本身，而不是网络中的哪一台主机。同样，对于后面讲到的子网划分后的三级 IP 地址（网络号—子网号—主机号），其网络地址依然是网络号与子网号部分保持不变，主机号是全 0，标识某一个子网本身。

2）直接广播地址（主机位全 1）。在 A 类、B 类、C 类 IP 地址中，如果主机号是全 1（如 200.1.1.255），那么这个地址为广播地址。如果路由器收到目的地址是 200.1.1.255 的数据报，则将该数据包发送给特定网络（200.1.1.0）中的所有主机。同样，对于子网划分后的三级 IP 地址，其主机号全 1 是该子网的广播地址。

（2）其他特殊地址。地址空间中有一部分 IP 地址只在特殊的情况下才使用，具体见表 5-3。

表 5-3　特殊 IP 地址

net-id	host-id	源地址使用	目的地址使用	代表的意义
0	0	可以	不可	在本网络上的本主机
全 1	全 1	不可	可以	只在本网络上进行广播，网间路由器不转发
127	任何数	不可	可以	用作本地软件回送测试

1）本主机地址（0.0.0.0）。地址块 0.0.0.0/32 仅含有一个地址，它被保留用于某主机需要发送一个 IPv4 分组，但又不知道自己的地址的情况，由它表示自己（This）。其最常见的用途是主机正在启动，尚不知自己的 IP 地址时，主机为了得到一个 IP 地址，向 DHCP 服务器（将在第 8 章中介绍）发送一个请求分组，该分组的源地址就是 0.0.0.0，目的地址是受限广播地址 255.255.255.255。

2）受限广播地址（255.255.255.255）。地址块 255.255.255.255/32 仅含有一个地址，被保留作为当前网络的受限广播地址。一个主机若想把分组发送给本网络中其他所有主机，就可以把这个地址作为 IP 分组中的目的地址。但是，路由器会把具有这种类型地址的分组阻挡住，这样一来广播只能局限在本地网络。

与受限广播相比，直接广播要求发送方必须知道目标网络的网络号。但有些主机在启动时，往往并不知道本网络的网络号，这时候如果想要向本网络广播，只能采用受限广播地址。

3）环回地址（127.x.x.x）。在正常情况下，当一个 TCP/IP 应用要发送信息，这个信息从高层协议向下到达 IP 层，并在此将其封装在一个 IP 数据报中，然后该数据报向下到达设备的物理网络的数据链路层，以传输到通向 IP 目的路途上的下一跳。

然而，一个特殊的地址范围 127.0.0.1～127.255.255.254 是留作环回（Loopback）功能的。一台主机发送到 127.x.x.x 环回地址的 IP 数据报并不向下传递到数据链路层进行传送，而是将它们环回到该 IP 层的源设备。本质上，这会使正常的协议栈短路，数据由设备的第 3 层 IP 实现发送，然后迅速由它接收。这个环回地址用于测试主机上 TCP/IP 协议的实现。例如，像 "ping" 这样的应用程序，可以发送以环回地址作为目的地址的分组，以便测试 IP 软件能否接收和处理分组。如 ping 127.0.0.1，127.0.0.1 是用于测试目的的最常用的地址。另一个例子就是客户进程可以用环回地址来向本机上的服务器进程发送一个报文。

（3）专用地址。RFC1918 提出了在 A、B、C 三类 IP 地址中各保留一部分地址作为专用 IP 地址。专用地址用于不接入 Internet 的内部网络。当使用专用地址的主机向 Internet 发送分组时，需要通过 NAT 转换将专用地址转换成全局 IP 地址。表 5-4 给出了保留的专用地址。

表 5-4   保留的专用地址

类	网络号	总数/个	类	网络号	总数/个
A	10.	1	C	192.168.0～192.168.255	256
B	172.16～172.31	16			

4．IP 地址的重要特点

（1）IP 地址是一种分等级的地址结构。分两个等级的好处是：第一，IP 地址管理机构在分配网络号（第一级）后，剩下的主机号（第二级）由得到该网络号的单位自行分配，方便了 IP 地址的管理；第二，路由器根据目的主机所连接的网络号来转发分组（而不考虑主机号），这样就可以使路由表中的项目大幅度减少，从而减小了存储空间及查找路由表的时间。

（2）实际上 IP 地址是标志一个主机（或路由器）和一条链路的接口。当一个主机同时连接到两个网络上时，该主机就必须有两个相应的 IP 地址，其网络号必须是不同的。这种主机称为多归属主机（Multihomed Host）。由于一个路由器至少应当联接到两个网络，因此，一个路由器至少应当有两个不同的 IP 地址。

（3）在 IP 地址中，所有分配到网络号的网络都是平等的。

子网划分

5.2.3   子网划分

1．子网的概念

前面已经介绍过，IP 地址的长度是 32 位，一部分表示网络号，另一部分表示主机号，即包含网络和主机两个层次。要定位因特网上的主机，必须要利用 IP 地址中的网络号找到这个网络，然后再利用 IP 地址中的主机号找到这个主机。

然而，在很多情况下，只将 IP 地址分为两层是不够用的。例如，某单位申请了一个 B 类地址，如果只使用两层结构的 IP 地址，那么这个单位只能拥有一个物理网络，也就是说这个单位的所有主机都只能位于同一个物理网络上，带来的问题是当这个单位有一台主机进行 MAC 层广播时（比如发送 ARP 请求），所有的主机都会接收到这个广播帧，网络的工作效率和安全性大大降低。

针对上述问题，一种解决方法是该单位可以申请多个 IP 网络块，但该方法存在较大的问题。一方面，原来申请的 B 类地址空间能够满足单位 IP 地址数量的需要，多申请的 IP 地址段势必会带来大量 IP 地址空闲，造成 IP 地址浪费，使 IP 地址利用率大大降低。另一方面，因特网上路由器的路由表的项目数就会增加，这样不仅增加了路由器的成本，而且查找路由表到达该单位网络也会耗费更多的时间。合理的解决方案是，在单位内部将一个网络块分成几个部分供多个内部网络使用，但对外部世界仍然像单个网络一样，这就是所谓的子网划分（Subnetting），将一个大型网络分割成的每个部分称为子网（Subnet）。

2．子网划分方法

子网划分是在原两级 IP 地址的基础上，又增加了一个"子网号字段"，使两级的 IP 地址（网络号－主机号）变为三级的 IP 地址（网络号－子网号－主机号）。子网划分的基本思路如下：

（1）一个拥有多个部门的单位，可将所属的物理网络划分为若干个子网。划分子网纯属一个单位内部的事情。本单位以外的网络看不见这个网络是由多少个子网组成，因为这个单位对外仍然表现为一个没有划分子网的网络。

（2）子网划分的方法是从网络的主机号高位连续借用若干个比特作为子网号 subnet-id，而主机号也相应减少了若干个比特，这样 IP 地址就被分成三个层次：网络号、子网号和主机号，如图 5-8 所示。

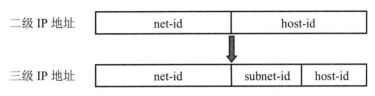

图 5-8　不划分子网和划分子网的 IP 地址

（3）凡是从其他网络发送给本单位某个主机的 IP 数据报，仍然是根据 IP 数据报的目的网络号找到连接在本单位网络上的路由器。此路由器在收到 IP 数据报后，再按目的网络号和子网号找到目的子网，将 IP 数据报交付给目的主机。

划分子网既可以提高 IP 地址的利用率，又不会增加路由器的路由表项，同时可以限制广播帧扩散的范围，提高网络安全性，也有利于子网进行分层管理。

3. 子网掩码

对于标准分类的 IP 地址，直接通过判断第一个八位组来确定 IP 地址所属的类别，由此知道哪部分是网络号，哪部分是主机号。但是，当包括子网号的三级 IP 地址出现后，一个很现实的问题是：如何区分 IP 地址中的子网号。为了解决这个问题，人们提出了子网掩码（Subnet Mask）的概念。

子网掩码由一连串的"1"和"0"组成，其表示方法是网络号与子网号部分对应"1"，主机号部分对应"0"，如图 5-9 所示。

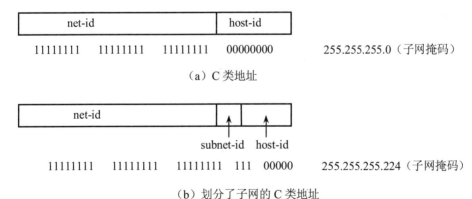

图 5-9　子网掩码的表示

图 5-9（a）是一个标准的 C 类地址，在配置设备 IP 地址时要同时配置子网掩码，此时的子网掩码就是 255.255.255.0。同理，A 类地址的子网掩码是 255.0.0.0，B 类地址的子网掩码是 255.255.0.0。图 5-9（b）表示从主机号中划出高 3 位作为子网号，此时的子网掩码必须用"1"来对应子网号，就变成了 255.255.255.224。

例1：假设某单位获得一个 C 类地址 202.110.1.0,现决定将主机字段的高 3 位作为子网号，低 5 位作为主机号，这样该单位最多可以划分 8 个子网，每一个子网有 30（即 2^5-2）个主机地址可以分配。

图 5-10 是 3 个子网的 IP 地址分配和子网掩码配置的例子。第一个子网的子网号为 000，第二个子网的子网号为 001，第三个子网的子网号是 010，掩码都是 255.255.255.224。

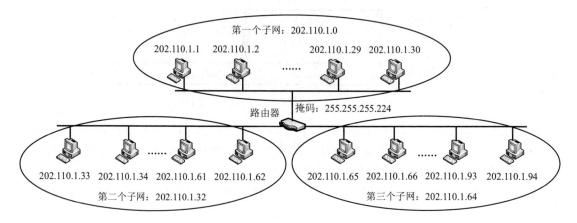

图 5-10　划分子网

所划分的三个子网的网络地址分别是：202.110.1.0，202.110.1.32，202.110.1.64。在划分子网后，整个网络对外部仍表现为一个网络，其网络地址仍为 202.110.1.0。路由器在收到数据报后，再根据数据报的目的网络地址将其转发到相应的子网。

路由器将子网掩码与收到的数据报的目的 IP 地址逐位相"与"（AND 操作），就可以得到所要找的子网的网络地址。如图 5-11 所示,IP 地址 202.110.1.33 通过与子网掩码 255.255.255.224 逐位 AND 运算，得出子网的网络地址是 202.110.1.32。

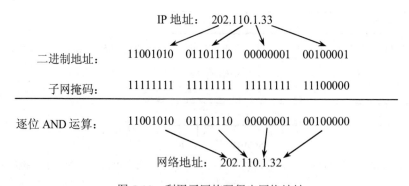

图 5-11　利用子网掩码得出网络地址

本来一个 C 类 IP 地址可容纳 254 个主机号，但划分出 3 位长的子网号字段后，最多可有 8 个子网。每个子网有 5 位长的主机号，即每个子网最多可有 30 个主机号，因此主机号的总数是 240 个，比不划分子网时要少了一些。

4. 可变长子网掩码（VLSM）

在对一个单位的 IP 地址进行子网划分时，如果每个子网上的主机数量相差不大，如上例每个子网中的实际主机数量都接近 30 台，那么可以使用固定长度的子网掩码，即每个子网的子网号占 3 位，每个子网的子网掩码都是 255.255.255.224。如果有些子网上的主机数量相差很大，当使用固定长度的子网掩码时，就会出现问题，子网号所占位数必须基于具有最多主机数的子网来选择，即使大部分子网中的主机数少很多。这样出现的结果是，那些实际主机数量很少的子网被分配了大量的 IP 地址，造成了 IP 地址的浪费。

为了解决上述问题，需要在子网划分时考虑不同的子网号长度，即可变长子网掩码（Variable Length Subnet Masking，VLSM）。

以下结合实例说明根据每个子网中实际包含的主机数量进行子网划分的方法。

例 2：某公司申请了一个 C 类地址 200.1.1.0。该公司有三个部门，分别是销售部、解决方案部和财务部，每个部门所包含的主机数量见表 5-5。

表 5-5 部门主机数量表

部门	主机数量/台
销售部	100
解决方案部	50
财务部	30

根据表 5-5 提供的各个部门所包含的主机数量，在最大程度减少每个子网中 IP 地址浪费的情况下划分各个子网，具体步骤如下。

（1）确定每个部门子网中主机号的位数。假设某个部门子网需要包含的主机数量为 X，那么当 X 满足公式 $2^N \geqslant X+2 \geqslant 2^{N-1}$ 时，N 就是该子网中主机号的位数。其中 $X+2$ 是因为需要考虑主机号为全 0 和全 1 的情况。

如对于销售部，主机数量 $X=100$ 台，则根据公式 $2^N \geqslant X+2 \geqslant 2^{N-1}$ 计算出该子网主机号占用位数 $N=7$。同理解决方案部子网主机号位数 $N=6$，财务部子网主机号位数 $N=5$。

（2）确定每个部门子网号。根据在上一步计算出的每个子网主机号占用的位数，按照子网中主机号位数由大到小依次进行子网划分，子网中主机号位数分别是 7、6，5，具体划分过程如图 5-12 所示。

1）进行初次划分子网时使用 1 比特作为子网 ID，留下 7 比特给主机 ID，得到两个子网：200.1.1.0/25 和 200.1.1.128/25。每个子网最多能够包含 126 台主机，正好满足销售部主机台数的需要。这两个子网中选择第一个 200.1.1.0/25 留给销售部子网 1，另一个继续进行子网划分。（当然，选择第二个作为销售部子网 1，第一个继续进行子网划分也可以。）

2）取出第二个子网 200.1.1.128/25，从主机 ID 余下的 7 比特中取出 1 比特，进一步将其划分为两个子网，得到子网 200.1.1.128/26 和 200.1.1.192/26，每个可以有 62 台主机。选择第一个子网 200.1.1.128/26 留给解决方案部子网 2，另一个继续进行子网划分。

3）取出第二个子网 200.1.1.192/26，从主机 ID 余下的 6 比特中取出 1 比特，进一步将其划分为两个子网，得到子网 200.1.1.192/27 和 200.1.1.224/27，每个可以有 30 台主机。选择第一个子网 200.1.1.192/27 留给财务部子网 3。

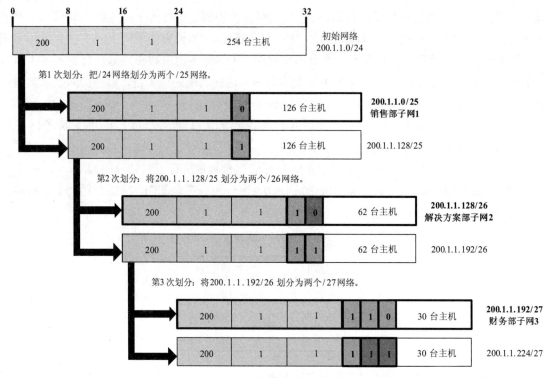

图 5-12　各子网的具体划分过程

按照图 5-12 所示，最终选择的子网及其地址范围等如表 5-6 所列。

表 5-6　部门子网划分表

部门	主机数量/台	子网号	子网掩码	地址范围	广播地址
销售部	100	200.1.1.0	255.255.255.128	200.1.1.1-200.1.1.126	200.1.1.127
解决方案部	50	200.1.1.128	255.255.255.192	200.1.1.129-200.1.1.190	200.1.1.191
财务部	30	200.1.1.192	255.255.255.224	200.1.1.193-200.1.1.222	200.1.1.223

5.2.4　无类别域间路由（CIDR）

子网划分在一定程度上缓解了因特网在发展中遇到的困难。然而因特网仍然面临三个必须尽早解决的问题，这就是：

● B 类地址在 1992 年已分配了近一半，很快就将全部分配完毕。

● 因特网主干网上的路由表中的项目数急剧增长（从几千个增长到几万个）。

● 整个 IPv4 的地址空间最终将全部耗尽。

在 VLSM 的基础上又进一步研究出无分类编址的方法，称为无类别域间路由（Classless Inter-Domain Routing，CIDR）。

CIDR 最主要的特点有以下 4 个。

（1）CIDR 把 32 位的 IP 地址划分为前后两个部分。前面的部分叫作前缀，用来指明网络；后面的部分叫作后缀，用来指明主机。CIDR 使 IP 地址从三级编址又回到了二级编址，但它的前缀和后缀的长短是灵活可变的。

（2）CIDR 使用"斜线记法"，或称为 CIDR 记法，即在 IP 地址后面加上斜线"/"，后面写上网络前缀所占的位数。CIDR 记法如图 5-13 所示。

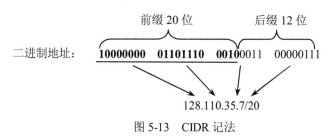

图 5-13 CIDR 记法

（3）CIDR 把网络前缀都相同的连续的 IP 地址组成一个"CIDR 地址块"。知道 CIDR 地址块中的任何一个地址，就可以知道这个地址块的最小地址和最大地址，以及地址块中的地址数。在图 5-13 所示的例子中，IP 地址 128.110.35.7/20 是某 CIDR 地址块中的一个地址，这个地址块中的最小地址和最大地址如下：

最小地址：10000000　01101110　0010 0000　00000000　　128.110.32.0
最大地址：10000000　01101110　0010 1111　11111111　　128.110.47.255

后缀为全 0 和全 1 的地址一般不使用，分别表示网络地址和广播地址。通常只使用这两个地址之间的地址。CIDR 地址块就是用其中的最小地址和前缀位数来表示的。例如，上面的 CIDR 地址块可记为 128.110.32.0/20。

（4）为了更方便地从 IP 地址得出网络地址，CIDR 使用 32 位的地址掩码。地址掩码由一串 1 和一串 0 组成，而 1 的个数就是网络前缀的长度。例如，对于/20 地址块，其地址掩码是 11111111 11111111 11110000 00000000（20 个连续的 1），或 255.255.240.0。斜线记法中斜线后面的数字就是地址掩码中 1 的个数。

使用 CIDR 的一个好处是可以用地址聚合的方法简化路由表。当使用 CIDR 地址时，ISP 可根据每个客户的具体要求对地址进行比较合理的分配。

例如，某 ISP 已拥有地址块 202.0.65.0/18，这相当于 64 个 C 类网络。若某大学需要 800 个 IP 地址，ISP 可以给该大学分配一个地址块 202.0.68.0/22，它包含 1024 个 IP 地址（略大于 800），显然，用 CIDR 分配的地址块中包含的 IP 地址数一定是 2 的整数次幂。这个大学可以对本校的各系分配地址块，各系还可以再划分本系的地址块。这一方法类似于前面讲过的子网划分，即将前缀加长。相当于从主机地址部分划出若干位作为子网地址。但是和分类地址不同的是，前缀是可变长度的。根据部门需要的地址数确定前缀的长度（例如一系为/25，二系为/26），增加了子网划分的灵活性，提高了 IP 地址的利用率。

由于一个 CIDR 地址块中有很多地址，所以在路由表中就利用 CIDR 地址块来查找目的网络，这种地址的聚合常称为路由聚合（Route Aggregation），也称构造超网（Supernetting），它使路由表中的一个项目可以表示原来分类地址的很多个路由。路由聚合有利于减少路由器之间的路由信息交换，从而提高整个因特网的性能。

图 5-14 为路由聚合概念的示意图。拥有 64 个 C 类网络的 ISP，如果不采用 CIDR 技术，则在与该 ISP 的路由器交换路由信息的每一个路由器的路由表中，就需要有 64 个项目，但采

用地址聚合后，只需要路由聚合后的一个项目 202.0.65.0/18 就能找到该 ISP。具体地说，在查找路由表时，只要将 IP 数据报中的目的 IP 地址与前缀长度为 18 的地址掩码逐位进行 AND 运算，得出的结果是 202.0.64.0，就把它转发到这个 ISP。同理，有四个系的大学，各系都有自己的网络。在 ISP 内的路由器的路由表中，也需要使用 202.0.68.0/22 这个项目。

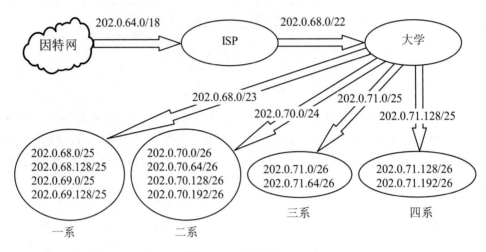

图 5-14　路由聚合

表 5-7 为 CDIR 地址块划分，从表格中用二进制表示的地址可看出，把四个系的路由聚合为大学的一个路由，其 IP 地址的前缀缩短了。网络地址前缀越短，其地址块所包含的地址数就越多。

表 5-7　CDIR 地址块划分

单位	地址块	二进制表示	地址数/个
ISP	202.0.64.0/18	11001010.00000000.01*	16384（2^{14}）
大学	202.0.68.0/22	11001010.00000000.010001*	1024（2^{10}）
一系	202.0.68.0/23	11001010.00000000.0100010*	512（2^{9}）
二系	202.0.70.0/24	11001010.00000000.01000110.*	256（2^{8}）
三系	202.0.71.0/25	11001010.00000000.01000111.0*	128（2^{7}）
四系	202.0.71.128/25	11001010.00000000.01000111.1*	128（2^{7}）

表 5-7 中用二进制表示的地址使用了 CDIR 的一种简化的表示方法，这就是在地址前缀的后面加一个星号 *，* 之前是前缀，* 表示 IP 地址中的主机号，可以是任意值。另外，CIDR 还有其他的简化形式。例如，地址块 110.110.0.0/20 可简化为 110.110/20，也就是把点分十进制中低位连续的 0 省略。

下面以二系为例，介绍如何将二系中的 4 个网络聚合成一个更大的超网。如图 5-15 所示，二系由 4 个网络构成，前缀长度是 26 位。前缀的前 24 位是相同的，最后 2 位连续，为 00、01、10、11。因此，将前缀的最后 2 位归为后缀，前缀长度缩短为 24 位。聚合后的超网 202.0.70.0/24 包含了二系的 4 个网络，并且地址覆盖相同。

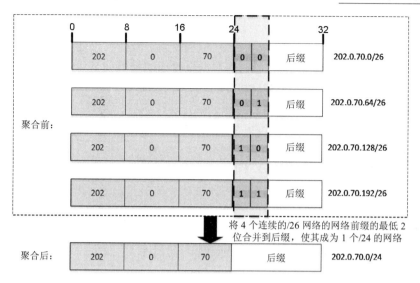

图 5-15　超网举例

5.3　IP 数据报

IP 数据报格式

5.3.1　IP 数据报的格式

网际层的基本传输单元叫作 Internet 数据报（Datagram），有时称为 IP 数据报或仅称为数据报。数据报由首部和数据两部分构成，首部的前一部分长度是固定的，共 20 字节，是每个 IP 数据报必须具有的，后一部分是可选部分，长度是不固定的。在 TCP/IP 标准中，报文格式常常以 32 位（4 字节）为单位来描述。IP 数据报的完整格式如图 5-16 所示。

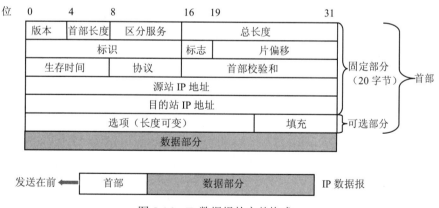

图 5-16　IP 数据报的完整格式

5.3.2　IP 数据报各字段的意义

1. IP 数据报首部的固定部分

（1）版本，占 4 位，指 IP 协议的版本，当前在 Internet 中使用的是第 4 版本，即 IPv4。

通信双方使用的版本必须一致。目前正在部署使用 IP 协议的第 6 版本，即 IPv6。

（2）首部长度，占 4 位，指 IP 数据报首部的长度，单位是 32 位字（1 个 32 位字的长度是 4 字节）。由于首部长度占 4 位，所以 IP 数据报首部的最大值是 15（二进制 1111），即 60 字节。最常见的 IP 数据报的首部只包含固定部分，不含选项字段和填充字段，这样首部长度的值是 5（二进制 0101），即 20 字节。

（3）区分服务，占 8 位，用来获得更好的服务。这个字段在旧标准中叫作服务类型（Type Of Service，TOS），但实际上一直没有使用过。

服务类型字段如图 5-17 所示，服务类型字段的前 3 位为优先级，表示数据报的重要程度，优先级取值从 0（普通优先级）到 7（网络控制高优先级）。D、T、R 和 C 位表示本数据报希望的传输类型。其中，D 表示要求低时延（Delay），T 表示要求高吞吐量（Throughput），R 表示要求高可靠性（Reliability），C 表示要求选择费用更低廉的路由（Cost）。D、T、R 和 C 位中只能将其中一位置 1，如果 4 位均为 0，则代表一般服务。

图 5-17　服务类型字段

1998 年，IETF 把这个字段改名为区分服务 DS（Differentiated Services），如图 5-18 所示。只有在使用区分服务时，这个字段才起作用。

图 5-18　区分服务字段

区分服务字段的前 6 位组成码点（Code Point），称为 DSCP，码点值被分为 3 组，通过不同的特征位进行标识。1 组码点为 XXXXX0，由 IETF 分配；2 组码点为 XXXX11，用于本地使用或实验性目的；3 组码点为 XXXX01，用于目前的本地应用或实验性目的。其中 X 代表 0 或 1。当码点的后 3 位为全 0 时，前 3 位对应 8 种主要服务类，其中数字越高的服务类获得的服务越优待。显然这种方式保持了与 TOS 方式的兼容性。

为了避免因为路由器拥塞而带来的丢包而产生的一系列问题，TCP/IP 的设计者创建了一些用于主机和路由器的标准。这些标准使得路由器能够监控转发队列的状态，以提供一个路由器向发送端报告发生拥塞的机制，让发送端在路由器开始丢包前降低发送速率。这种路由器报告和主机响应机制被称为显式拥塞通告（Explicit Congestion Notification，ECN）。

区分服务字段的后 2 位为显式拥塞通告位。当 ECN=00 时，表示发送主机不支持 ECN；当 ECN=01 或 10 时，表示发送主机支持 ECN；当 ECN=11 时，表示路由器正在经历拥塞。

一个支持 ECN 的主机发送数据包时将 ECN 设置为 01 或者 10。对于支持 ECN 的主机发送的包，如果路径上的路由器支持 ECN 并且经历拥塞，它将 ECN 域设置为 11。如果该数值已经被设置为 11，那么下游路径上的路由器不会修改该值。

实际上，ECN 功能是与 TCP 配合共同实现的，我们将在第 7 章传输层中详细介绍。

（4）总长度，占 16 位，指整个 IP 数据报的总长度，即首部和数据长度之和，单位是字节。由于总长度占 16 位，所以 IP 数据报的总长度的最大值是 65535（$2^{16}-1$）字节。

（5）标识，占 16 位，IP 软件在存储器中维持运行一个计数器，每产生一个数据报，计数器就加 1，并将此值赋给标识字段。当数据报的长度超过网络的最大传输单元（Maximum Transmission Unit，MTU）时，数据报就需要分片，那么标识字段的值就被复制到所有分片的标识字段中。接收方根据分片中的标识字段是否相同来判断这些分片是否是同一个数据报的分片，从而进行分片的重组。

（6）标志，占 3 位，标识数据报是否分片，目前只有后 2 位有意义，最高位置 0。标志位的结构如图 5-19 所示。

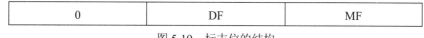

| 0 | DF | MF |

图 5-19　标志位的结构

标志字段的最低位记为 MF（More Fragment）。MF=1 表示后面还有分片；MF=0 表示这已是最后一个分片。

标志字段中间的一位记为 DF（Don't Fragment）。DF=1 表示不允许分片；DF=0 表示允许分片。

如果数据报的长度超过 MTU，又不可以分片，那么路由器将丢弃该数据报，并向源端发送 ICMP 不可达报文。

（7）片偏移，占 13 位，指较长的数据报被分片后，某片在原数据报中的相对位置，即相对用户数据字段的起点，该分片从何处开始。片偏移以 8 个字节为单位，即每个分片的长度一定是 8 字节（64 位）的整数倍。

（8）生存时间，占 8 位，指 IP 数据报在网络中的寿命，记为 TTL（Time To Live）。如果一台主机要向网络发送数据，由于路由表不可靠，数据报可能会选择一条循环路径，而永远被传送下去。为了避免这种情况，就需要为每个 IP 数据报设置一个 TTL，数据报每经过一个路由器，TTL 减 1，当减到 0 的时候，路由器就将此数据报从网络上删除。实际上 TTL 字段的作用是"跳数限制"，单位是跳数，它指明数据报在因特网中最多可经过多少个路由器。

（9）协议，占 8 位，指出使用此 IP 层服务的高层协议。有许多高层协议（如 TCP、UDP、ICMP 和 IGMP 等）的数据都能够被封装到 IP 数据报中。这个字段指明 IP 数据报数据字段是哪种高层协议的报文。当 IP 数据报到达目的地后，通过读取该字段值，将 IP 数据报数据字段交给对应的高层协议。表 5-8 为常见协议字段值所表示的高层协议类型。

表 5-8　常见协议字段值所表示的高层协议类型

协议字段值	高层协议类型	协议字段值	高层协议类型	协议字段值	高层协议类型
1	ICMP	8	EGP	58	ICMPv6
2	IGMP	17	UDP	89	OSPF
6	TCP	41	IPv6		

（10）首部校验和，占 16 位，这个字段只检验 IP 数据报的首部，不包括数据部分。这是因为数据报每经过一个路由器，路由器都要重新计算一下首部校验和（一些字段，如生存时间、标志、片偏移等都可能发生变化）。如将数据部分一起检验，计算的工作量就太大了。

为了简化运算，检验时不采用 CRC 检验码，而采用比较简单的计算方法：发送方将 IP

数据报首部划分为许多 16 位字的序列（检验和字段置零），然后将这些 16 位字相加，将得到的和取反，写入检验和字段。接收方收到数据报后，将首部的所有 16 位字再相加一次，若首部未发生任何变化，则和必为全 1，否则即认为出差错，并将此数据报丢弃。

（11）源站 IP 地址和目的站 IP 地址，各占 32 位，IP 数据报的发送方和接收方的 IP 地址。

2. IP 数据报首部的可选部分

选项字段主要是用于网络测试或调试。该字段长度可变，从 1 个字节到 40 个字节不等，其变化依赖于所选的项目，包括记录路由选项、源路由选项、时间戳选项等。

填充字段依赖于选项字段的值，为了保证 IP 数据报首部长度是 4 个字节的整数倍，填充字段填充 "0" 来补齐。

5.3.3 IP 数据报分析

网络中传递的数据在源端是自上向下逐层封装的。以网页浏览为例，首先，应用层将 HTTP 数据交给传输层 TCP 进行封装，构成 TCP 报文，然后传输层将 TCP 报文交给网络层进行封装，构成 IP 数据报，IP 数据报又作为数据部分被封装在以太网数据帧中。

图 5-20 为用网络协议数据分析软件 Wireshark 捕获 IP 数据报的主窗口界面。

图 5-20　Wireshark 捕获 IP 数据报的主窗口界面

现以图 5-20 中被选中的 6 号数据包为例，分析 IP 数据报各字段的含义。

（1）Version（版本号）：值为 4，说明通信中使用的是 IPv4。

（2）Header length（首部长度）：值为 20 bytes，说明该 IP 数据报的首部中只包含固定部分，不含选项和填充字段。

（3）Differentiated Services Field（区分服务）：值为 0x00，其中，DSCP=000000，代表数据传输时选取一般服务；ECN=00，表示发送主机不支持显式拥塞通告。

（4）Total Length（总长度）：值为 524（bytes），说明该 IP 数据报的数据部分长度为 504 bytes。

（5）Identification（标识）：值为 0x1ab5（6837），说明 IP 软件在主机 A 的存储器中设置的计数器的当前值为 6837。

（6）Flags（标志）：值为 0x04，标识该 IP 数据报不允许分片。

（7）Fragment offset（片偏移）：值为 0，说明数据部分无偏移量。

（8）Time to live（寿命）：值为 64（hops），说明数据报在网络中最多可经过 64 个路由器。

（9）Protocol（协议）：值为 0x06，说明 IP 数据报的数据部分为 TCP 报文。

（10）Header checksum（首部校验和）：值为 0x9430。

（11）Source（源站 IP 地址）：值为 25.189.135.89，即源主机的 IP 地址。

（12）Destination（目的站 IP 地址）：为 61.135.169.105，即目的主机的 IP 地址。

图 5-20 中的"区域 1"内显示的是 IP 协议具体的数据结构，如图 5-21 所示。

```
□ Internet Protocol, Src: 27.189.135.89 (27.189.135.89), Dst: 61.135.169.105 (61.135.169.105)
    Version: 4
    Header length: 20 bytes
  □ Differentiated Services Field: 0x00 (DSCP 0x00: Default; ECN: 0x00)
      0000 00.. = Differentiated Services Codepoint: Default (0x00)
      .... ..0. = ECN-Capable Transport (ECT): 0
      .... ...0 = ECN-CE: 0
    Total Length: 524
    Identification: 0x1ab5 (6837)
  □ Flags: 0x04 (Don't Fragment)
      0... = Reserved bit: Not set
      .1.. = Don't fragment: Set
      ..0. = More fragments: Not set
    Fragment offset: 0
    Time to live: 64
    Protocol: TCP (0x06)
  □ Header checksum: 0x9430 [correct]
      [Good: True]
      [Bad : False]
    Source: 27.189.135.89 (27.189.135.89)
    Destination: 61.135.169.105 (61.135.169.105)
```

图 5-21　IP 协议具体的数据结构

图 5-20 中的"区域 2"内的阴影区域显示的是 IP 数据报各字段对应的字节数据（十六进制），如图 5-22 所示。

```
0000  7e b6 20 00 02 00 02 00  02 00 00 00 08 00 45 00   ~.. .........E.
0010  02 0c 1a b5 40 00 40 06  94 30 1b bd 87 59 3d 87   ....@.@..0...Y=.
0020  a9 69 04 d4 00 50 a5 ea  86 f5 98 d0 a9 c6 50 18   .i...P.......P.
0030  ff ff e5 45 00 00 47 45  54 20 2f 20 48 54 54 50   ...E..GET / HTTP
0040  2f 31 2e 31 0d 0a 41 63  63 65 70 74 3a 20 69 6d   /1.1..Accept: im
0050  61 67 65 2f 67 69 66 2c  20 69 6d 61 67 65 2f 63   age/gif, image/c
```

图 5-22　IP 数据报各字段对应的字节数据

5.4　地址解析协议

在网络中，两主机之间要传送 IP 报文，必须首先把 IP 报文封装成 MAC 帧。MAC 帧使用的是源主机和目的主机的 MAC 地址，但源主机只知道目的主机 IP 地址，并不知道它的 MAC 地址，这就需要将 IP 地址转换为 MAC 地址，这个转换过程称为地址解析。地址解析工作由地址解析协议（Address Resolution Protocol，ARP）来完成。

5.4.1　工作原理

从 IP 地址到物理地址的转换由地址解析协议来完成。由于 IP 地址有 32 位，而 MAC 地址是 48 位，因此它们之间不是一个简单的转换关系。此外，在一个网络上可能经常会有新的计算机加入进来或撤出，而更换计算机的网卡也会使其物理地址改变。可见在计算机中应存放一个从 IP 地址到物理地址的转换表，并且能够经常动态更新。地址解析协议能够很好地解决这些问题。ARP 的工作原理如图 5-23 所示。

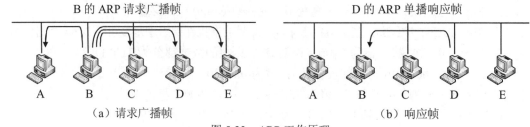

图 5-23   ARP 工作原理

当主机 B 要向本局域网中的主机 D 发送 IP 报文时，在不知道主机 D 的 MAC 地址的情况下，主机 B 首先向局域网中发送一个 ARP 请求广播帧，如图 5-23（a）所示，广播帧中包含主机 D 的 IP 地址，本局域网上的所有主机都会收到这个广播帧，都会查看自己的 IP 地址，但是只有主机 D 确认这个 ARP 请求所包含的 IP 地址与自身匹配，因此主机 D 向主机 B 返回一个 ARP 响应帧，如图 5-23（b）所示，响应帧中包含主机 D 的 MAC 地址。这样，主机 B 就知道了主机 D 的 MAC 地址，就可以进一步把 IP 数据报封装成 MAC 帧了。

当主机 B 通过 ARP 得到主机 D 的 MAC 地址后，会将获得的 IP 地址到 MAC 地址的映射存入自己的 ARP 缓存表。当主机 B 再次发送 IP 报文时，先查看 ARP 缓存表，如果缓存表里找不到匹配的映射，再运行 ARP 协议进行地址解析。

为了提高 ARP 效率，当主机 B 发送 ARP 请求时，就将自己的 IP 地址到 MAC 地址的映射写入请求报文，网络上所有的主机都会收到请求报文，并将此映射存入自己的 ARP 缓存表，以免其他主机为解析主机 B 而再发送一个 ARP 请求。通过命令"arp -a"，可查看本机 ARP 缓存内容，如图 5-24 所示。

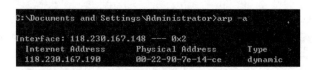

图 5-24   用 arp -a 命令查看本机 ARP 缓存内容

从图 5-24 中可以看出，该主机已经和主机 118.230.165.190 进行过通信，缓存中保存了 118.230.165.190 所对应的 MAC 地址 00-22-90-7e-15-ce（也可表示为 00:22:90:7e:15:ce）。

5.4.2   ARP 报文格式

ARP 报文格式如图 5-25 所示。

bit 0	8	16	24	31
硬件地址类型			协议地址类型	
硬件地址长度	协议地址长度		操作	
发送站硬件地址（0~3 字节）				
发送站硬件地址（4~5 字节）		发送站协议地址（0~1 字节）		
发送站协议地址（2~3 字节）		目的站硬件地址（0~1 字节）		
目的站硬件地址（2~5 字节）				
目的站协议地址（0~3 字节）				

图 5-25   ARP 报文格式

硬件地址类型字段指明发送方物理网络类型，以太网用 1 表示。协议地址类型字段指明发送方所请求解析的协议地址类型，IP 协议用 0x0800 表示。硬件地址长度字段指明所要获得的硬件地址长度为几个字节，如在以太网中 MAC 地址的长度为 6 字节，该字段取值应为 6。协议地址长度字段指明网络层地址的长度为几个字节，如解析的是 IP 地址则该字段取值应为 4。操作字段指明报文的类型，ARP 请求用 1 表示，ARP 应答用 2 表示。

对于 ARP 请求而言，发送站硬件地址为发出该请求的主机的 MAC 地址；发送站协议地址为发出该请求的主机的 IP 地址；目的站硬件地址为需要解析后获得的对方的 MAC 地址，因为未收到对方 ARP 应答前不知道对方的 MAC 地址，所以应该置为全 0；目的站协议地址为需要解析的对方的 IP 地址。

对于 ARP 应答而言，发送站硬件地址为发出该应答的主机的 MAC 地址，即对方（请求方）所需解析获得的 MAC 地址；发送站协议地址为发出该应答的主机的 IP 地址；目的站硬件地址为对方（请求方）的 MAC 地址；目的站协议地址为对方（请求方）的 IP 地址。

以以太网为例，发送站 ARP 请求报文和目的站 ARP 应答报文格式如图 5-26 所示。

发送站 ARP 请求报文：	
硬件地址类型	1
协议地址类型	0x0800
硬件地址长度	6
协议地址长度	4
操作	1（请求）
发送站硬件地址	MAC 地址
发送站协议地址	IP 地址
目的站硬件地址	全 0
目的站协议地址	IP 地址

目的站 ARP 应答报文：	
硬件地址类型	1
协议地址类型	0x0800
硬件地址长度	6
协议地址长度	4
操作	2（应答）
发送站硬件地址	MAC 地址
发送站协议地址	IP 地址
目的站硬件地址	MAC 地址
目的站协议地址	IP 地址

图 5-26　发送站 ARP 请求报文和目的站 ARP 应答报文格式

5.4.3　ARP 数据包分析

IP 地址到 MAC 地址的地址解析如图 5-27 所示。主机 A（IP 地址为 192.168.0.1）要向主机 B（IP 地址为 192.168.0.4）发送 IP 报文，就必须获得主机 B 的 MAC 地址，此时，需要利用 ARP 协议来进行地址解析。

序号	时间 (h:m:s:ms)	源 MAC 地址	目的 MAC 地址	帧	协议	源 IP 地址	目的 IP 地址
1	23:03:34:406	06:50:48:07:73:D1	FF:FF:FF:FF:FF:FF	ARP	ARP->Request	192.168.0.1	192.168.0.4
2	23:03:34:406	00:00:E8:B1:D6:74	06:50:48:07:73:D1	ARP	ARP->Reply	192.168.0.4	192.168.0.1

图 5-27　IP 地址到 MAC 地址的地址解析

1. 1 号数据帧

带有 ARP 请求报文的以太网广播帧，如图 5-28 所示。

广播帧的帧头包括：

（1）目的 MAC 地址：FF:FF:FF:FF:FF:FF（广播地址）。

（2）源 MAC 地址：06:50:48:07:73:D1（主机 A 的 MAC 地址）。

（3）协议类型：0x0806（ARP）。

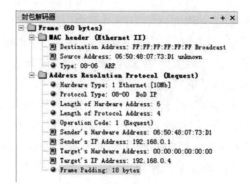

图 5-28　带有 ARP 请求报文的以太网广播帧

ARP 请求报文包括：

（1）硬件地址类型：1（以太网）。

（2）协议地址类型：0x0800（IP）。

（3）硬件地址长度：6（MAC 地址长度，6 字节）。

（4）协议地址长度：4（IP 地址长度，4 字节）。

（5）操作码：1（请求）。

（6）发送站硬件地址：06:50:48:07:73:D1（主机 A 的 MAC 地址）。

（7）发送站协议地址：192.168.0.1（主机 A 的 IP 地址）。

（8）目的站硬件地址：00:00:00:00:00:00（全 0）。

（9）目的站协议地址：192.168.0.4（主机 B 的 IP 地址）。

2. 2 号数据帧

带有 ARP 响应报文的以太网数据帧，如图 5-29 所示。

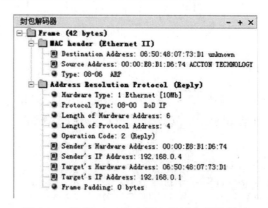

图 5-29　带有 ARP 响应报文的以太网数据帧

数据帧帧头包括：

（1）目的站硬件地址：06:50:48:07:73:D1（主机 A 的 MAC 地址）。

（2）源站硬件地址：00:00:E8:B1:D6:74（主机 B 的 MAC 地址）。

（3）协议类型：0x0806（ARP）。

ARP 应答报文包括：

（1）硬件地址类型：1（以太网）。

（2）协议地址类型：0x0800（IP）。

（3）硬件地址长度：6（MAC 地址长度，6 字节）。

（4）协议地址长度：4（IP 地址长度，4 字节）

（5）操作码：2（响应）。

（6）发送站硬件地址：00:00:E8:B1:D6:74（主机 B 的 MAC 地址）。

（7）发送站协议地址：192.168.0.4（主机 B 的 IP 地址）。

（8）目的站硬件地址：06:50:48:07:73:D1（主机 A 的 MAC 地址）。

（9）目的站协议地址：192.168.0.1（主机 A 的 IP 地址）。

5.5　路由选择机制

5.5.1　IP 路由概述

1. 路由器的工作过程

路由器是 Internet 进行互联的最主要的网络设备。它的主要用途是联接多个网络，并将数据报转发到自身的网络或其他网络上。由于路由器的转发决定是根据 OSI 模型第 3 层 IP 数据报（即根据目的 IP 地址）做出的，因此路由器被视为第 3 层设备。同时，路由器同样工作在第 1 层和第 2 层。

路由器的工作过程如图 5-30 所示。路由器从接口收到数据报后，进行拆包操作直到网络层，解析网络层头部的目的 IP 地址，并通过查询路由表做出转发决定，将该数据报从相应的出接口发送出去。发送时，将第 3 层 IP 数据报封装到对应送出接口的第 2 层数据链路帧的数据部分。帧类型可以是以太网、PPP 或其他第 2 层封装——即对应特定接口上所使用的封装类型。第 2 层帧会编码成第 1 层物理信号，这些信号用于表示物理链路上传输的位。每经过路径上的一个路由器，就进行"拆包—路由选择—封包"这一系列的操作。

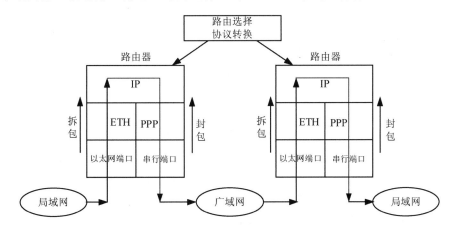

图 5-30　路由器的工作过程

2. IP 路由概述

路由是指导 IP 数据报文发送的路径信息。路由器在收到数据包后，通过提取数据报头的目的 IP 地址，选择一条最优的路径将数据包发送到下一个路由器，即下一跳。下一个路由器收到数据包后，重复刚才的操作，直到到达目的设备。因此，路由器转发的特点是逐跳转发。

要完成一个 IP 数据报从源主机交付到目的主机，需要使用两种不同的交付方法：直接交付和间接交付。下面以图 5-31 所示的路由报文示意图为例介绍数据报交付过程。

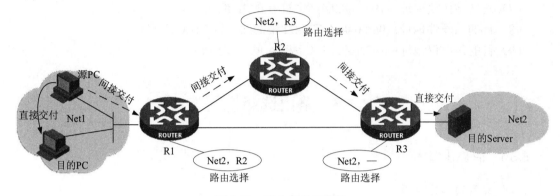

图 5-31   路由报文示意图

（1）直接交付。当数据报的源主机和目的主机在同一个网络时，或者当目的路由器向目的主机传送时，数据报将直接交付。如图 5-31 所示，当网络 Net1 中的源主机发送数据报给目的主机时，采用直接交付。此外，当目的路由器 R3 收到目的地是目的 Server 的数据报时，也采用直接交付的方式。

发送方通过提取数据报的目的 IP 地址，判断与自己是否在同一个网络，相同则直接交付，不同则进行间接交付（具体的判断过程将在 5.5.2 中讲到）。在直接交付时，发送方通过目的 IP 找出目的物理地址，然后 IP 软件把目的 IP 地址和目的物理地址一起交付给数据链路层进行数据封装用于实际的交付。从目的 IP 解析目的物理地址的过程就是通过 ARP 协议完成的。

（2）间接交付。如果目的主机与源主机不在同一个网络上，数据报就要间接交付。在间接交付时，数据报经过了一个又一个路由器，最终到达与目的主机连接在同一个网络上的路由器。

间接交付时，发送方通过数据报的目的 IP 地址和路由表来查找该数据报应当交付的下一个路由器的 IP 地址，然后发送方再通过 ARP 协议找出下一个路由器的物理地址。应当注意，直接交付是在目的 IP 地址和目的物理地址之间进行的地址映射，而间接交付是在下一个路由器的 IP 地址与下一个路由器的物理地址之间进行的地址映射（具体的判断过程将在 5.5.2 中讲到）。还应注意到，交付总是包括一个直接交付以及零个或多个间接交付。另外，最后的交付总是直接交付。

如图 5-31 所示，源 PC 机发送数据报文给目的 Server。首先源 PC 机把报文间接交付给本网络的网关 R1，路由器 R1 收到后，进行拆包操作，提取数据报头的目的 IP 地址，通过路由选择判断选择将报文发送给下一跳路由器 R2，R2 进行同样的判断将报文间接交付给 R3，最终 R3 将报文直接交付给目的 Server。从源主机到目的服务器，沿途经过了路由器 R1、R2、R3 三跳，每个路由器只指导本地转发行为，不会影响其他路由器的转发过程，设备之间的转发是相互独立的。

IP 路由原理

5.5.2　IP 路由原理

1. IP 路由表

路由器转发数据包依据的是路由表，转发过程如图 5-32 所示。每个路由
器内存中都保存着一张路由表，表中每条路由项都指明数据报到某子网或某主机应该通过路由
器的哪个物理接口发送，然后就可以到达该路径的下一个路由器，或者不再经过别的路由器而
传送到直接连接的网络中的目的主机。图 5-32 中的路由器 R1 的路由表见表 5-9。

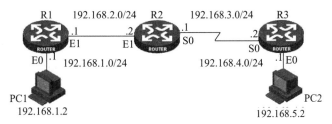

图 5-32　路由器转发数据包的过程

表 5-9　R1 的路由表

目的地址/网络掩码	下一跳地址	出接口	协议	开销值
192.168.1.0/24	192.168.1.1	E0	Direct	0
192.168.2.0/24	192.168.2.1	E1	Direct	0
192.168.3.0/24	192.168.2.2	E1	OSPF	2
192.168.5.0/24	192.168.2.2	E1	OSPF	3
0.0.0.0/0	192.168.2.2	E1	Static	0

图 5-32 中连接路由器的串行线路接口用 S0（Serial 0）表示，E0 和 E1 表示 Ethernet 接口。
路由表中包含了下列要素。

（1）目的地址/网络掩码：用于标识网络中的某个目的 IP 地址或者目的网络。路由器解
析收到数据包的目的 IP 地址，与该路由条目的网络掩码进行逻辑与运算，得到网络地址。如
果与该路由条目的目的地址相同，则进行数据包再封装并从该路由条目中的出接口发送出去。

（2）协议：标识该路由条目的来源，包括直连路由（Direct）、静态路由（Static）和动态
路由（Dynamic）。常见的动态路由协议包括 RIP、OSPF 和 BGP 等。

（3）开销值：标识该路由器到达目的地所花费的代价。不同的路由协议计算开销的依据
不同，得出的结果也不一样。

（4）下一跳地址：标识 IP 包到达目的地所经过的最近的下一个路由器。

（5）出接口：标识 IP 包从该路由器转发的接口。

2. 路由查找转发过程

以图 5-32 为例，介绍路由查找及转发过程。当 PC1 要发送数据报给 PC2 时，需要经过以
下过程。

（1）判断 PC2 与 PC1 是否在同一个网络。PC1 要与 PC2 通信，PC1 首先判断 PC2 是否
与自己在同一个网络，方法如下。

- PC1 的 IP 地址与 PC1 的子网掩码进行与运算，得到网络地址 1。
- PC2 的 IP 地址与 PC1 的子网掩码进行与运算，得到网络地址 2。
- 两个网络地址进行比较：
  - 如果网络地址 1=网络地址 2，那么直接将数据报交付给 PC2；
  - 如果网络地址 1≠网络地址 2，说明 PC1 与 PC2 不在同一网络，需要将数据报发送给本网路由器，即默认网关进行间接转发。

在本例中，PC1 的 IP 地址（192.168.1.2）AND PC1 的子网掩码（255.255.255.0），结果为 192.168.1.0；PC2 的 IP 地址（192.168.5.2）AND PC1 的子网掩码（255.255.255.0），结果为 192.168.5.0。两个计算结果不同，因此 PC1 需要将送往 PC2 的数据包先发送给本地的默认网关，即 R1 的 E0 口进行处理。

（2）查找路由表。路由器 R1 从接口 E0 收到 PC1 发来的数据报后，进行数据报解封装，提取报文的目的 IP 地址 192.168.5.2，与路由表中的每个路由条目中的目的网络地址进行匹配，若能够匹配，则按照该条路由条目中的出接口以及下一个路由器的 IP 地址发送到路径上的下一个路由器。下一个路由器重复以上过程，匹配过程如下。

- 将收到数据报的目的 IP 地址与路由表中每一个路由条目的子网掩码进行与运算得出网络地址，与该路由条目中的目的网络地址进行比较；
- 如果相同，并且只有唯一匹配的路由条目，则按照该路由条目指示的从该路由器的相应出口发送到下一个路由器 IP，即路由条目的下一跳 IP；
- 如果相同，但匹配的路由条目不只一条，则按照子网掩码最长的路由条目进行转发，即最长掩码匹配原则。如果掩码长度相同，则流量会大致按照 1:1 的比例从多个匹配路由发送出去，即实现负载分担；
- 如果都不相同，则丢弃该数据报。

在本例中，R1 收到 PC1 发送给 PC2 的数据报后，解析出报文的目的 IP 地址为 192.168.5.2，与路由表中第一个路由条目中的子网掩码进行与运算，即 192.168.5.2 AND 255.255.255.0= 192.168.5.0，其结果与该路由条目的网络地址 192.168.1.0 不相等，则进行下一条匹配，方法相同。最终，与第 4 条和第 5 条路由相匹配，但按照子网掩码最长匹配原则，最终会按照第 4 条路由条目进行数据转发。

注意：通过与第 5 条路由条目的目的网络进行匹配我们发现，任意一个 IP 地址与 0.0.0.0 进行与运算都与其目的网络地址 0.0.0.0 相匹配，该路由称为默认路由。该路由的作用是当数据报与其他路由条目都无法匹配时，按照默认路由指示的路径进行发送，保障了数据报在本路由器上不会被丢弃。

3. 数据转发过程解析

图 5-33 为数据包传送过程，以此为例介绍数据包从 PC1 传送到 PC2 的过程中，其第 2 层和第 3 层信息发生的变化。各个接口的 IP 地址和 MAC 地址见表 5-10。

（1）PC1 发送数据包给 PC2。如果 PC 机需要与非本地网络的其他 IP 地址进行通信，则 PC 机除了应该正确配置 IP 地址及子网掩码外，还必须为 PC 机配置默认网关。所有送往非 PC 机所在网络的数据包，都要首先发送给默认网关进行转发。PC 机默认网关配置为本地网络的路由器接口的 IP 地址。如 PC1 属于网络 192.168.1.0/24，其默认网关 IP 地址为 192.168.1.1，而 192.168.1.1 正是路由器 R1 上 E0 的 IP 地址。

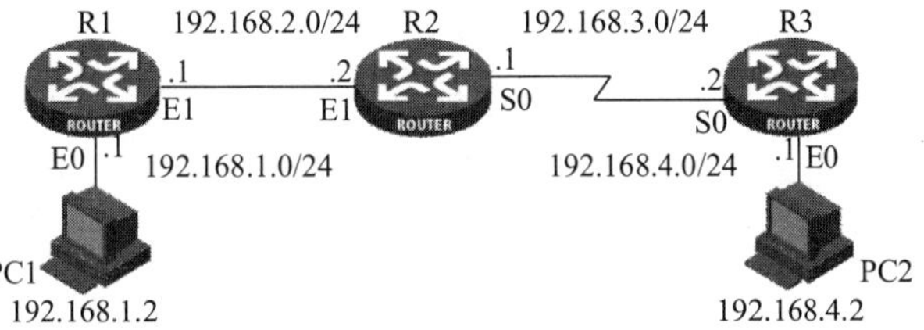

图 5-33　数据包传送过程

表 5-10　各个接口 IP 地址和 MAC 地址

设备	接口	IP 地址	子网掩码	默认网关	MAC 地址
R1	E0	192.168.1.1	255.255.255.0	—	00-00-00-00-00-02
	E1	192.168.2.1	255.255.255.0	—	00-00-00-00-00-03
R2	E1	192.168.2.2	255.255.255.0	—	00-00-00-00-00-04
	S0	192.168.3.1	255.255.255.0	—	
R3	S0	192.168.3.2	255.255.255.0	—	
	E0	192.168.5.1	255.255.255.0	—	00-00-00-00-00-05
PC1	NIC	192.168.1.2	255.255.255.0	192.168.1.1	00-00-00-00-00-01
PC2	NIC	192.168.5.2	255.255.255.0	192.168.5.1	00-00-00-00-00-06

由于 PC1 与 PC2 不在同一个网络，因此，PC1 需要将送往 PC2 的数据包先发送给本地的默认网关，即 R1 的 E0 口处理。

PC1 确定默认网关的 MAC 地址的方法如下。PC1 首先会在本地 ARP 缓存中查找默认网关 IP 所对应的 MAC 地址，如果不存在，则 PC1 会发出 ARP 请求，路由器 R1 收到后回复 192.168.1.1 所对应的 MAC 地址，PC1 收到后将该 MAC 地址与 192.168.1.1 的对应关系加入到 ARP 缓存中。

从 PC1 发往 PC2 的数据包经过第 3 层、第 2 层封装后的数据结构见表 5-11。

表 5-11　经过第 3 层、第 2 层封装后的数据结构 1

第 2 层数据链路层帧头			第 3 层网络层数据包			帧尾
目的 MAC	源 MAC	类型	源 IP	目的 IP	IP 数据	FCS
00-00-00-00-00-02	00-00-00-00-00-01	0x0800	192.168.1.2	192.168.5.2	网络层之上的协议数据	帧差错校验值

在数据包从源设备发送到目的设备的过程中，第三层源 IP、目的 IP 地址始终不变，但是，随着每台路由器不断将数据包解封装、然后又重新封装成新数据帧，该数据包的第 2 层数据链路层地址在每一跳都会发生变化。如本例中 PC1 需要先把数据包发送到默认网关，因此，在这次传输过程中，源 MAC 地址是 PC1 的 MAC，目的 MAC 是默认网关的 MAC，即路由器 R1（E0）的 MAC。

（2）路由器 R1 收到以太网帧。路由器 R1 收到以太网帧后，解封装到第 2 层，看到"类型"字段值为 0x0800，说明该以太网帧的数据部分是 IP 数据报。

R1 继续解封装，将数据部分交给 IP 协议处理。提取目的 IP 地址，查找 IP 路由表，确定到达 PC2 所在网络 192.168.5.0 需要经过下一跳的 IP 地址为 192.168.2.2，送出接口为 E1。由于送出接口为以太网接口，IP 数据报封装到新的以太网帧中，目的 MAC 地址为下一跳 IP 地址 192.168.2.2 所对应的 MAC 地址，源 MAC 地址为 R1 送出接口 E1 的 MAC 地址。确定目的 MAC 地址的方法同第一步，首先在 R1 中查找 ARP 缓存，如果不存在，则通过 R1（E1）发送 ARP 请求获得。最终，经过第 2 层、第 3 层封装后的数据结构见表 5-12。

表 5-12　经过第 2 层、第 3 层封装后的数据结构 2

第 2 层数据链路层帧头			第 3 层网络层数据包			帧尾
目的 MAC	源 MAC	类型	源 IP	目的 IP	IP 数据	FCS
00-00-00-00-00-04	00-00-00-00-00-03	0x0800	192.168.1.2	192.168.5.2	网络层之上的协议数据	帧差错校验值

（3）路由器 R2 收到以太网帧。同路由器 R1。R2 收到数据包后解封装到第 3 层，提取目的 IP 地址，查找 IP 路由表，确定到达 PC2 所在网络 192.168.5.0 需要经过下一跳 IP 地址为 192.168.3.2，送出接口为 S0。由于送出接口不是以太网接口，因此不需要解析下一跳 IP 地址的 MAC 地址。本例中送出接口为点到点串行接口，封装 PPP 协议，数据链路层地址字段设置为固定值 0xFF。最终，经过第 2 层、第 3 层封装后的数据结构见表 5-13。

表 5-13　经过第 2 层、第 3 层封装后的数据结构 3

第 2 层数据链路层帧头			第 3 层网络层数据包			帧尾
地址	控制	协议	源 IP	目的 IP	IP 数据	FCS
0xFF	0x03	0x0021	192.168.1.2	192.168.5.2	网络层之上的协议数据	帧差错校验值

（4）路由器 R3 收到数据帧。路由器 R3 收到数据帧后，解封装到第 2 层，若"协议"字段值为 0x0021，则说明该 PPP 帧的数据部分是 IP 数据报。

R3 继续解封装，将数据部分交给 IP 协议处理。提取目的 IP 地址，查找 IP 路由表，该地址所在的网络为 R3 的直连网络。这表明数据包可以直接发往目的设备，不需要经过其他路由器。由于送出接口是直连的以太网，IP 数据报封装到新的以太网帧中，源 MAC 地址为路由器 R3 的 E0 口 MAC 地址，目的 MAC 地址为 PC2 网卡 MAC 地址。经过第 2 层、第 3 层封装后的数据结构见表 5-14。

表 5-14　经过第 2 层、第 3 层封装后的数据结构 4

第 2 层数据链路层帧头			第 3 层网络层数据包			帧尾
目的 MAC	源 MAC	类型	源 IP	目的 IP	IP 数据	FCS
00-00-00-00-00-06	00-00-00-00-00-05	0x0800	192.168.1.2	192.168.5.2	网络层之上的协议数据	帧差错校验值

（5）PC2 收到以太网帧。PC2 检查目的 MAC 地址，发现与自己的 MAC 地址相同，继续进行解封装，将以太网帧的数据部分交给 IP 协议处理。

5.5.3　静态路由

静态路由是一种特殊的路由，由网络管理员采用手动方法在路由器中配置而成。在早期的网络中，网络的规模不大，路由器的数量很少，路由表也相对较小，通常采用手动的方法对每台路由器的路由表进行配置，即静态路由。这种方法适合在规模较小、路由表也相对简单的网络中使用。它结构较简单，容易实现，沿用了很长一段时间。

静态路由原理简单并且开销小，网络管理人员必须清楚地知道网络的拓扑结构，以便于路由信息的设置和修改，以达到精确控制路由选择，改进网络的性能。另外，如果采用静态路由，在默认情况下，路由表信息是私有的，不会在路由器之间传递，因此网络的安全性较高。

但随着网络规模的增长，大规模的网络中路由器的数量很多，路由表的表项较多，也较为复杂。在这样的网络中对路由表进行手动配置，除了配置复杂外，还有一个更明显的问题就是不能自动适应网络拓扑结构的变化。对大规模网络而言，如果网络拓扑结构改变或网络链路发生故障，那么路由器上指导数据转发的路由表就应该发生相应的变化。如果还是采用静态路由，用手动的方法配置及修改路由表，则会对管理员形成很大压力。

5.5.4　动态路由

对于网络拓扑结构比较复杂的网络环境来说，不适宜采用静态路由。因为当网络流量、拓扑结构等发生变化时，路由信息需要管理人员进行大范围的调整，既费时又费力，而且管理人员也很难全面了解整个网络的拓扑结构，这时动态路由就显得尤为重要。

动态路由表的生成和维护不再由管理员手动进行，而是由路由协议来自动管理。采用路由协议管理路由表在大规模的网络中是十分有效的，它可以大大减少管理员的工作量。每个路由器上的路由表都是由路由协议通过相互协商自动生成的，管理员不需要再去操心每台路由器上的路由表，而只需要简单地在每台路由器上运行动态路由协议，其他的工作都由路由协议自动完成。

另外，采用路由协议后，路由器对网络拓扑结构变化的响应速度会大大提高。无论是网络正常的变化还是异常的网络链路损坏，相邻的路由器都会检测到它的变化，然后会把拓扑的变化通知网络中的其他的路由器，使它们的路由表也产生相应的变化。这样的过程比手动对路由的修改要快得多，准确得多。

5.5.5　动态路由协议的分类

如今的 Internet 规模非常庞大，以至于使用一种路由协议无法完成处理更新所有路由器的路由表的任务。为此，Internet 需要划分为很多个自治系统（Autonomous System，AS）。一个AS 就是在一个管理机构管辖下的一组网络和路由器，该管理机构可以是一所大学、一个公司等。AS 的核心是路由选择的"自治"，因此它有权决定一个 AS 内部所采用的路由选择协议。

外部世界将整个 AS 看作是一个实体，AS 内部路由器之间能够使用动态的路由选择协议，及时地交换路由信息，精确地反映 AS 网络拓扑的当前状态。AS 内部的路由选择称为域内路由选择；AS 之间的路由选择称为域间路由选择。在进行路由计算时，先在 AS 内进行，再在自治系统之间进行，这样当 AS 内部的网络发生变化时，只会影响到 AS 内的路由器，而不会影响网络中的其他部分，隔离了网络拓扑结构的变化。

每个 AS 都有一个唯一的自治系统编号，这个编号是由因特网授权的管理机构 IANA 分配的。AS 的编号范围是 1～65535，其中，1～64511 是注册的因特网编号，64512～65535 是专用的网络编号。

图 5-34 为动态路由协议分类。

	内部网关协议		外部网关协议
	距离矢量路由协议	链路状态路由协议	距离矢量路由协议
有类	RIPv1		
无类	RIPv2	OSPF、IS-IS	BGP

图 5-34 动态路由协议分类

1. IGP 与 EGP

按路由协议工作范围的不同，路由协议可分为 IGP 和 EGP，自治系统与路由协议如图 5-35 所示。

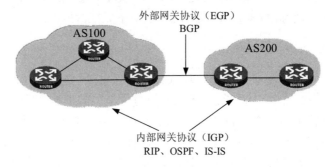

图 5-35 自治系统与路由协议

（1）内部网关协议（Interior Gateway Protocol，IGP）。IGP 是指一个自治系统内部使用的路由选择协议，这与 Internet 中的其他自治系统选用什么路由选择协议无关。IGP 的主要目的是发现和计算自治系统内的路由信息。

典型的 IGP 协议包括 RIP、OSPF 和 IS-IS 等。

（2）外部网关协议（Exterior Gateway Protocol，EGP）。与 IGP 不同，EGP 用于连接不同的自治系统，并在不同的自治系统间传递路由信息。EGP 的主要目的是使用路由策略和路由过滤等手段控制路由信息在自治系统间的传播。

BGP 是目前唯一使用的 EGP 协议。

2. 距离矢量路由协议与链路状态路由协议

按照路由的寻径算法和交换路由信息的方式，路由协议可以分为距离矢量（Distance-Vector，D-V）路由协议和链路状态（Link-State）路由协议。

距离矢量路由协议基于贝尔曼-福特（Bellman-ford）算法。该算法通过判断距离确定到达远程网络的最佳路径。采用这种算法的路由器通常以一定的时间间隔向相邻的路由器发送路由更新，更新报文包含一个 (D,V) 表，表中 D 代表距离（Distance），V 代表矢量（Vector）。距离 D 指出该路由器到达目的网络或目的主机的距离，通常以跳数来定义，即到达目的网络沿途所经过的单元（路由器或自治系统等）个数，方向 V 指到达目的网络所经过的下一跳路由器。邻居路由器根据收到的路由更新来更新自己的路由，然后再继续向外发送更新后的路由。

典型的距离矢量路由协议包括 RIP 和 BGP 等。

链路状态路由协议基于 Dijkstra 算法，也称为最短路径优先（Shortest Path First，SPF）算法。与距离矢量路由协议不同，相邻路由器之间传递的不是已知的路由信息，而是每个路由器的链路状态信息（接口 IP 地址、子网掩码、链路开销、相邻路由器等）。通过这种交换方式，网络中的每台路由器获得了所有路由器的链路状态信息，构成了一个完整的链路状态数据库，即整个网络拓扑图。在网络拓扑图中，结点代表网络中路由器，边代表路由器之间的物理链路，每一条链路上附加开销值（如带宽）。网络中每台路由器保存的网络拓扑图都是一致的，每台路由器以自己为根，通过 SPF 算法计算从自己到所有目的地的最短路径，即最佳路由。

典型的链路状态路由协议包括 OSPF 和 IS-IS 等。

3. 有类和无类路由协议

按照路由信息更新过程中是否发送子网掩码信息，路由协议分为有类路由协议和无类路由协议。

有类路由协议在路由信息更新过程中只包括网络地址，不发送子网掩码信息。最早出现的路由协议（如 RIP）都属于有类路由协议。那时，网络地址是按类来分配的：A 类、B 类和 C 类。有类路由协议的路由信息更新中不需要包括子网掩码，因为网络地址可以根据 IP 地址的第一组二进制八位数来确定。

尽管直到现在，某些网络仍在使用有类路由协议，但由于有类协议不包括子网掩码，因此不适用于所有的网络环境。如果网络使用多个子网掩码划分子网，那么就不能使用有类路由协议。也就是说，有类路由协议一般适用于没有进行子网划分的网络，不支持可变长子网掩码（VLSM）。

典型的有类路由协议是 RIPv1。

在无类路由协议的路由更新信息中，同时包括网络地址和子网掩码。如今的网络已不再按照类来分配地址，子网掩码也就无法根据网络地址的第一个二进制八位来确定。如今的绝大部分网络都需要使用无类路由协议，因为无类路由协议支持 VLSM 等。

典型的无类路由协议有 RIPv2、OSPF、IS-IS 和 BGP 等。

5.6　Internet 路由选择协议

5.6.1　路由信息协议（RIP）

1. RIP 概述

路由信息协议（Routing Information Protocol，RIP）是应用较早、使用较普遍的内部网关协议，是一种基于距离矢量的分布式路由选择协议。

距离矢量路由协议基于贝尔曼-福特（Bellman-ford）算法。该算法关心的是到达目的网络的距离（有多远）和方向（下一跳路由器或从哪个接口转发数据）。

使用距离矢量路由协议的路由器并不了解到达目的网络的整条路径。该路由器只"知道"：
- 应该往哪个方向或使用哪个接口转发数据包；
- 自身与目的网络之间的距离。

RIP 定义"距离"为到目的网络所经过的路由器个数，即"跳数"，每经过一个路由器，跳数就加 1。RIP 认为一个好的路由就是它通过的路由器的数目最少，也就是说"距离最短"。RIP 规定跳数的有效范围是 0～15，超过 15 跳即认为目的网络不可达，即某路由器到达某个目的网络沿途所经过的路由器的个数最多不能超过 15 个。可见 RIP 适用于小型网络。

例如，在图 5-36 中，R1 知道到达网络 200.1.1.0/24 的距离是 1 跳，方向是从 S0/0 接口到 R2。

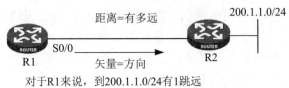

对于R1来说，到200.1.1.0/24有1跳远
（距离），可以通过R2到达（矢量）

图 5-36　RIP 中距离矢量的含义

2. RIP 协议工作过程

在运行 RIP 协议的网络中，每个路由器每隔 30 秒以广播或组播的方式向相邻路由器发送自己完整的路由表。相邻路由器根据接收到的路由信息建立自己的路由表。这种路由学习、传递的过程称为路由更新。

具体的路由更新的规则如下。

（1）对本路由器已有的路由项，当发送路由更新的邻居相同时，不论路由更新中携带的路由项度量值增大或是减少，都更新该路由项。

（2）对本路由已有的路由项，当发送路由更新的邻居不同且路由度量值减少时，使用新的路由更新修改该路由项。

（3）对本路由表中不存在的路由项，在度量值小于无穷大时，在路由表中增加该路由项。

图 5-37、图 5-38 和图 5-39 分别显示了路由更新过程 1、路由更新过程 2 和路由更新过程 3。

R1路由表			R2路由表			R3路由表		
目标网络	接口	度量值	目标网络	接口	度量值	目标网络	接口	度量值
10.0.1.0/24	E0	0	10.0.2.0/24	S0	0	10.0.3.0/24	S0	0
10.0.2.0/24	S0	0	10.0.3.0/24	S1	0	10.0.4.0/24	E0	0

图 5-37　路由更新过程 1

在图 5-37 中，与路由器 R1 直连的网段有 10.0.1.0/24 和 10.0.2.0/24，所以 R1 的路由表中在开始时只有两条直连路由 10.0.1.0/24 和 10.0.2.0/24。R2 和 R3 也仅有直连路由。

路由器会定期把自己整个路由表传送给相邻的路由器，让其他路由器知道自己的网络情况。例如，路由器 R1 会告诉邻居路由器 R2："通过我可以到达 10.0.1.0/24，度量值是 0+1=1"。这里 0 是指 R1 到达 10.0.1.0/24 的度量值，+1 指的是 R2 到达 10.0.1.0/24 需要在 R1 原度量值 0 的基础上加上 R1 这 1 跳，即 R2 到达 10.0.1.0/24 的下一跳路由器是 R1，度量值是 1。由于 R2 是从 S0 接口收到的这条路由更新，因此，R2 到达 10.0.1.0/24 的出接口是 S0。同理，3 台路由器互相发送路由更新，经过第一次更新后，路由表的情况如图 5-38 所示。

图 5-38　路由更新过程 2

在下一个更新周期，路由信息会继续在各个路由器间传递。因为路由器发送整个路由表，包括学习来的路由，所以路由信息会一跳一跳地扩散到更远的地方。10.0.1.0/24 的路由信息经过 R2 再传送到 R3。在传到 R3 上后，R3 认为到达 10.0.1.0/24 需要经过两台路由器，路由度量值变为 2。

经过一段时间的更新，网络中的每台路由器都知道了不与它直接相连的网络的存在，有了关于它们的路由记录，实现了全网连通，路由完成收敛，如图 5-39 所示。而所有这些都不需要管理员人工干预，这正是动态路由协议带来的好处：减少了配置的复杂性。

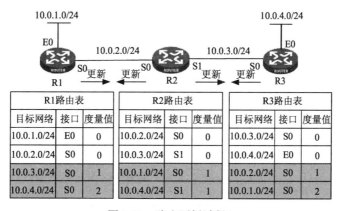

图 5-39　路由更新过程 3

但也可以看到，在经过若干个更新周期后，路由信息才被传递到每台路由器上，网络才能达到平衡，也就是说 RIP 协议的收敛速度（路由表学习完成）相对较慢。如果网络直径很长，路由从一端传到另一端所花费的时间会很长。

当网络拓扑发生变化时，如链路故障、新增加子网等，与变化所在的直连的路由器首先感知到变化，更新自己的路由表。在更新周期到来后，向邻居路由器发送路由更新。邻居路由器收到更新后，根据更新规则更新本地路由表，然后再发送路由更新给自己的邻居路由器。以上的路由扩散过程是逐跳进行的，每台路由器仅负责通知自己的邻居，所以拓扑发生变化的扩散过程需要一定的时间，扩散时间取决于网络中路由器的数量和更新周期的长短。如果网络较大，更新周期长，则拓扑变化需要较长的时间才能通告到全网路由器。

3. RIP 定时器

RIP 路由表的维护是由定时器来完成的，RIP 主要设置了以下三个定时器。

（1）更新定时器。RIP 路由器每隔 30s 就周期性地向所有邻站广播自己的路由表，这个时间间隔由更新定时器控制。

（2）无效定时器。路由表的每条路由都有一个无效定时器，它在路由表项创建时启动，在该项路由每次更新时重置。如果无效定时器到时，仍未收到该项路由的更新报文，则把该项路由的度量值设置为无穷大（RIP 协议将路由度量值设置为 16 跳表示无穷大）。无效定时器的默认值为 180s。

（3）删除定时器。路由表的每条路由都有一个删除定时器，定义了某路由的度量值被设置为 16 开始，直到它从路由表里被删除所经过的时间。删除定时器的默认值为 120s，也就是说，路由表项被设置为无穷大后，在 120s 内，该路由仍没有得到更新，则该路由将被彻底删除。

4. RIP 报文格式

RIP 有 2 个版本，分别是 RIPv1 和 RIPv2。其中 RIPv1 提出的较早，但存在许多缺陷，如以广播的方式发送路由更新、不支持 VLSM 和 CIDR 等。为了改善 RIPv1 的不足，在 RFC 1388 中提出了改进的 RIPv2，并在 RFC 1723、RFC 2453、RFC 2082 和 RFC 4822 中进行了修订。新的 RIPv2 定义了一套有效的改进方案：支持 VLSM 和 CIDR，支持组播，并提供了验证机制。

RIP 报文使用传输层的用户数据报 UDP 进行传送，端口号是 520。图 5-40 是 RIPv2 报文的格式。

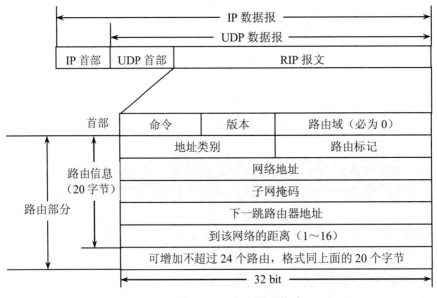

图 5-40　RIPv2 报文格式

RIP 报文由首部和路由部分组成。

RIP 的首部占 4 个字节，其中的命令字段指出报文的意义。例如，1 表示请求路由信息，2 表示对请求路由信息的响应或未被请求而发出的路由更新报文。版本字段指出该 RIP 报文的协议类型。例如，1 表示 RIPv1，2 表示 RIPv2。首部后面 2 个字节是路由域字段，该字段全 0，是为了 4 字节字的对齐。

RIPv2 报文中的路由部分由若干路由信息组成。每个路由信息占用 20 字节。地址类别字段用来标识所使用的地址协议。如采用 IP 地址，该字段的值为 2。路由标记字段填入自治系统号，这是考虑 RIP 有可能收到本自治系统以外的路由选择信息。再后面指出某个网络地址、该网络的子网掩码、下一跳路由器地址以及到该网络的距离。一个 RIP 报文最多可包括 25 个路由，因而 RIP 报文的最大长度是 4+20×25=504 字节。如超过，必须再用一个 RIP 报文来传送。

图 5-41 是 RIPv2 报文的实例。

```
⊞ Frame 1 (106 bytes on wire, 106 bytes captured)
⊞ Ethernet II, Src: 38:22:d6:28:fa:ff (38:22:d6:28:fa:ff), Dst: 01:00:5e:00:00:09 (01:00:5e:00:00:09)
⊞ Internet Protocol, Src: 192.168.1.1 (192.168.1.1), Dst: 224.0.0.9 (224.0.0.9)
⊞ User Datagram Protocol, Src Port: router (520), Dst Port: router (520)
⊟ Routing Information Protocol
    Command: Response (2)
    Version: RIPv2 (2)
    Routing Domain: 0
  ⊟ IP Address: 10.0.0.0, Metric: 1
      Address Family: IP (2)
      Route Tag: 0
      IP Address: 10.0.0.0 (10.0.0.0)
      Netmask: 255.0.0.0 (255.0.0.0)
      Next Hop: 0.0.0.0 (0.0.0.0)
      Metric: 1
  ⊞ IP Address: 192.168.12.0, Metric: 1
  ⊞ IP Address: 200.1.1.0, Metric: 2
```

图 5-41　RIPv2 报文实例

RIPv2 报文各字段的取值和含义如下所述。

报文首部的 3 个字段分别是：

- 命令（Command）=2，表示该报文是路由器发送的路由更新报文。
- 版本（Version）=2，表示该 RIP 报文的版本是 RIPv2。
- 路由域（Routing Domain）=0，表示该字段目前未占用，全 0 填充。

路由部分包括 3 个路由信息，分别是 10.0.0.0、192.168.12.0 和 200.1.1.0。以路由 10.0.0.0 为例，对该部分的字段信息进行说明：

- 地址类别（Address Family）=2，表示所使用的地址协议是 IP。
- 路由标记（ROUTE Tag）=0，表示该路由属于自治系统 0。
- 目的网络（IP Address）=10.0.0.0，表示该路由器有到达 10.0.0.0 的路由。
- 子网掩码（Netmask）=255.0.0.0，表示目的网络的子网掩码。
- 下一跳（Next Hop）=0.0.0.0，该字段常置 0，表明该报文的输出接口作为邻居路由器到达该目的网络的下一跳地址。
- 度量值（Metric）=1，表示该目的网络是本路由器的直连网络。

RIPv2 具有验证机制。若启用验证功能，则将原来写入第一个路由信息（20 字节）的位置用作验证。在验证数据之后才写入路由信息，但这时最多只能再放入 24 个路由信息。（具体验证机制参照 RFC 2082 和 RFC 4822）

5.6.2　开放最短路径优先协议（OSPF）

1. OSPF 协议概述

为了克服 RIP 协议存在的诸多缺陷，1989 年开发出了 OSPF（Open Shortest Path First）协议，1997 年 7 月，OSPFv2 被公布（详见 RFC 2178）。

OSPF 协议是基于链路状态的路由选择协议，该协议基于 Edsger Dijkstra 的最短路径优先（SPF）算法计算最优路由。在链路状态路由协议中，路由器只关心网络中链路或接口的状态

（UP 或 DOWN、IP 地址、掩码、链路代价等），然后将自己已知的链路状态向该区域的其他路由器通告，这些通告称为链路状态通告。通过这种方式，区域内的每台路由器都能建立一个本区域的链路状态数据库，即完整的网络拓扑图。路由器使用该拓扑图来确定通向每个网段的最短路径。就像查阅地图找出通向另一个城镇的路径一样，链路状态路由器也使用一个图来确定通向其他目的地的首选路径。

由于链路状态路由协议无环路、占用带宽小，且还有支持分层网络等优点，所以得到了广泛的应用。

2．OSPF 协议的工作原理

（1）SPF 算法简介。OSPF 协议在设计时，就考虑到了链路带宽对路由度量值的影响。OSPF 协议是以开销值作为标准，而链路开销和链路带宽正好形成了反比的关系，带宽越大，开销就会越小，这样一来，OSPF 选路主要基于带宽因素。

Dijkstra 算法通常称为最短路径优先（SPF）算法。此算法会累计每条从源到目的的路径开销，然后选出一条总开销最小的路径。

SPF 算法如图 5-42 所示，每条路径都标有一个独立的开销值。从 R1 到 R2 的 LAN 的各条路径开销见表 5-15。R1 到 R2 的 LAN 共有 5 条路径，通过计算每条路径的总开销并比较各条路径，最终第 2 条路径总开销最小，因此，R1 通过 R3 到达 R2 的路径是最短路径，即最优路径。

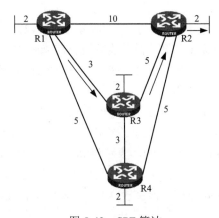

图 5-42　SPF 算法

表 5-15　R1 到达 R2 的 LAN 的各条路径开销

序号	总路径开销
1	R1 到 R2（10）+R2 LAN 接口（2）=12
2	R1 到 R3（3）+R3 到 R2（5）+R2 LAN 接口（2）=10
3	R1 到 R4（5）+R4 到 R2（5）+R2 LAN 接口（2）=12
4	R1 到 R3（3）+R3 到 R4（3）+R4 到 R2（5）+R2 LAN 接口（2）=13
5	R1 到 R4（5）+R4 到 R3（3）+R3 到 R2（5）+R2 LAN 接口（2）=15

最短路径：R1 到 R3（3）+R3 到 R2（5）+R2 LAN 接口（2）=10

最短路径不一定具有最少的跳数。例如，R1 通向 R2 的 LAN 的路径，虽然第一条到达 R2 的 LAN 路径只有 1 跳，但总开销值 12 比经过 R3 到达 R2 的 LAN 开销值 10 大。

（2）链路状态路由协议工作过程。下面以图 5-42 为例，总结链路状态路由的过程。拓扑中的所有路由器都会完成下列链路状态路由过程来达到收敛效果。

1）每台路由器了解其自身的链路（即与其直连的网络）。这通过检测处于工作状态的接口来完成。

2）每台路由器创建一个链路状态通告（Link State Advertisment，LSA），其中包含与该路由器直连的每条链路的状态。这通过记录每个邻居的所有相关信息，包括邻居 ID、链路类型和带宽来完成。

3）每台路由器将 LSA 泛洪到所有邻居，然后邻居将收到的所有 LSA 存储到数据库中。接着，各个邻居将 LSA 泛洪给自己的邻居，直到区域中的所有路由器均收到那些 LSA 为止。此时，每台路由器会在本地数据库中存储邻居发来的 LSA，构造一个链路状态数据库（Link State Database，LSDB）。显然，4 台路由器的 LSDB 都是相同的，如图 5-43 所示。

4）LSDB 是对整个网络的拓扑结构的描述。路由器很容易将 LSDB 转换成一张带权的有向图，这张图便是对整个网络拓扑结构的真实反映。显然，4 台路由器得到的是一张完全相同的图，如图 5-44 所示。

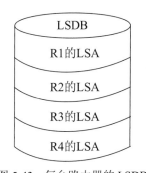

图 5-43　每台路由器的 LSDB

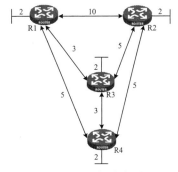

图 5-44　带权有向图

5）每台路由器在图中以自己为根节点，使用 SPF 算法计算一棵最小生成树，如图 5-45 所示。由这棵树得到了到网络中各个节点的路由表。显然，4 台路由器各自得到的路由表是不同的。

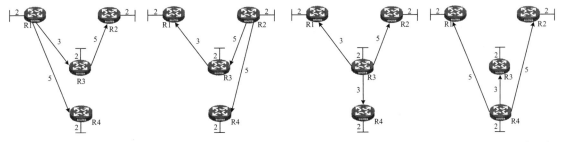

（a）R1 的最小生成树　（b）R2 的最小生成树　（c）R3 的最小生成树　（d）R4 的最小生成树

图 5-45　每台路由器分别以自己为根节点计算最小生成树

链路状态路由协议通过交换包含了链路状态信息的 LSA 而得到网络拓扑，再根据网络拓扑计算路由。这种路由的计算方法对路由器的硬件要求相对较高。由于路由信息不是在路由器间逐跳传播，而是根据 LSDB 计算出来，所以从算法上可以保证没有路由环路。当网络中发生拓扑变化时，路由器发送与拓扑变化相关的 LSA，其他路由器收到 LSA 后，更新自己的 LSDB，再重新计算路由。这样就避免了类似距离矢量路由协议在邻居间传播全部路由表的行为，所以占用链路带宽较小。

3. OSPF 协议报文格式

OSPF 协议直接用 IP 数据报传送，其 IP 数据报首部的协议字段值为 89，OSPF 报文的首部为 24 字节，它说明后面的报文类型、报文长度、供鉴别用的数据，以及校验码等，OSPF 报文格式如图 5-46 所示。

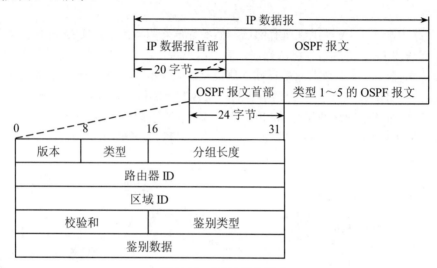

图 5-46   OSPF 报文格式

OSPF 首部各字段的意义如下。

（1）版本：当前的版本号是 2。

（2）类型：可以是 5 种类型分组中的一种。

（3）分组长度：包括 OSPF 首部在内的分组长度，以字节为单位。

（4）路由器 ID：标志发送该分组的路由器标识符。

（5）区域 ID：分组属于的区域的标识符。

（6）校验和：用来检测分组中的差错。

（7）鉴别类型：目前只有两种——0（不用）和 1（口令）。

（8）鉴别数据：鉴别类型为 0 时就填入 0；鉴别类型为 1 时则填入 8 个字符的口令。

OSPF 共有以下 5 种报文类型。

● 类型 1：Hello 报文，用来发现和维持邻站的可达性。

● 类型 2：DD（Database Description）报文，向邻站给出自己的链路状态数据库中的所有链路状态项目的摘要信息。

● 类型 3：LSR（Link State Request）报文，向对方请求发送某些链路状态项目的详细信息。

● 类型 4：LSU（Link State Update）报文，用洪泛法向全网更新链路状态。

● 类型 5：LSACK（Link State Acknowledgment）报文，对链路更新报文的确认。

上述 5 种报文类型的工作过程如图 5-47 所示。

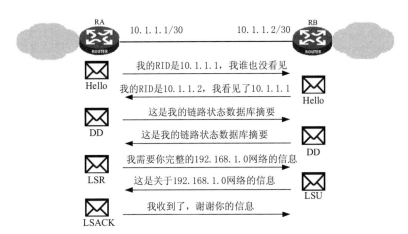

图 5-47 5 种报文类型的工作过程

如图 5-47 所示，运行 OSPF 的路由器通过手工指定或者自动生成的方式，确定每台路由器的 Router ID（简写为 RID），用于标识网络中的每个路由节点。

当一个路由器开始工作时，它通过发送及接收 Hello 报文得知它有哪些相邻的路由器在工作，以及将数据发往相邻路由器所需的"开销"。Hello 报文每隔 10s 交换一次，以确保邻居的可达性。

如果所有的路由器都把自己的本地链路状态信息对全网进行广播，那么每个路由器只要将这些链路状态信息综合起来就可得出链路状态数据库。但这样做开销太大，因此 OSPF 采用下面的方法。

OSPF 让每一个路由器用数据库描述报文（DD）和相邻路由器交换本数据库中已有的链路状态摘要信息。摘要信息主要就是指出有哪些路由器的链路状态信息已经写入了数据库。经过与相邻路由器交换数据库描述报文后，路由器就使用链路状态请求报文（LSR）向对方请求发送自己所缺少的某些链路状态的详细信息，在图 5-47 中，RA 向 RB 请求关于 192.168.1.0 链路状态信息，RB 收到请求后向 RA 发送包含 192.168.1.0 的链路状态更新报文（LSU），RA 收到后向 RB 回复链路状态确认（LSACK），告诉 RB 已收到 192.168.1.0 的链路状态信息。通过这种方式,最终全网所有路由器的链路状态数据库内容达到同步,即数据库内容都是相同的。

5.6.3 边界网关协议（BGP）

1. BGP 协议概述

在一个自治系统 AS 内部，推荐使用的路由协议是 OSPF 协议和 IS-IS 协议。在 AS 之间，则使用另一个协议，称为边界网关协议（Border Gateway Protocol，BGP）。BGP 是目前唯一的用于 AS 之间的动态路由协议，当前版本是 BGP-4。

与 OSPF、RIP 等内部网关协议（IGP）不同，BGP 协议关心的重点不在于发现和计算路由，而在于 AS 之间传递路由信息以及控制优化路由信息。

BGP 是一种"距离矢量"路由协议，其路由信息中携带了所经过的全部 AS 路径列表。这样，接收该路由信息的 BGP 路由器可以很明确地知道此路由信息是否起源于自己的 AS。

如果路由源于自己的 AS，则 BGP 会丢弃此条路由，这样就可从根本上避免 AS 之间产生环路的可能性。

为了保证 BGP 协议的可靠传输，其使用 TCP 协议（将在第 7 章介绍）来承载，端口号是 179。TCP 协议天然的可靠传输、重传、排序等机制保证了 BGP 协议消息交互的可靠性。

BGP 能够支持 CIDR 和路由聚合，可以将一些连续的子网聚合成较大的子网（突破了自然分类地址限制），从而可以在一定程度上控制路由表的快速增长，并降低了路由查找的复杂度。

2. BGP 协议的基本设计思想

在配置 BGP 时，每个 AS 管理员要选择至少一个路由器（通常是 BGP 边界路由器）作为该 AS 的"BGP 发言者"。一个 BGP 发言者与另一个 AS 中的 BGP 发言者交换路由信息，如增加的路由、撤销过时的路由、差错信息等。

图 5-48 给出了 BGP 发言者和 AS 的关系示意图。图中包含 3 个 AS 和 4 个 BGP 发言者。每个 BGP 发言者除了必须运行 BGP 协议外，还必须运行该 AS 所使用的内部网关协议（如 RIP 或 OSPF）。在 BGP 发言者互相交换了 BGP 消息后，各个 BGP 发言者就找出了到达各个 AS 的最佳路由。

相互交换 BGP 消息的 BGP 发言者之间互称为对等体（Peer）。BGP 发言者与 AS 的关系如图 5-48 所示，RA 与 RC 之间、RC 与 RD 之间、RD 与 RF 之间互为对等体，对等体的路由器之间首先要保证 TCP 可达。

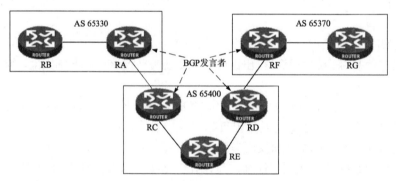

图 5-48　BGP 发言者与 AS 的关系

3. BGP 协议的工作过程

BGP 协议工作过程中使用以下 4 种消息分组。

（1）打开（Open）消息。Open 消息是 TCP 连接建立后发送的第一个消息，用于建立 BGP 对等体之间的连接关系并进行参数协商。

（2）更新（Update）消息。Update 消息用于在对等体之间交换路由信息。它既可以发布可达路由信息，也可以撤销不可达路由信息。

（3）保活（Keepalive）消息。BGP 会周期性地向对等体发出 Keepalive 消息，主要作用是让 BGP 邻居知道自己的存在，保持邻居关系的稳定性；另一个作用是对收到的 Open 消息进行回应。

（4）通知（Notification）消息。Notification 消息的作用是通知错误。BGP 发言者如果检测到对方发过来的消息有错误或者主动断开 BGP 连接，都会发出 Notification 消息来通知 BGP 邻居，并关闭连接。

当两个不同 AS 的边界路由器定期地交换路由信息时，需要有一个协商的过程。因此，一开始向相邻边界路由器进行协商时就要发送 Open 消息。如果相邻边界路由器接受，就响应一个 Keepalive 消息。这样，两个 BGP 发言者的对等体关系就建立了。一旦 BGP 连接关系建立，就要设法维持这种关系。双方中的每方都需要确信对方是存在的，并且一直在保持这种对等体关系。因此，这两个 BGP 发言者彼此要周期性地（通常是每隔 30s）交换 Keepalive 消息。Update 消息是 BGP 的核心。BGP 发言者可以用 Update 消息撤销以前曾经通知过的路由，也可以宣布增加新的路由。撤销路由时可以一次撤销多条，但增加路由时每次只能增加一条。当某个路由器或链路出现故障时，由于 BGP 发言者可以从不止一个相邻边界路由器获得路由消息，因此很容易选择出新的路由。

当建立了 BGP 连接的任何一方路由器发现出错之后，它需要通过向对方发送 Notification 消息，报告 BGP 连接出错消息和出错性质。发送方发送 Notification 消息之后将终止本次 BGP 连接，下一次 BGP 连接需要双方重新进行协商。

5.7　NAT

NAT

随着计算机数量的不断增加以及新兴移动互联网、物联网等产业的高速发展，IP 地址的需求量巨大，而目前 IPv4 地址的数量已经无法满足这种需求。为了解决这种矛盾，1994 年，网络地址转换（Network Address Translation，NAT）技术被提出。NAT 技术不但缓解了 IPv4 地址紧缺的问题，还能够有效地避免来自网络外部的攻击，隐藏并保护网络内部的计算机。

NAT 属接入广域网（WAN）技术，是一种将私有（保留）地址转化为外部全球 IP 地址的转换技术，它被广泛应用于各种类型的 Internet 接入方式和各种类型的网络中。借助于 NAT 技术，使用私有（保留）地址的"内部"网络主机与 Internet 上的某台主机进行通信时，在通过边界路由器时，将内网主机的私有地址转换成外部全球唯一的 IP 地址。一个局域网只需使用少量公有 IP 地址（甚至是 1 个）即可实现私有地址网络内所有计算机与 Internet 的通信需求。

因此，NAT 技术为单个公司与 Internet 通信提供了极大的好处。在 NAT 之前，一个具有私有地址的主机不能访问因特网。有了 NAT 之后，单个公司可以使用私有地址对他们的部分或全部主机进行寻址，然后使用 NAT 访问公共的因特网。同时，这些主机连接到因特网并不需要消耗公有 IP 地址空间。

IPv4 地址中有若干块地址预留作为私有地址，常用的如：10.0.0.0/8，172.16.0.0/12，192.168.0.0/16 等。这类地址无需用户申请，可在内部网络直接使用。

图 5-49 和图 5-50 给出了 NAT 路由器的工作过程。在图 5-49 中，内网 10.0.0.0 中的所有主机使用的都是本地 IP 地址。NAT 运行在边界路由器上，如本例中的路由器 RTA，边界路由器 RTA 至少要有一个全球 IP 地址，才能和因特网相连。在 RTA 上维护着一张本地 IP 地址和全球 IP 地址对应关系的 NAT 表。当内网主机 A（10.1.1.1）要与 Internet 上的某台主机 B（128.1.1.1）通信时，主机 A 将分组发送给它的网关 RTA；RTA 发现分组要路由到外部的因特网；NAT 进程查找目前 RTA 所拥有的且尚未使用的公有 IP 地址（202.168.2.2），建立起与内部 IP 地址 10.1.1.1 的对应关系并写入 NAT 表；之后将 IP 数据报的源地址转换为新的源地址 202.168.2.2 转发出去。

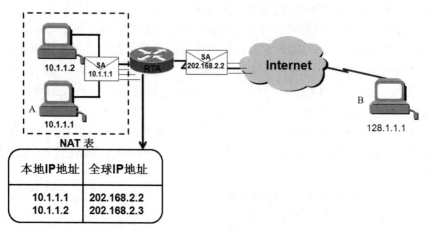

图 5-49　NAT 路由器的工作过程：内网主机向外网主机发送数据分组

如图 5-50 所示，当主机 B 收到这个 IP 数据报时，以为主机 A 的 IP 地址是 202.168.2.2。当 B 给 A 发送应答时，IP 数据报的目的 IP 地址是 202.168.2.2。B 并不知道 A 的实际 IP 地址 10.1.1.1。当 RTA 收到主机 B 发送来的 IP 数据报时，还要进行一次 IP 地址转换。通过 NAT 地址转换表，就可以把 IP 数据报上的目的 IP 地址 202.168.2.2，转换为主机 A 的实际 IP 地址 10.1.1.1，并发送给内网主机 A。

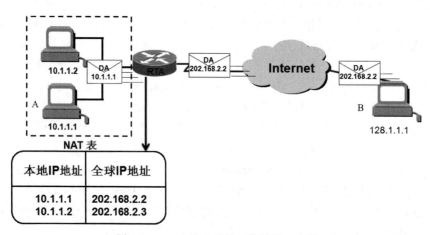

图 5-50　NAT 路由器的工作过程：应答

由上述可见，当 NAT 路由器具有 n 个全球 IP 地址时，内网最多可以有 n 个主机同时接入到 Internet。当有更多的内网主机需要接入 Internet 时，就需要等待 NAT 表中的转换条目超时或手动清除 NAT 表，重新建立内网地址与外网地址的对应关系。因此，目前广泛采用的是一种多对一的 NAT 转换技术。通过借助传输层端口号的概念，实现众多拥有本地 IP 地址的内网主机共用一个 NAT 路由器上的全球 IP 地址，同时与 Internet 上的主机进行连接。这种 NAT 转换称为端口地址转换（Port address Translation，PAT）。

使用 PAT，数以百计的私有地址节点可以使用一个全球地址访问因特网。NAT 路由器通过对转换表中的 TCP 和 UDP 端口号进行映射来区分不同的会话。

图 5-51 为 PAT 的工作过程。内部主机 A（10.1.1.1）发送数据分组给远端主机 B（128.1.1.1），

使用的端口号是 1444，在到达边界路由器 RTA 后，NAT 进程会使用之前配置的全球 IP 地址来进行转换。由于内部网络的所有主机都使用这一个 IP 地址，因此，为了区分不同的会话过程，不同会话对应的全球 IP 地址的端口号是不同的。因为端口号是 16 位编码，所以使用 PAT 时所有被转换为同一个外部地址的内部地址总数在理论上可以有 65536 个。

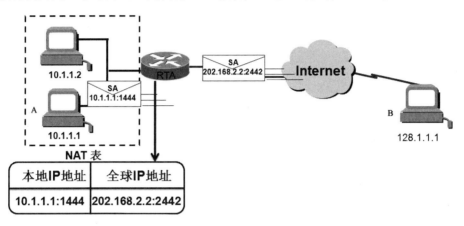

图 5-51 PAT 的工作过程

*5.8 MPLS

5.8.1 MPLS 概述

随着 Internet 的迅速普及，网络上的数据量日益增大，而由于硬件技术的限制，采用最长匹配算法、逐跳转发方式的传统 IP 转发路由器逐渐成为限制网络转发性能的一大瓶颈。如图 5-52 所示，报文目的地址为 20.0.0.1，在路由表中有 4 条路由都能涵盖 20.0.0.1，但路由器在转发该报文时，需要遍历整个路由表，按照最长匹配原则，精确匹配 20.0.0.0/24 这条路由并转发。随着网络规模的增大，路由表的规模也逐步增大，遍历路由表需要花费越来越多的时间。数据量随着网络规模的扩大逐步上升，路由器变得不堪重负。

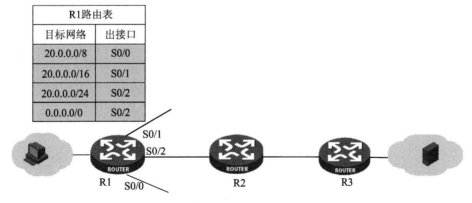

图 5-52 IP 转发

多协议标签交换（Multiprotocol Label Switching，MPLS）起源于 IPv4，最初是为了提高

转发速度而提出的。该协议用一个短而定长的标签来封装网络层分组，并将标签封装后的报文转发到支持 MPLS 的路由器，路由器根据标签值转发报文。

MPLS 中的多协议有多层含义。一方面是指 MPLS 协议可以承载在多种二层协议之上，如常见的 PPP、以太网、帧中继等；另一方面，多种报文也可以承载在 MPLS 之上，如 IPv4、IPv6 报文等。

5.8.2 MPLS 网络组成

1. LSR 和 LER

MPLS 网络架构与普通的 IP 网络相比无任何特殊性。普通的 IP 网络，其路由器只要经过升级，支持 MPLS 功能，就成了 MPLS 网络。在 MPLS 网络中的路由器称为 LSR 或者 LER。此外，MPLS 网络可以与非 MPLS 网络共存，报文可在非 MPLS 网络和 MPLS 网络之间进行转发。

MPLS 网络中的路由器分为两种角色，一种叫作标签交换路由器（Label Switching Router，LSR），另一种叫作标签交换边缘路由器（Label Switching Edge Router，LER）。LSR 位于 MPLS 网络的中心，不与非 MPLS 网络相连，MPLS 网络组成如图 5-53 所示。LSR 提供标签交换和标签分发等功能。LER 位于 MPLS 网络的边缘，与非 MPLS 网络相连。LER 需要提供标签映射、移除和分发等功能。

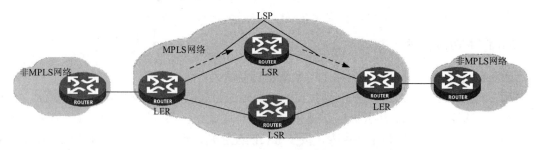

图 5-53　MPLS 网络组成

2. FEC

一组具有某些共同特征的数据流被 MPLS 网络看作同一类报文，进入 MPLS 网络时，被 LER 执行相同的标签映射，从而在整个 MPLS 网络中被看作同一种报文，并以等价的方式完成转发，这样的一组数据流称为 MPLS 的一个转发等价类（Forwarding Equivalence Class，FEC）。在 MPLS 网络中可以根据报文的很多性质来决定报文的 FEC，比如最常见的根据报文的目的 IP 地址，也可以根据报文的 QOS 优先级等，用户可以根据实际的需要对 FEC 的划分方法加以设定。

3. LSP

MPLS 网络中的另一个重要概念是标签交换路径（Label Switching Path，LSP）。属于同一个 FEC 的数据流会在 MPLS 网络的每个节点被赋予一个确定的标签，且按照一个确定的标签转发表项进行转发。这样每一个 FEC 的数据流在 MPLS 网络中将有一个固定的转发路径，此路径就称为该 FEC 的 LSP。

5.8.3　MPLS 标签

MPLS 标签是一个长度固定，仅具有本地意义的短标识符，用于唯一标识一个分组所属的 FEC。一个标签只能代表一个 FEC。路由器可以根据标签来决定如何转发报文，而不需要再检查报文的目的 IP 地址。

MPLS 标签长度为 4 个字节，其结构如图 5-54 所示。

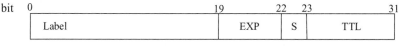

图 5-54　MPLS 标签结构

MPLS 标签共有 4 个域，分别如下。

（1）Label：标签值字段，长度为 20bits，用来标识一个 FEC。标签转发就是指根据 MPLS 标签的标签值查找标签转发表进行转发，它是标签转发表的关键索引。

（2）Exp：长度为 3bits，保留，协议中没有明确规定，通常用作 QoS 优先级。

（3）S：长度为 1bit，MPLS 支持多重标签，值为 1 时表示为最底层标签；值为 0 时表示 MPLS 标签后面还有下一层标签。S 位使得 MPLS 标签可以实现多层嵌套，这也是 MPLS 技术后来被应用于隧道、VPN 等技术的一个重要基础。

（4）TTL：长度为 8bits，和 IP 分组中的 TTL 意义相同，可以用来防止环路。TTL 值在报文进入 MPLS 网络时从报文的 IP 头的 TTL 字段复制出来，每经过一台 LSR，外层 Label 的 TTL 值就减 1。

MPLS 标签位置如图 5-55 所示，MPLS 标签位于报文的链路层头和网络层头之间。

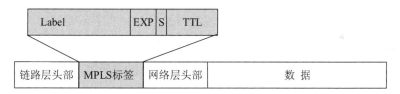

图 5-55　MPLS 标签位置

在报文抵达路由器，设备解析完报文的链路层头部以后，需要区分出内部载荷是 MPLS 标签包还是普通的网络层封装包，以正确处理该报文。在各种链路层协议中都有一个标识位，以指明报文网络层所采用的协议类型。MPLS 标签识别如图 5-56 所示，当路由器收到以太网帧后，解析链路层头部，发现 Ether Type 值为 0x8847，就可以判断出该报文是一个 MPLS 报文，那么紧随链路层头部之后的便是 MPLS 标签头。

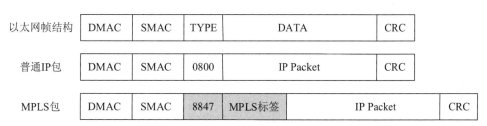

图 5-56　MPLS 标签识别

5.8.4 MPLS 标签分配

MPLS 协议实现的重点是利用标签进行数据转发。IP 转发时报文是根据路由表进行转发的，而 MPLS 转发报文时是根据 MPLS 标签转发表进行转发的。路由表是由各种路由协议根据一定的路由算法计算出来的。标签转发表是由标签分配协议根据一定的规则生成的，而这些规则通常都有一个重要的特点，那就是它们依赖 IP 路由协议的计算结果，即路由表。标签分配的协议有很多种，其中最常用的是标签分发协议（Label Distribution Protocol，LDP）。

下面以一个实际的案例讲解 LDP 协议标签分配的过程。

在 MPLS 网络中，根据数据报文的传输方向定义了 LSR 设备上、下游概念。以图 5-57 为例，用户 A 要访问用户 B，报文会依次抵达 LSR1、LSR2 和 LSR3，那么 LSR3 就是 LSR2 的下游设备，LSR2 是 LSR1 的下游设备。LSR 的上游和下游是根据报文传输的方向来判断的，报文先抵达的 LSR 是上游 LSR，而后抵达的 LSR 是下游 LSR。因此，如果针对某条路由，就以报文抵达该路由的目的网段的方向来判断设备的上、下游。所以，第一个发现该条路由的 LSR 将是最下游 LSR。比如针对 20.0.0.1/24 这条路由，LSR3 与该网段直连，最先发现这条路由，它就是最下游 LSR。

上游与下游的判断如图 5-57 所示。

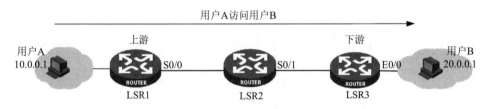

图 5-57　上游与下游的判断

针对用户 B 所在网络，3 台路由器通过运行某种路由协议，都学习到了 20.0.0.0/24 网络路由。标签分配过程如图 5-58 所示，用户 A 通过该路由可以访问用户 B。

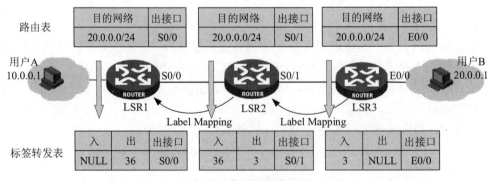

图 5-58　标签分配过程

在 3 台路由器之间运行 MPLS LDP，LSR1 和 LSR2 之间、LSR2 和 LSR3 之间建立 LDP 邻居关系。LDP 邻居建立完成以后，LDP 协议将按照用户的定义为每个 FEC 分配 MPLS 标签。常见的应用通常按照路由来划分 FEC，即所有匹配某一路由表项的报文属于同一个 FEC。在这种 FEC 划分方式下，LSR 就为每个路由表项分配 MPLS 标签，继而形成标签转发表。如图

5-58 所示，LSR3 为 20.0.0.0/24 这条路由分配了一个 MPLS 标签"3"，并将为 20.0.0.0/24 路由分配了"3"这条消息通过 Label Mapping 消息发布给 LSR2。各个 LSR 间通过 Label Mapping 消息的交互，最终在各台 LSR 设备上形成了如图 5-58 所示的标签转发表。

MPLS 的标签转发表包含"入"标签、"出"标签和"出接口"3 个主要部分。

（1）入标签：本 LSR 为某一 FEC 分配的 MPLS 标签。报文抵达 LSR 后，LSR 将报文所携带的 MPLS 标签值与 MPLS 标签转发表的入标签进行对比，匹配到相同的值时，就按照此表项转发该报文。与此同时，LSR 会将为某一 FEC 分配的入标签信息通过 Label Mapping 消息通知给上游 LSR。如图 5-58 所示，LSR2 为 20.0.0.0/24 路由分配了 MPLS 标签"36"，对应 LSR2 标签转发表的入标签值，同时 LSR2 会将为 20.0.0.0/24 这条路由分配的 MPLS 标签"36"这条信息通过 Label Mapping 消息通知给 LSR1。当然，当该 FEC 在此 LSR 已经没有上游设备时，其入标签为"NULL"，图 5-58 中 LSR1 对应 20.0.0.0/24 这条路由的入标签为"NULL"。

（2）出标签：下游的 LSR 为某一 FEC 分配的标签，通过 Label Mapping 消息发送到本 LSR，在本 LSR 上记录该 FEC 的出标签。LSR 在转发 MPLS 报文时，将报文携带的标签值修改成对应 MPLS 标签转发表项的出标签值。如图 5-58 所示，LSR3 为 20.0.0.0/24 路由分配了标签值"3"，通过 Label Mapping 消息发布给 LSR2，对应 LSR2 标签转发表的出标签值。当然，当该 FEC 在此 LSR 已经是最下游设备时，出标签为"NULL"。如，LSR3 上对应 20.0.0.0/24 这条路由的出标签为"NULL"。

（3）出接口：某一标签转发表项的出接口就指向该 FEC 的下游一台设备。如 LSR2 为 20.0.0.0/24 路由生成的标签转发表的出接口与 20.0.0.0/24 这条路由表项的出接口相同，为 S0/1 接口。

MPLS 标签只有本地意义，每台 LSR 设备都对自己分配的标签即入标签负责，确保自己为不同的 FEC 所分配的入标签不会相同，以确保属于不同 FEC 的报文抵达该设备后，匹配到唯一的与此 FEC 对应的标签转发表项进行转发，所以在 LSR 上的标签转发表的入标签列均不会相同。相反，某一 LSR 上标签转发表的 OUT 标签值可能是来源于不同的下游 LSR 为不同的 FEC 分配的标签，它们之间并无关联性。标签由设备随机生成，小于 16 的标签值被系统保留。

5.8.5　MPLS 转发实现

LSR 上建立起 MPLS 标签转发表以后，当报文进入 MPLS 网络时就可以进行 MPLS 转发。报文进行 MPLS 转发的过程分为 3 个不同的阶段。

进行 MPLS 转发的第一阶段是报文从非 MPLS 网络进入 MPLS 网络时，在 LER 上进行压标签操作，也称为标签 PUSH。

标签 PUSH 操作如图 5-59 所示，用户 A 访问用户 B，报文从作为 LER 设备的 LSR1 进入 MPLS 网络。抵达 LSR1 设备时该报文还是一个普通的 IP 包，LSR1 按照普通的 IP 转发流程，首先检查 IP 路由表，找到 20.0.0.0/24 这条路由表项，此时 LSR1 发现对应该路由表项有一个与此关联的标签转发表，于是 LSR1 将对该报文启动 MPLS 转发。在 LSR1 上要完成的就是 MPLS 压标签操作，也就是给这个报文加上一个 MPLS 头，MPLS 头内的标签值就是对应的标签转发表项的"出"标签值"36"。完成压标签操作后，LSR1 再将报文按照标签转发表从相应的出接口发出。

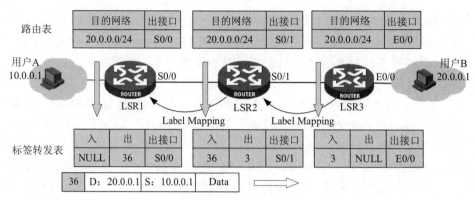

图 5-59　标签 PUSH 操作

在 LER 设备上进行了压标签操作后，该报文就转变成一个 MPLS 报文，接下来在 MPLS 网络的转发过程中就按照报文的 MPLS 头进行转发，LSR 设备无须再检查该报文的 IP 头，也就进入了 MPLS 转发的第二个阶段。

MPLS 转发的第二个阶段是标签交换，也称为标签 SWAP。报文在 MPLS 网络内部的所有 LSR 设备上都按照这个阶段的操作方式进行转发。

标签 SWAP 操作如图 5-60 所示，报文带着在 LSR1 上压好的标签"36"进入 LSR2，LSR2 发现该报文并非一个普通的 IP 包，而是一个 MPLS 报文，于是进行 MPLS 转发。根据报文所携带的 MPLS 标签值"36"检查本地的标签转发表，找到"入"标签值等于"36"的那一个表项，并根据这一表项进行报文转发。

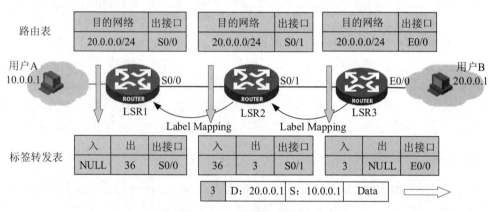

图 5-60　标签 SWAP 操作

LSR2 成功地找到对应的标签转发表项后，首先将报文的 MPLS 头部所携带的标签值转换成该转发表项的"出"标签值，即"36"改成"3"，然后将报文按该表项从相应的出接口发出，也就是从 S0/1 接口发出。

可以看出，LSR2 无需查看报文的 IP 头，或者查询 IP 路由表，而是直接按照报文的 MPLS 标签检查标签转发表即可完成转发。在实际的 MPLS 网络中，通常报文会经过多条 LSR 设备，在所有的 LSR 设备上报文进行类似的标签交换操作就能完成转发。

根据 MPLS 标签转发表建立的实现原理，MPLS 标签转发表中只会有唯一的一个标签转发表项，其入标签值与抵达的 MPLS 报文所携带的标签值相同，所以在 MPLS 转发中只需一次查表就能完成对该报文的转发，比多次查表以达到最优匹配的 IP 转发方式效率高得多。

MPLS 转发的最后一个阶段是标签弹出，也称为标签 POP。这个阶段是报文最终离开 MPLS 网络时需要进行的操作，该操作也最为简单。当报文到达离开 MPLS 网络的 LER 设备时，首先报文依然与到达普通的 LSR 设备一样，根据标签转发表进行转发，但是对应的标签转发表项的"出"标签为"NULL"，这就表示该 LER 已经是该 FEC 的最下游设备，从此该报文将离开 MPLS 网络。于是该 LER 会直接将报文的 MPLS 头部去掉，并按照标签转发表从对应的出接口将报文发出。可见此时发出的报文已经恢复成一个普通的 IP 包，在接下来的非 MPLS 网络中可以按照原先的方式正常地进行转发，这表明 MPLS 网络可以与非 MPLS 网络平滑地进行兼容过渡。

标签 POP 操作如图 5-61 所示，报文离开 LSR2 后，携带标签值"3"抵达 LSR3 设备，LSR3 检查标签转发表，发现"入"标签是 3 的标签转发表项显示"出"标签值为"NULL"，LSR3 就直接将该报文的 MPLS 头部去除，并按照该标签转发表项将报文从 E0/0 接口发出。报文离开 E0/0 接口后就按照正常的非 MPLS 网络转发方式成功地到达用户 B，至此实现了用户 A 到用户 B 的访问。同理，可以实现用户 B 对用户 A 的访问。

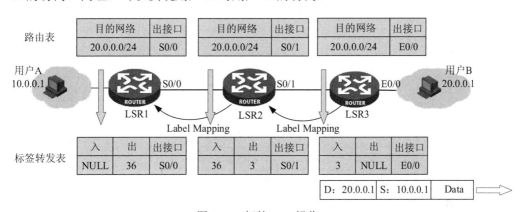

图 5-61 标签 POP 操作

5.9 Internet 控制报文协议

5.9.1 报文格式

ICMP 允许主机或路由器报告差错情况和提供有关异常情况的信息。ICMP 报文用 IP 数据报进行封装后在网络上传输，但 ICMP 不是高层协议，它仍是 IP 层中的协议。ICMP 报文格式如图 5-62 所示。

ICMP 报文的前 4 个字节是统一的格式，共有 3 个字段，即类型、代码、校验和。后面是长度可变部分，其长度取决于 ICMP 的类型。ICMP 报文可分为 3 大类：差错报告报文、控制报文和查询报文。类型字段确定 ICMP 报文的具体类型，ICMP 报文类型及含义见表 5-16。

从表 5-16 可知，如果某 ICMP 报文的类型字段为 3，则说明该报文是一个声明目的站点不可达的差错报告报文。

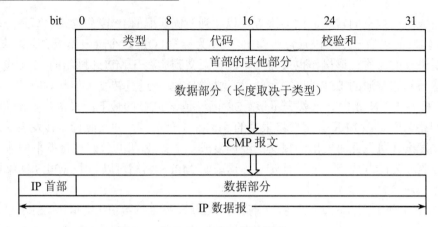

图 5-62　ICMP 报文格式

表 5-16　ICMP 报文类型及含义

种类	类型	含义
差错报告报文	3	目的站点不可达
	11	数据报超时
	12	数据报参数错误
控制报文	4	源抑制
	5	改变路由
查询报文	8/0	回应请求/应答
	13/14	时间戳请求/应答
	17/18	地址掩码请求/应答
	10/19	路由器询问/通告

ICMP 报文的代码字段也占一个字节，为的是进一步区分某种类型中的几种不同情况。例如，在目的站点不可达报文中，代码字段用于进一步说明目的站点不可达的原因，不同代码代表不同的原因。不可达报文代码字段的含义见表 5-17。

表 5-17　不可达报文代码字段的含义

代码	含义
0	网络不可达
1	主机不可达
2	协议不可达
3	端口不可达
4	需要进行分片但设置了不分片比特
5	源站选路失败
6	目的网络不认识

续表

代码	含义
7	目的主机不认识
8	源主机被隔离
9	目的网络被强制禁止
10	目的主机被强制禁止
11	由于服务类型 TOS，网络不可达
12	由于服务类型 TOS，主机不可达
13	由于过滤，通信被强制禁止
14	主机越权
15	优先权中止生效

后面的检验和字段占两个字节，它检验整个 ICMP 报文。IP 数据报首部的检验和并不检验数据报的内容，因此不能保证经过传输的 ICMP 报文不产生差错。

报文首部的其他部分占四个字节，对于不同类型的报文该字段的含义和格式也不一样。例如，在不可达报文中，该部分并未用到，置为全 0；在回应请求/应答报文中，该部分为标识符（前两字节）和序列号（后两字节）。

5.9.2　常见应用

（1）改变路由。在 ICMP 控制报文中，改变路由报文用得最多，图 5-63 为 ICMP 改变路由报文的使用举例。

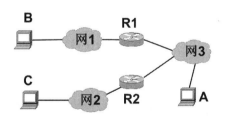

图 5-63　ICMP 改变路由报文的使用举例

从图 5-63 中可以看出，主机 A 向主机 B 发送 IP 数据报应经过路由器 R1，而向主机 C 发送数据报则应经过路由器 R2。假定主机 A 启动后，其路由表中只有一个默认路由器 R1（当在路由表中查不到应将分组送往何路由器时，就将该分组送往默认路由器）。当主机 A 向主机 C 发送数据报时，数据报就被送到路由器 R1。从路由器 R1 的路由表可查出，发往主机 C 的数据报应经过路由器 R2，于是数据报从路由器 R1 再转到路由器 R2，最后传到主机 C。显然，这个路由不好，应改变。于是路由器 R1 向主机 A 发送 ICMP 改变路由报文，给出此数据报应经过的下一个路由器 R2 的 IP 地址，主机 A 根据收到的信息更新其路由表。以后主机 A 再向主机 C 发送数据报时，根据路由表就知道应将数据报送到路由器 R2，而不再送到默认路由器 R1 了。

当某个速率较高的源主机向另一个速率较慢的目的主机（或路由器）发送一连串的数据

报时，就有可能使速率较慢的目的主机产生拥塞，因而不得不丢弃一些数据报。通过高层协议，源主机得知丢失了一些数据报，就不断地重发这些数据报，这就使得本来已经拥塞的目的主机更加拥塞。在这种植况下，目的主机就要向源主机发送 ICMP 源站抑制报文，使源站暂停发送数据报，过一段时间再逐渐恢复正常。

（2）测试报文的可达性（ping 命令）。使用 ping 命令时，源主机将向目的主机发送一个 ICMP 回应请求报文（包括一些任选的数据），目的站点收到该报文后，必须向源主机回送一个 ICMP 回应应答报文，源站点收到应答报文（且其中的任选数据与所发送的相同），则认为目的主机可达，否则为不可达。这个过程可测试网络的响应时间和两主机间的连通性。

假设主机 A（IP 地址为 192.168.0.4）欲向主机 B（IP 地址为 60.10.130.155）发送报文，则可在主机 A 上利用 ping 命令测试报文是否可达，如图 5-64 所示。

```
C:\Documents and Settings\Administrator.44AB360379334FB>ping 60.10.130.155

Pinging 60.10.130.155 with 32 bytes of data:

Reply from 60.10.130.155: bytes=32 time=2ms TTL=251
Reply from 60.10.130.155: bytes=32 time=2ms TTL=251
Reply from 60.10.130.155: bytes=32 time=1ms TTL=251
Reply from 60.10.130.155: bytes=32 time=2ms TTL=251

Ping statistics for 60.10.130.155:
    Packets: Sent = 4, Received = 4, Lost = 0 (0% loss),
Approximate round trip times in milli-seconds:
    Minimum = 1ms, Maximum = 2ms, Average = 1ms
```

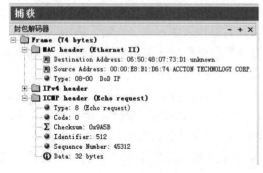

图 5-64 利用 ping 命令测试报文可达性

测试报文可达性的通信过程是，主机 A 向主机 B 发送一个 ICMP 回应请求报文，如果主机 B 收到该报文，则向主机 A 回送一个 ICMP 回应应答报文，主机 A 收到此应答报文，则认为主机 B 可达，两主机间连通性完好。测试报文可达性的通信过程如图 5-65 所示。

序号	来源 MAC 地址	目标 MAC 地址	帧	协议	来源 IP 地址	目标 IP 地址	来源端口	目标端口
1	00:00:E8:B1:D6:74	06:50:48:07:73:D1	IP	ICMP->Echo_Request	192.168.0.4	60.10.130.155	---	---
2	06:50:48:07:73:D1	00:00:E8:B1:D6:74	IP	ICMP->Echo_Reply	60.10.130.155	192.168.0.4	---	---

图 5-65 测试报文可达性的通信过程

ICMP 报文作为数据部分被封装在 IP 数据报中传输，ICMP 回应请求报文和 ICMP 回应应答报文的封装分别如图 5-66（a）和（b）所示。

（a）回应请求报文　　（b）回应应答报文

图 5-66 ICMP 报文的封装

习题5

5-1　IP 数据报中的首部检验和并不检验数据报中的数据，这样做的最大好处是什么？坏处是什么？

5-2　一个 3200bit 长的 TCP 报文传到 IP 层，加上 160bit 的首部后成为数据报。下面的互联网由两个局域网通过路由器连接起来,但第二个局域网所能传送的最长数据帧中的数据部分只有 1200bit，因此数据报在路由器必须进行分片。试问第二个局域网的数据链路层向其上层要传送多少比特的数据？

5-3　现有一个公司已经申请了一个 C 类网络地址 192.168.161.0,该公司包括工程技术部、市场部、财务部和办公室四个部门，每个部门约 60 台计算机。若要将几个部门各自组成一个子网，请问：

（1）如何设计子网掩码？

（2）划分子网后，每个部门最多可有多少台主机？写出各部门网络中的主机 IP 地址范围。

5-4　若某 CIDR 地址块中的某个地址是 128.35.55.26/22，那么该地址块中的第一个地址是多少？最后一个地址是多少？该地址块共包含多少个地址？

5-5　有如下的四个/24 地址块，试进行最大可能的聚合。

212.56.132.0/24，212.56.133.0/24，212.56.135.0/24，212.56.135.0/24

5-6　有两个 CIDR 地址块 208.128/11 和 208.130.28/22，请问是否有哪个地址块包含了另一个地址块？如果有，请指出，并说明理由。

5-7　某公司总部和 3 个子公司分别位于 4 个地方，网络结构如本题图所示。公司总部要求主机数 50 台，子公司 A 要求主机数 25 台，子公司 B 要求主机数 10 台，子公司 C 要求主机数 10 台，该公司用一个地址块 202.119.110.0/24 组网。请完成本题表标出的①～⑥处的主机地址和地址掩码。

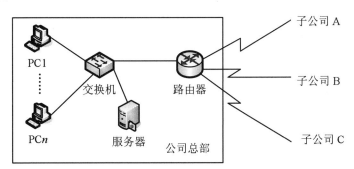

部门	可分配的地址范围	地址掩码
公司总部	202.119.110.129～①	255.255.255.192
子公司 A	②～202.119.110.94	③
子公司 B	202.119.110.97～④	255.255.255.240
子公司 C	⑤～⑥	255.255.255.240

5-8 主机 A 欲向本局域网上的主机 B 发送一个 IP 数据报，但只知主机 B 的 IP 地址，不知其 MAC 地址，ARP 如何工作使通信能够正常进行？

5-9 什么是 NAT？PAT 有哪些特点？

5-10 简述 ICMP 的作用。

5-11 如下图所示，请简述 PC1 在发送数据包给 PC2 时，数据在传递过程中 IP 报头和链路层报头中源 IP、目的 IP、源 MAC、目的 MAC 的变化，将相应的描述填入下表中。

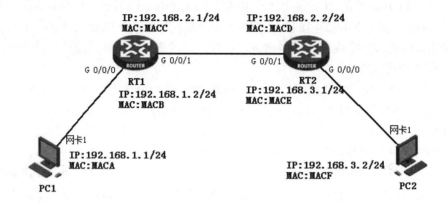

	源 IP	目的 IP	源 MAC	目的 MAC
PC1-R1				
R1-R2				
R2-PC2				

5-12 以习题 5-11 为拓扑图，若采用 RIP 协议，请画出 RT1 和 RT2 对应的路由表；若采用 OSPF 协议，每个接口的开销值是 10，请画出 RT1 和 RT2 对应的路由表。

5-13 简述基于 MPLS 的数据转发方式与基于传统 IP 路由的数据转发方式有什么不同？

协议分析实验

运行 Wireshark 并使你的计算机与 Internet 相连，上网浏览某网站，抓取几个上、下行的数据包，找到 IP 数据报并分析各字段的值及其意义。观察 IP 数据报被封装在 Ethernet 帧中传输的情况。如果抓到了 ICMP，试着分析其报文结构及功能。

第 6 章 下一代网际协议 IPv6

本章是有关下一代网际协议 IPv6 的描述，重点介绍了 IPv6 的产生原因、IPv6 的地址与 IPv6 首部格式等。通过本章的学习，应重点理解和掌握以下内容：

- IPv4 向 IPv6 发展的必然性
- IPv6 的新特性
- IPv6 地址的分类及其结构
- IPv6 基本报头结构
- IPv6 扩展报头及应用
- IPv6 的三种过渡技术

6.1 概述

Internet 协议的第 4 版（IPv4）为 TCP/IP 协议簇和整个 Internet 提供了基本的通信机制。它自从 1970 年底被采纳以来，几乎保持不变。版本 4 的长久性说明了协议设计具有灵活性和稳键性。从设计 IPv4 起到现在，处理器、存储器、Internet 的主干网带宽、网络技术及 Internet 状况都发生了相当大的变化。IPv4 虽然逐渐适应了技术的进展，但也暴露出了如下问题。

（1）地址枯竭。IPv4 的 32bit 地址结构提供了约 43 亿地址，虽然数量不少，但利用率不高。首先，早期的分类地址模式造成了大量地址的浪费，如早期美国的大学或大公司，几乎都能得到一个完整的 A 类或 B 类地址；其次，地址分配存在地域上的不平衡，已经分配的 IPv4 地址中，美国大约占有 60%，亚太和欧洲地区占有 30%，非洲和拉美占有不到 10%；再有，用于组播的 D 类和保留的 E 类地址占了所有地址的 12%，还有 2% 不能使用的特殊地址。基于以上原因，随着网络规模的不断发展，目前 IPv4 地址面临着短时间内枯竭的问题。

（2）NAT 技术的局限性。为解决 IPv4 比较紧缺的问题，目前网络普遍使用网络地址转换（Network Address Translation，NAT）技术。NAT 技术将私有地址映射到公有地址上，使很多使用私有地址的用户可以访问因特网。但 NAT 技术破坏了端到端的应用模型，而且地址转换设备支持转换越多，带给设备的负载越大。正是由于 NAT 的这些局限，使得 NAT 无法彻底解决 IP 地址不足的问题。

（3）路由表膨胀。早期 IPv4 的地址结构造成了路由表的容量过大。IPv4 地址早期为"网络号+主机号"结构，后来引入子网划分后为"网络号+子网号+主机号"结构，这两种结构不能进行地址块的聚合。CIDR 技术的出现，在一定程度上缓解了这个问题，但仍有历史遗留的大量地址空间无法改造。随着因特网中路由器和网络的增多，路由表容量的压力将会越来越大。

（4）地址配置不够简便。IPv4 的地址配置使用手动配置方法或自动配置（如 DHCP，动态主机配置协议）。手动配置要求使用者懂得一定的计算机网络知识；自动配置需要管理员部署和维护 DHCP 服务。以上都需要 IP 协议能提供一种更简单、更方便的地址自动配置技术，减少工作量和管理难度。

（5）安全性和 QoS（服务质量）方面的问题。IPv4 本身并没有提供安全性的机制，如果需要安全保证，则需额外使用 IPSec、SSL 等安全技术。IPv4 虽然具有 QoS 相应设计，但是因为种种原因在实际当中并没得到普及和使用。在现实中涌现的大量新兴网络业务，如视频点播、IP 电话等，都需要 IP 网络在时延、抖动、带宽、出错率等方面提供一定的服务质量保障。IPv4 在安全和 QoS 方面的缺陷使其已经不能满足目前因特网的使用需求。

鉴于以上原因，人们亟需设计一种新的 IP 协议来代替 IPv4。从 1990 年开始，互联网工程任务小组（Internet Engineering Task Force，IETF）开始规划 IPv4 的下一代协议，除要解决即将遇到的 IP 地址短缺问题外，还要发展更多的扩展功能。1994 年，各 IP 领域的代表们在多伦多举办的 IETF 会议中正式提议 IPv6 发展计划，该提议直到同年的 11 月 17 日才被认可，并于 1998 年 8 月 10 日成为 IETF 的草案标准。

IPv6 被设计成不仅有较大的地址空间，而且有更好的性能。可以说，IPv6 除了将地址扩大为 128 位之外，在首部格式、地址分配、组播支持、安全与扩展性等方面也都作出了改进。IPv6 继承了 IPv4 的优点并弥补了 IPv4 的不足。IPv6 与 IPv4 并不兼容，但与其他协议兼容，即 IPv6 完全可以取代 IPv4。

IPv6 所引进的变化可以分成如下 6 类。

（1）更大的地址空间。新的地址大小是 IPv6 最显著的变化。IPv6 把 IPv4 的 32 位地址增大到了 128 位。IPv6 的地址空间足够大，在可预见的将来不会耗尽。

（2）灵活的首部格式。IPv6 使用一种全新的、与 IPv4 不兼容的数据报格式。IPv6 删除和修改了 IPv4 首部的一些字段，并且创造性地用扩展首部替代了 IPv4 的选项字段。与 IPv4 相比，处理 IPv6 首部的速度更快，而且 IPv6 首部实现的功能更多和更具扩展性。

（3）对自动配置的支持。IPv6 引入了无状态的地址自动配置，该机制是 IPv6 的基本组成部分，无需专门的设备支持。该机制比 DHCP 更简单，使用更方便，这使得网络（尤其是局域网）的管理更加方便和快捷。

（4）支持资源分配。IPv6 提供了一种机制，允许对网络资源进行预分配，它以此取代了 IPv4 的服务类型说明。这些新的机制支持实时视频等应用，这些应用要求保证一定的带宽和时延。此外，对增强的组播支持也使得网络上的多媒体有了长足发展的机会。

（5）更小的路由表。IPv6 的地址分配一开始就遵循聚类（Aggregation）的原则，这使得路由器能在路由表中用一条记录表示一片子网，大大减小了路由器中路由表的长度，提高了路由器转发数据包的速度。

（6）更高的安全性。在 IPv6 的首部中，增加了安全的扩展首部，支持 IPv6 协议的节点就可以自动支持 IPSec，使加密、验证和虚拟专用网（VPN）的实施变得更加容易。

因为 IPv4 网络的种种问题和 IPv6 的技术上的优势，IPv6 网络逐渐在全球范围内得到了推广和部署。目前比较大的 IPv6 骨干网络主要包括如下网络。

（1）Internet2 主干网。Internet2 是指由美国 120 多所大学、协会、公司和政府机构共同努力建设的网络，它的目的是满足高等教育与科研的需要，开发下一代互联网高级网络应用项目。Internet2 拥有先进的主干网，主干网带宽达到 N*10G，正在逐步升级到 100G。Internet2

主干网连接了 60000 多个科研机构，并且和超过 50 个国家的学术网互联。

（2）6bone 网络。6bone 是 IETF（Internet 工程任务组）用于对 IPv6 进行测试的网络，目的是将 IPv4 网络向 IPv6 网络迁移。6bone 由 IETF 于 1996 年发布，它被用作 IPv6 问题的测试平台，包括协议的实现和 IPv4 向 IPv6 迁移等。它为 IPv6 产品及网络的测试和预商用部署提供测试环境，截至 2009 年 6 月已支持了 39 个国家的 260 个组织机构。

（3）CERNET2 网络。CERNET2（China Education and Research Network 2）即第二代中国教育和科研计算机网，是中国下一代互联网示范工程（CNGI）最大的核心网和唯一的全国性学术网，是目前所知的世界上规模最大的采用纯 IPv6 技术的下一代互联网主干网。

CERNET2 主干网将充分使用 CERNET 的全国高速传输网，以 2.5～10Gbps 传输速率连接全国 20 个主要城市的 CERNET2 核心节点，实现全国 200 余所高校下一代互联网 IPv6 的高速接入，同时为全国其他科研院所和研发机构提供下一代互联网 IPv6 高速接入服务，并通过中国下一代互联网交换中心 CNGI-6IX，高速连接国内外下一代互联网。

可以说目前 IPv6 网络技术已经比较成熟，并且在实验、教育和科研网络得到了广泛的推广。但是因为种种原因，在因特网商业网络领域仍然以 IPv4 网络为主，距离 IPv6 在全球范围内替换 IPv4 还有一段较长的路需要走。

6.2　IPv6 地址

IPv6 地址

在 IPv6 中，每个地址占 128 位，地址空间大于 $3.4×10^{38}$。如果整个地球表面（包括陆地和水面）都覆盖着计算机，那么 IPv6 允许每平方米拥有 $7×10^{23}$ 个 IP 地址。如果地址分配速率是每微秒分配 100 万个地址，则需要 10^{19} 年时间才能将所有可能的地址分配完毕。可见在想象的到的将来，IP 的地址空间是不可能用完的。考虑到 IPv6 的地址分配方式，不是每一个地址都可以得到使用，但是分配到每个人，其数量仍然是巨大的。

1. IPv6 地址格式

巨大的地址范围还必须使维护互联网的人易于阅读和使用这些地址。IPv4 所用的点分十进制记法现在也不够方便了。读者可以想象用点分十进制记法的 128 位（16 字节）的地址写法会有多么不便。因此，依据 RFC 4291（IP Version 6 Addressing Architecture），IPv6 的地址有三种格式：首选格式、压缩表示和内嵌 IPv4 地址的 IPv6 地址表示。

在首选格式中，IPv6 地址的 128 位中每 16 位为一段（Field），每段的 16 个二进制数又分别转换为 4 个十六进制数，这样 128 位的 IPv6 地址就被分成了 8 段，每段之间用冒号分隔。这种表示方法叫"冒号十六进制表示方法"。

下面是一个二进制表示的 128 位的 IPv6 地址：

0010000000000001000011011011100000000000000000000000000000000000
0000000000001000000010000000000000001000000001100010000001011111010

将其分为 8 段，每 16 位为一段：

0010000000000001　0000110110111000　0000000000000000　0000000000000000
0000000000001000　0000100000000000　0010000000001100　0100000101111010

每段都转换为 4 个十六进制数，段之间用冒号隔开，就成为了如下的地址形式：

2001:0DB8:0000:0000:0008:0800:200C:417A

在 IPv6 地址的每段中，前导的 0 可以去掉，但每段要至少保留一个数字，上述 IP 地址去掉前导 0 的过程如图 6-1 所示。

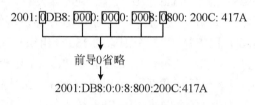

2001:0DB8:0000:0000:0008:0800:200C:417A

前导0省略

2001:DB8:0:0:8:800:200C:417A

图 6-1　IPv6 地址中去掉前导 0 的过程

为了使地址更加简洁，IPv6 使用压缩表示的格式，如果 IPv6 地址存在一个或多个全 0 的段，这一个或多个段用 "::" 表示。

如在地址 2001:DB8:0:0:8:800:200C:417A 中，第 3、4 段均为全 0（即每段的 16 位均为 0），则第 3、4 段可压缩为 "::"，因此，压缩后该地址为 2001:DB8::8:800:200C:417A。

下面是一些地址的例子。

FF01:0:0:0:0:0:0:101	一个组播地址
0:0:0:0:0:0:0:1	环回地址
0:0:0:0:0:0:0:0	未指定地址

可以被压缩为

FF01::101	一个组播地址
::1	环回地址
::	未指定地址

需要注意的是，为避免歧义，在一个地址中，该压缩方法只能使用一次，一般压缩较长的部分，如图 6-2 所示。

FE80:0:0:0:8:0:0:417A

压缩为::　不能再压缩

FE80::8:0:0:417A

图 6-2　压缩方法只能用一次

在 IPv6 过渡机制中，为和 IPv4 地址共存，还使用了内嵌 IPv4 地址的 IPv6 地址表示。在这种表示方法中，IPv6 地址的第一部分用冒号十六进制表示，而 IPv4 地址部分是点分十进制格式：x:x:x:x:x:x:d.d.d.d　（x 表示一个 4 位的十六进制数，d 表示 IPv4 地址中一个十进制数）

2．IPv6 地址分类

IPv6 地址用于标识不同的网络接口，按其标识网络接口的多少，IPv6 地址有三种类型：单播（Unicast）、组播（Multicast）和任播（Anycast）。广播地址已不再有效，其功能由组播地址来实现。

（1）单播地址。一个单接口的标识符，可以作为源地址和目的地址。送往一个单播地址的包将被传送至该地址标识的接口上。

单播地址按其作用范围不同，又可分为可汇聚的全球单播地址（Aggregatable Global

Unicast Address）、链路－本地地址（Link-local Address）和站点－本地地址（Site-local Address，目前已被唯一本地地址取代），如图 6-3 所示。

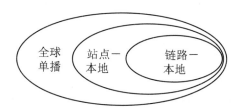

图 6-3 单播地址按作用范围分类

可汇聚的全球单播地址用于全球范围内的通信，通俗地说就是 IPv6 的公网地址，其前缀的高 3 位固定为 001，根据 RFC3177（IAB IESG Recommendations on IPv6 Address Allocations to Sites）的建议，其地址结构如图 6-4 所示。

0		48	64	127
001	全球路由选择前缀		子网标识符（16 位）	接口标识符（64 位）

图 6-4 可汇聚的全球单播地址结构

其中全球路由选择前缀和高 3 位 001 共占 48 位，用于进行全球范围内的路由；子网标识符占 16 位，用于组织内部标识子网；接口标识符占 64 位，用于标识链路上的不同接口。

链路－本地地址用于单个链路上的设备通信。两个设备在单个链路上是指设备间没有三层设备（如路由器）分隔，只有一层或二层设备相连。当支持 IPv6 的节点上线时，每个接口缺省地自动配置链路－本地地址，该地址专门用来和链路上的其他主机通信。链路－本地地址主要用于寻找邻居或路由器等操作。在主机启动后尚未获取较大范围的地址时，可以使用链路－本地地址进行通信。其地址结构如图 6-5 所示。

0	10	64	127
1111111010	全0	接口标识符	

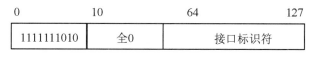

图 6-5 链路－本地地址结构

站点－本地地址与 IPv4 中的私有地址类似。使用站点－本地地址作为源或目的地址的数据报文不会被转发到本站点（相当于一个私有网络）外的其他站点。站点－本地地址使用 FEC0::/10 前缀。因为站点－本地地址的一些缺陷，目前该地址已被唯一本地地址（Unique Local Address）取代，唯一本地地址使用 FC00::/7 前缀。

单播地址的接口标识符（Interface ID）用于标识链路上的不同接口，可以自动生成或手动配置。在以太网中一般使用 EUI-64 方法生成接口标识符。

因为以太网络接口即为以太网卡，所以接口标识符和网卡对应。EUI-64 方法用网卡 MAC 地址生成接口标识符。在 EUI-64 转换过程中，首先将 16 位的 1111111111111110（0xFFFE）插入到 MAC 地址的前 24 位和后 24 位之间，再将 MAC 地址的 U/L 位（全局/本地位，是第一个字节的第 7 位）置为 1。从 MAC 地址到 EUI-64 格式接口标识符的转换过程如图 6-6 所示。

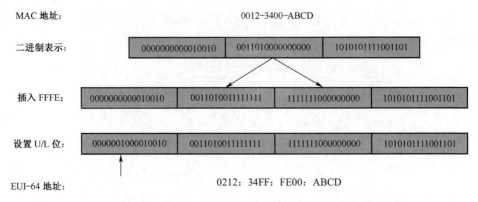

图 6-6　从 MAC 地址到 EUI-64 格式接口标识符的转换过程

下面以 Windows 8 为例，说明查看和设置网卡"本地连接"的 IPv6 单播地址的方法。

方法 1，图形界面设置。依次打开"控制面板"→"网络和 Internet"→"网络和共享中心网络连接"→"更改适配器设置"对话框，右键单击"本地连接"，在弹出的"本地连接 属性"对话框中选择"属性"命令［图 6-7（a）］，在弹出的"本地连接 属性"对话框中勾选"Internet 协议版本 6（TCP/IPv6）"复选框，单击"属性"按钮，在弹出的"Internet 协议版本 6（TCP/IPv6）属性"对话框中输入 IPv6 全局单播地址，此处以"2001::1"为例，如图 6-7（b）所示。

（a）"本地连接 属性"对话框　　　　　（b）"Internet 协议版本 6（TCP/IPv6）属性"对话框

图 6-7　图形界面设置 IPv6 单播地址

方法 2，命令行界面设置。

1）打开命令提示符，依次单击"开始"→"命令提示符"按钮，进入 IPv6 设置环境。

2）在命令提示符下依次输入"netsh"→"int ipv6"。

3）在 IPv6 设置环境下输入"show int"，查看本机网卡的索引号，如图 6-8 所示。

查看到本机有线网卡的名称为"本地连接"，索引号为 14。因为一台计算机可以包括有线网卡、无线网卡在内的多块网卡，每块网卡都有自己的 IPv6 地址，所以需要通过网卡索引号来进行区分。

```
C:\>netsh
netsh>int ipv6
netsh interface ipv6>show int

Idx   Met      MTU      状态              名称
---   ----    -------   ----------        ----
1     50     4294967295 connected        Loopback Pseudo-Interface 1
8     10      1492      connected        WLAN
11    50      1280      disconnected     isatap.{1621CC18-1AF7-449E-8E10-38038
6409539}
14    索引号  30       1400      disconnected     本地连接
5     为14    40       1500      disconnected     Bluetooth 网络连接
9              5        1500      disconnected     本地连接* 2
30    50               1280      disconnected     Teredo Tunneling Pseudo-Interface
```

图 6-8　查看本机网卡的索引号

4）为"本地连接"网卡设置 IPv6 全局单播地址。此处以"2001::1"为例，在 IPv6 设置环境下输入"add address 14 2001::1"，其中"14"为步骤 3 中查看到的"本地连接"索引号，"2001::1"为设置的 IPv6 地址。

5）查看"本地连接"的 IPv6 地址。在 IPv6 设置环境下输入"show address 14"，其中"14"为步骤 3 中查看到的"本地连接"索引号。设置和查看 IPv6 地址的结果如图 6-9 所示。

```
C:\>netsh
netsh>int ipv6
netsh interface ipv6>add address 14 2001::1      2001::1
                                                  为设置的
netsh interface ipv6>show address 14              IPv6全局
                                                  单播地址
地址 2001::1 参数        14为本地连接的索引号
---------------------------------------------------
接口 Luid           : 本地连接
作用域 ID           : 0.0
有效生存时间        : infinite
首选生存时间        : infinite
DAD 状态            : 暂时的
地址类型            : 手动
跳过作为源          : false

地址 fe80::c4bf:665d:265c:63db%14 参数
---------------------------------------------------
接口 Luid           : 本地连接
作用域 ID           : 0.14
有效生存时间        : infinite
首选生存时间        : infinite
DAD 状态            : 反对
地址类型            : 其他
跳过作为源          : false

netsh interface ipv6>
```

图 6-9　设置和查看 IPv6 地址的结果

由图 6-9 可以看到，"本地连接"的全局单播地址为"2001::1"，"本地连接"的链路本地地址为"fe80::c4bf:665d:265c:63db"。可以看出，链路本地地址的十六进制形式为"fe80::InterfaceID"，其前缀固定为"fe80::/64"，其接口标识符使用 EUI-64 方法自动生成。

（2）组播地址。一组接口（一般属于不同节点）的标识符，只可作为目的地址。送往一个组播地址的数据包将被传送至有该地址标识的所有接口上。因为一个组播地址对应多个接口，所以需清楚一个给出的组播地址与哪些接口对应。IPv6 的组播地址比较重要，不仅取代了 IPv4 中的广播地址，而且完成了其他一些常见功能。

IPv6 组播地址前 8 位为"11111111"，即使用"FF::/8"前缀，其结构如图 6-10 所示。

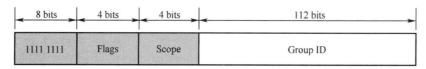

8 bits	4 bits	4 bits	112 bits
1111 1111	Flags	Scope	Group ID

图 6-10　组播地址结构

Flags（标志）字段指出在组播地址上设置的标志。该字段的大小为 4 位。从 RFC 2373 起，定义的唯一标志是该字段的最后一位，该位被定义为 Transient（T）标志，其余三位必须置 0。当设置为 0 时，T 标志指出组播地址是由 Internet 编号授权委员会（IANA）永久指派的多播地址。当设置为 1 时，T 标志指出组播地址是临时（非永久指派）的组播地址。

Scope（作用域）字段指出组播通信发生的 IPv6 网络的作用域。该字段的大小为 4 位。用来限制组播数据流在网络中发送的范围。以下是作用域在 RFC 2373 中的定义。

- 0：预留。
- 1：节点本地范围。
- 2：链路本地范围。
- 5：站点本地范围。
- 8：组织本地范围。
- E：全局范围。
- F：预留。

其中，链路本地范围、站点本地范围、全局范围与单播地址中的相应范围含义相同；节点本地范围代表一个节点内部的范围，仅用于在节点内部发送回环测试的组播数据；组织本地范围代表属于一个组织的多个站点的范围。

例如，使用组播地址 FF02::2 的通信有链路本地作用域。IPv6 路由器不会将此通信转发到本地链路以外。

Group ID（组 ID）字段标识了组播组，并且在作用域中是唯一的。该字段的大小为 112位。永久指派的组 ID 独立于作用域；临时组 ID 仅与特定的作用域有关。

因为 IPv6 的组播地址取代了 IPv4 中的广播地址，所以又定义了相关作用范围内的一些组播地址，这些地址均为 IANA 永久指派的组播地址。

为确定用于节点本地和链路本地作用域的所有节点，定义了以下组播地址。

- FF01::1 为节点本地作用域所有节点地址。
- FF02::1 为链路本地作用域所有节点地址。

为确定用于节点本地、链路本地和站点本地作用域的所有路由器，定义了以下组播地址。

- FF01::2 为节点本地作用域所有路由器地址。
- FF02::2 为链路本地作用域所有路由器地址。
- FF05::2 为站点本地作用域所有路由器地址。

在 IPv6 组播地址中，有一种特别的组播地址，称为被请求节点地址（Solicited-node Address）。被请求节点地址用于 IPv6 的地址解析和重复地址检测，代替了 IPv4 的广播地址。如果使用本地链路作用域所有节点的组播地址或像 IPv4 那样使用广播地址，可能扰乱网段上的所有节点，而使用被请求节点地址会很大程度减少对无关节点的干扰。

被请求节点组播地址由一个单播 IPv6 地址生成。生成方法是一个单播地址的低 24 位加上固定前缀"FF02::1:FF00:0/104"。当一个节点地址后 24 位和生成一个被请求节点组播地址的单播地址后 24 位相同时，该节点会接收发给这个被请求节点组播地址的 IP 分组。例如，对于链路本地地址为"FE80::2AA:FF:FE28:9C5A"的节点，相应的被请求节点地址是"FF02::1:FF28:9C5A"。本地链路上地址后 24 位为"28:9C5A"的所有节点会接收发给该组播地址的 IP 分组。

（3）任播地址。一组接口（一般属于不同节点）的标识符，只可作为目的地址。发送到任播地址的数据报文被传送给此地址所标识的一组接口中距离源节点最近(根据使用的路由协议进行度量）的一个接口。

单播允许源节点向单一目标节点发送数据报，组播允许源节点向一组目标节点发送数据报，而任播则允许源节点向一组目标节点中的一个节点发送数据报，而这个节点由路由系统选择，对源节点透明；同时，路由系统选择"最近"的节点为源节点提供服务，从而在一定程序上为源节点提供了更好的服务，也减轻了网络负载。

为了易于传输到最近的任意广播组成员，路由结构必须知道指派任意广播地址的接口以及按照路由度量的距离。目前，任意广播地址只被用于目标地址，并且只被指派给路由器。任意广播地址从单播地址空间指派。任意广播地址的作用域是指派任意广播地址的单播地址类型的作用域。

3．无状态的地址分配

IPv6 单播地址配置可以分为手动地址配置和自动地址配置两种方式。自动地址配置方式又可以分为无状态地址自动配置和有状态地址自动配置两种。

在无状态地址自动配置方式下，网络接口接收路由器宣告的全局地址前缀，再结合接口 ID 得到一个全局单播地址。在有状态地址自动配置的方式下，主要采用动态主机配置协议（DHCP），需要配备专门的 DHCP 服务器，网络接口通过客户机/服务器模式从 DHCP 服务器处得到地址配置信息。

与手动地址配置相比，无状态地址自动配置无需用户进行操作，提高了地址配置的自动化程度；与有状态地址自动配置（DHCP）相比，无状态地址自动配置只需路由器通告前缀，而无需记录地址的分配情况，减少了设备的负担。

在无状态地址自动配置过程中，路由器负责前缀通告。节点收到路由器通告的地址前缀后，加上自动生成的地址后缀（接口 ID）即可得到完整的地址。节点在生成地址后缀时，一般使用 EUI-64 方法基于 MAC 地址生成，因此在同一网段中不会出现地址冲突。

无状态地址自动配置的具体过程由 IPv6 的邻居发现（Neighbor Discovery，ND）协议完成，读者可查阅相关资料了解其具体过程。

6.3　IPv6 数据报格式

IPv6 报文与 IPv4 报文对比

IPv6 的数据报格式如图 6-11 所示。

图 6-11　IPv6 数据报格式

IPv6 数据报由 IPv6 基本报头和 IPv6 有效载荷组成。基本首部（Base Header）的大小固定，其后的有效载荷中允许有零个或多个扩展首部（Extension Header），再后是上层协议的数据。

IPv6 通过将 IPv4 报头中的某些字段进行裁减或将其移入到扩展报头，减小了 IPv6 基本报头的长度。IPv6 使用固定长度的基本报头，从而简化了转发设备对 IPv6 报文的处理，提高了转发效率。尽管 IPv6 地址长度是 IPv4 地址长度的 4 倍，但 IPv6 基本报头的长度只有 40 字节，为 IPv4 报头长度（不包括选项字段）的 2 倍。

图 6-12 为 IPv6 数据报基本首部的格式。每个 IPv6 数据报都从基本首部开始。IPv6 数据报基本首部的一些字段可以和 IPv4 首部中的字段直接对应。

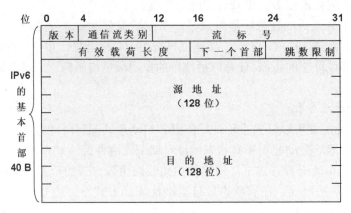

图 6-12　IPv6 数据报基本首部格式

下面介绍 IPv6 数据报基本首部中的各字段并举例说明 IPv6 数据报。

1. 版本（Version）

此字段占 4 位，它指明了协议的版本，对于 IPv6 该字段总是 6。

2. 通信流类别（Traffic Class）

此字段占 8 位，它指明数据报的流类型。该字段执行与 IPv4 首部服务类型相同的功能。

3. 流标号（Flow Label）

此字段占 20 位，它标明了一个流，不需查看内部数据，路由器就能通过它识别属于同一流的数据并以类似的方式进行处理。

IPv6 提出流的抽象概念。流是指互联网络上从一个特定源站到一个特定目的站（单播或多播）的一系列数据报，而源站要求在数据报传输路径上的路由器保证指明服务质量。例如，两个要发送视频的应用程序可以建立一个流，它们所需要的带宽和时延在此流上可得到保证。另一种方式是，网络提供者可能要求用户指明他所期望的服务质量，然后使用一个流来限制某个指明的计算机或指明的应用程序所发送的业务流量。流也可以用于某个给定的组织，用它来管理网络资源，以保证所有的应用能公平地使用网络。

所有属于同一个流的数据报都具有同样的流标号。源站在建立流时是在 $2^{20}-1$ 个流标号中随机选择一个，即流标识符。流标号 0 保留，作为指出没有采用流标号。源站随机地选择流标号并不会在计算机之间产生冲突，因为路由器在将一个特定的流与一个数据报相关联时，使用的是数据报的源地址和流标号的组合。

4. 有效载荷长度（Payload Length）

此字段占 16 位，它指明了除首部自身的长度外 IPv6 数据报所载的字节数。可见一个 IPv6 数据报可容纳 64KB 的数据。由于 IPv6 的首部长度是固定的，因此没有必要像 IPv4 那样指明数据报的总长度（首部与数据部分之和）。

5．下一个首部（Next Header）

此字段占 8 位，标识接在 IPv6 基本首部后面的扩展首部的类型。

6．跳数限制（Hop Limit）

此字段占 8 位，用来防止数据报在网络中无限期地存在。源站在每个数据报发出时即设定某个跳数限制。每一个路由器在转发数据报时，要先将跳数限制字段中的值减 1。当跳数限制的值为零时，就要将此数据报丢弃。这相当于 IPv4 首部中的寿命字段，但比 IPv4 中的计算时间间隔要简单些。

7．源站 IP 地址

此字段占 128 位，是此数据报的发送站的 IP 地址。

8．目的站 IP 地址

此字段占 128 位，是此数据报的接收站的 IP 地址。

9．IPv6 数据报实例

下面是一个 IPv6 数据报的实例。IPv6 数据报首部如图 6-13 所示。

```
⊞ Frame 6: 94 bytes on wire (752 bits), 94 bytes captured (752 bits)
⊞ Ethernet II
⊟ Internet Protocol Version 6
  ⊞ 0110 .... = Version: 6
  ⊞ .... 0000 0000 .... .... .... .... .... = Traffic class: 0x00000000
    .... .... .... 0000 0000 0000 0000 0000 = Flowlabel: 0x00000000
    Payload length: 40
    Next header: ICMPv6 (0x3a)
    Hop limit: 128
    Source: fe80::240:5ff:fe42:e967 (fe80::240:5ff:fe42:e967)
    [Source SA MAC: AniCommu_42:e9:67 (00:40:05:42:e9:67)]
    Destination: fe80::20d:88ff:fe47:5826 (fe80::20d:88ff:fe47:5826)
    [Destination SA MAC: D-Link_47:58:26 (00:0d:88:47:58:26)]
⊟ Internet Control Message Protocol v6
    Type: Echo (ping) request (128)
    Code: 0
    Checksum: 0x065f [correct]
    Identifier: 0x0000
    Sequence: 52
  ⊞ Data (32 bytes)
```

图 6-13　IPv6 数据报首部

图 6-13 所示的数据报是在图 6-14 所示的 IPv6 的 ping6 命令过程中，由主机发送的第一个 ping6 命令的报文。

```
C:\Documents and Settings\jsjwl>ping6 fe80::20d:88ff:fe47:5826%5
```

图 6-14　IPv6 下的 ping6 命令

上述 IPv6 数据报实例首部各字段的取值和含义如下。

- 版本（Verison）=6：说明此 IP 数据报是 IPv6 的数据报。
- 流类别（Traffic Class）=0：说明此 IPv6 数据报属于默认的流类型，无需特殊处理。
- 流标号（Flow Label）=0：实际上关于流标签的使用细节还没有定义，所以该字段的取值一般为 0。
- 有效载荷长度（Payload Length）=40：说明有效载荷一共为 40 字节。
- 下一个首部（Next Header）=58（即十六进制 3a）：说明载荷部分数据为 ICMPv6 的数据，由此可看出此 IPv6 数据报没有扩展首部，载荷部分直接为上层协议数据。

- 跳数限制（Hop Limit）=128：说明此数据报在传输过程中最多跨越 128 台路由器。
- 源站 IP 地址=fe80::240:5ff:fe42:e967：该地址为数据报的发送主机的地址，由取值可以看出，这是一个链路本地地址。
- 目的站 IP 地址= fe80::20d:88ff:fe47:5826：该地址为数据报接收方主机的地址，也是一个链路本地地址。该地址是执行 ping6 命令时由用户指定的。

6.4　IPv6 扩展首部

基本的 IPv6 数据报首部对于执行转发等基本功能是足够的，但一些扩展功能，如源站指定路由，还需要更多的字段。因为基本首部是固定的，所以 IPv6 将实现扩展功能的部分放到有效载荷中。根据需要，IPv6 基本首部后面的有效载荷中可以有 0 个、1 个或多个连续的扩展首部，每个扩展首部分别实现不同的扩展功能。

通过扩展首部，IPv6 比 IPv4 提供了更多扩展功能。IPv4 选项字段受限于 40 个字节，而 IPv6 扩展首部仅受限于分组大小。而且，除了逐跳选项扩展首部外，路由器只处理基本首部，而不处理其余扩展首部，这样提高了转发效率并减少了中间路由器的负担。

每个基本首部和扩展首部都包含一个下一个首部（Next Header）字段。从基本首部开始，每个下一个首部字段指明后续首部的类型。最后一个扩展首部的下一个首部字段指明了后面高层协议的类型。例如，图 6-15 展示了 3 个 IPv6 数据报的首部与扩展首部。

基本首部 Next Header =TCP	TCP 报文

（a）只有一个基本首部

基本首部 Next Header =ROUTE	路由首部 Next Header =TCP	TCP 报文

（b）一个基本首部和一个扩展首部

基本首部 Next Header = Hop by hop	Hop-by-hop 首部 Next Header = ROUTE	路由首部 Next Header =TCP	TCP 报文

（c）一个基本首部和两个扩展首部

图 6-15　IPv6 数据报的首部与扩展首部

图 6-15 的（a）（b）（c）分别包含 0、1、2 个扩展首部，每个首部的下一个首部指明了接下去的首部的类型。其中因为第一个数据报包含 0 个扩展首部，所以其基本首部的下一个首部字段直接指明了高层协议的类型是 TCP。

下面介绍几种扩展首部及其功能。

1. 逐跳选项扩展首部

逐跳选项（Hop-by-hop Options）扩展首部所携带的信息在数据报传送的路径上的每一个路由器都必须加以检查。到目前为止，只定义了一个选项：超大净荷长度，其格式如图 6-16 所示。

8	8	8	8
Next Header	0	194	4
Jumbo Payload Length（超大净荷长度）			

图 6-16　超大净荷长度选项

这个选项支持超过 65535 字节的净荷载，当使用这个选项时，IPv6 固定报头中的净荷载字段要设置为 0。

Hop-by-hop 扩展首部包括以下几个字段。

（1）下一个首部（8bit）。

（2）扩展首部的长度（8bit）：长度以 8 字节为单位，但不包括最开始的 8 个字节，所以这个字段目前值为 0。

（3）选项类型（8bit）：选项类型中低 5 bit 指明一个具体的选项。选项类型中最高的 2bit 指明当一个节点不能识别这一选项时，应采取如下行动。

● 00：跳过此选项，继续处理这个首部。

● 01：丢弃此数据报，但不发送 ICMP 报文。

● 10：丢弃此数据报，向源站发送 ICMP 报文，指出不能识别的选项类型。

● 11：丢弃此数据报，向源站用非多播方式发送 ICMP 报文，指出不能识别的选项类型。

选项类型中第 3 个高位比特指明在数据报从源站到目的站的传送过程中不允许改变（0）或允许改变（1）。

这里的 194 对应二进制 11000010。高两位 11，指明当节点不能识别此选项的含义时应采取的行动；第三位为 0，指明在数据报从源站到目的站的传送过程中不允许改变；后五位为 00010，定义为超大净荷载选项报头。

（4）净荷载长度的字节数（8bit），当前值为 4：表示用接下来的 4 个字节（32bit）表示净荷载长度。

接下来的 4 字节表明净荷载长度。小于 65535 字节的长度是不允许的，第一台路由器将会丢弃此类分组并作为不能识别的选项处理，向源站发 ICMP 出错消息。

32bit 长的字段可指明超过 4GB 长的数据。对于这种数据报不能有分片扩展首部。这有利于传送大量的视频数据或在超级计算机之间传送 GB 量级的数据，也有利于使 IPv6 最佳地使用任何传输介质可供使用的容量。

2. 分片扩展首部

IPv6 将分片限制为由源站来完成。在发送数据前，源站必须进行一种称作路径的最大传送单元发现（Path MTU Discovery）的技术，以此来确定沿着这条路径到目的站的最小 MTU。在发送数据报前，源站先将数据报分片，保证每个数据报片都小于此路径的 MTU。因此，分片是端到端的，中间的路由器不需要进行分片。

IPv6 基本首部中不包含用于分片的字段，而是在需要分片时，源站在数据报片的基本首部的后边插入一个小的分片扩展首部，如图 6-17 所示。

图 6-17　分片扩展首部

IPv6 保留了 IPv4 分片的大部分特征。下一个首部字段指明紧接着这个扩展首部的下一个首部。保留字段是为今后使用的。片偏移字段共 13bit，它指明本数据报片在原来的数据报中的偏移量，其单位是 8 个字节。可见每个数据报片必须是 8 个字节的倍数。再后面的保留字段占 2bit，也是为今后使用的。M 字段中只有 1 个比特。M＝1 表示后面还有数据报片，M＝0表示已经是最后一个数据报片。标识符字段采用 32bit，可以适应更高速的网络，它用来唯一地标识原来的数据报。

6.5 过渡技术

目前因特网上使用的仍是 IPv4 协议，因为技术、商业等因素 IPv6 仍然没有取代 IPv4。目前世界上很多国家都在建立自己的 IPv6 网络，如我国的 CERNET2、美国的 Internet2 主干网 Abilene 等。因为 IPv4 已暴露出种种缺陷，因此 IPv6 取代 IPv4 是一种趋势。

由 IPv4 过渡到 IPv6 主要经历三个阶段：IPv6 发展初级阶段、IPv6 与 IPv4 共存阶段、IPv6占主导地位阶段。

目前处于 IPv6 发展初级阶段。在此阶段因特网使用 IPv4 协议，各 IPv6 独立网络可以形象地称为 IPv6 孤岛。IPv6 孤岛采用隧道技术（Tunnel）通过现有 IPv4 网络互联互通。该阶段的网络情况如图 6-18（a）所示。

在 IPv6 与 IPv4 共存阶段，IPv6 已经有了自己的因特网骨干网络，和 IPv4 因特网骨干网共存。此时 IPv6 得到了大规模应用，但是因特网上仍存在大量 IPv4 节点。此时不仅要采用隧道技术，而且还要采用 IPv4 与 IPv6 协议之间的协议转换技术。该阶段的网络情况如图 6-18（b）所示。

到了 IPv6 占主导地位阶段，此时 IPv6 已经取代 IPv4 成为因特网上的主要协议，而 IPv4网络成为了因特网上的孤岛。IPv4 的孤岛也需要采用隧道技术，通过 IPv6 的网络互联互通。该阶段的网络情况如图 6-18（c）所示。

（a）初级阶段　　　　　　　　（b）共存阶段　　　　　　　　（c）主导阶段

图 6-18　IPv6 发展的三个阶段

目前仍处于 IPv6 发展初级阶段，而且该阶段会持续很长一段时间，因此研究 IPv4 和 IPv6共存的过渡技术就十分重要。IPv6 的过渡技术主要包括双协议栈技术、隧道技术和网络地址转换/协议转换技术三种。

1. 双协议栈技术

双协议栈技术简称双栈技术，是指在节点（主机、路由器等设备）上同时安装 IPv4 和 IPv6两种协议栈。目前很多操作系统都已经默认安装了 IPv6，此时主机就是双栈节点。双栈节点与 IPv4 节点通信时使用 IPv4 协议，与 IPv6 节点通信时使用 IPv6 协议。双栈技术应用广泛，

是过渡技术的基础，但是不能实现 IPv6 孤岛通过现有 IPv4 网络互通，为此需要使用隧道技术
（Tunnel）。

2. 隧道技术

隧道技术（Tunnel）即在一种协议报文中封装另一种协议报文的技术。IPv6 的隧道技术主
要是将 IPv6 报文封装在 IPv4 报文中，从而可以在 IPv4 网络中传输 IPv6 报文。隧道技术的原
理如图 6-19 所示。

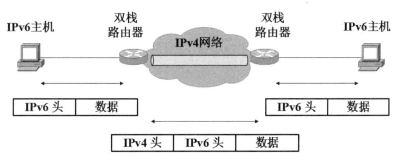

图 6-19　隧道技术的原理

在图 6-19 中，通信的两台 IPv6 主机只能收发 IPv6 报文。隧道两端的路由器均为双栈节
点，将 IPv6 报文封装到 IPv4 报文中，从而在 IPv4 网络中传输。按照隧道两端的节点的定位
方法，隧道技术又可分为动态隧道和手工隧道两大类。

隧道技术实现了纯 IPv6 节点通过 IPv4 网络的通信，是目前 IPv6 孤岛互通使用的主要技
术，但是隧道技术不能实现纯 IPv6 节点和纯 IPv4 节点的通信，为此需要使用网络地址转换/
协议转换技术。

3. 网络地址转换/协议转换技术

网络地址转换/协议转换技术（Network Address Translation-Protocol Translation，NAT-PT）
是指通过 NAT-PT 网关完成 IPv6 与 IPv4 之间地址的转换和报文相关字段转换，从而实现 IPv6
节点与 IPv4 节点互通，如图 6-20 所示。

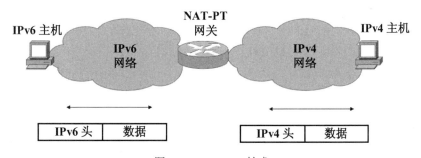

图 6-20　NAT-PT 技术

上面三种技术解决了在 IPv4 和 IPv6 共存情况下，不同节点之间的通信问题。它们的工作
原理不同，适用场合也不同。

6-1   IPv6 与 IPv4 相比发生了哪些变化？这些变化对网络的发展将产生怎样的影响？

6-2   和 IPv4 首部相比，IPv6 首部取消了哪些字段？为什么？

6-3   将地址 0000:0DB8:0000:0000:0008:0800:200C:417A 用零压缩法写成简写形式。

6-4   以下的每一个地址属于哪种类型？

（1）fe80::be30:5bff:fec2:9feb （2）:: （3）::1   （4）FF02::1

6-5   IPv6 的过渡技术有哪三种？分别适用于哪种场合？

第 7 章 传输层

本章主要讲解有关传输层的一些概念和基础知识。通过本章的学习，理解传输协议（Transport Protocol）是整个网络体系结构中的关键技术之一，掌握传输层位于网络层与应用层之间，其主要功能是负责应用程序之间的通信，主要担负连接端口管理、流量控制、错误处理、数据重发等工作。通过本章的学习，应重点理解和掌握以下内容：

- 传输层在网络体系结构中所处位置
- 传输层的要素
- 掌握 TCP、UDP 的端口机制
- TCP 协议的特点
- 可靠传输的工作原理
- TCP 协议的报文格式
- 掌握 TCP 协议的连接管理
- TCP 协议的确认重传机制以及流量控制
- UDP 协议的特点
- UDP 协议的报文格式

7.1 传输层概述

7.1.1 传输层简介

传输层位于网络体系结构的第四层，是整个网络体系结构的核心部分之一。传输层的目标是利用网络层提供的服务向其用户（应用进程）提供有效、可靠的服务。

传输层通过使用网络层服务向上层提供服务。对于不完善的网络层服务，传输层要采用相应措施屏蔽其细节；对于相对较完善的网络层服务，传输层仍是必需的。即使相对较完善的网络层服务（如虚电路），不同的网络层的实现也存在着差异，这种差异也需要传输层进行屏蔽。而且，网络层只提供主机到主机的传输服务，而进程到进程的传输服务则需要传输层来提供。

如果将传输层以上的各层均作为应用层，则由传输层（而不是网络层）直接与上层应用层进行数据通信。需要注意的是，在通信子网中没有传输层，传输层只存在于通信子网以外的各主机中。其原因是用户所能控制的只有收发两端的主机，传输层如果需要解决数据传输中的问题，则相应控制措施只能在两端的主机上实现。例如，遇见网络中分组丢失的情况，发送端主机的传输层需要重发丢失的分组，重发过程由主机发起，中间网络并不知道传输的数据是重发的数据还是新的数据。应用程序进行数据通信的过程如图 7-1 所示。

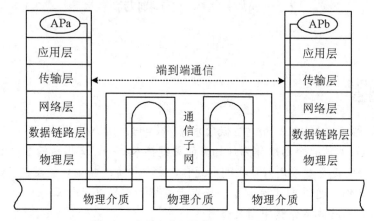

图 7-1　应用程序进行数据通信的过程

由于传输层屏蔽了与传输有关的细节，所以上层应用无需关心传输的过程而只需关心传输的内容。整个网络体系结构可分为网络功能和用户功能。传输层是一个特殊的层次，从其管理传输的角度，可作为网络功能，而从其为应用层服务的角度，亦可称其为用户功能。传输层存在于端系统中，也就是存在于用户的软件之中。所以将传输层既划分在网络功能中，又划分在用户功能之中。网络功能的相关各层也被称为下层，用户功能相关各层也被称为上层，传输层在上下层中的位置如图 7-2 所示。

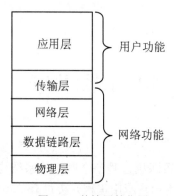

图 7-2　传输层的位置

7.1.2　提供给高层的服务

传输层的最终目标是利用网络层提供的服务向其用户（一般是应用层的进程）提供有效、可靠的服务。其主要任务是：在优化网络服务的基础上，为源端主机到目的端主机提供可靠的、价格合理的数据传输，使高层服务用户在相互通信时不必关心通信子网实现的细节，即与所使用的网络无关。

传输层提供给高层的服务由传输层实体来提供。传输层实体位于收发两端的主机上，是完成传输层工作的硬件和（或）软件。传输层实体作为一个相对独立的实体，其实现形式可能是操作系统内核的一部分，也可能以一个独立链接库的形式被绑定到网络应用中。

传输层实体也可集成于应用程序（即应用层）中，但该种方式实现效率较低。在开发网络程序时，需要编写传输层代码，则开发人员工作量太大。所以传输层实体一般作为独立模块存在，并向开发人员提供统一的开发接口供网络程序调用。应用程序通过传输服务访问点（Transport Service Access Point，TSAP）访问和使用传输层服务。

总之，传输层位于收发两端的主机上，以独立的传输层实体存在，并通过相应接口向上层提供服务，如图 7-3 所示。

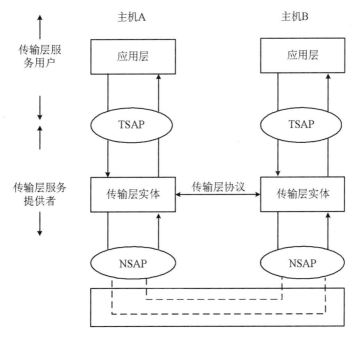

图 7-3　传输层作为独立实体向上层提供服务

7.1.3　传输层要素

数据在跨网络传输时，可能会遇到多种问题。数据在由发送端程序向接收端程序的传输过程中，可能会丢失、延迟、改变、重复和乱序。传输层需要屏蔽网络层的这些细节，在优化网络服务的基础上，提供从源端主机到目的端主机可靠的、价格合理的数据传输。

传输层向上层提供的服务是端到端的传输服务。端到端的传输是指上层进程间跨网络的数据传输。传输层保证数据从发送进程按顺序传输到接收方进程。为了屏蔽网络细节及向上层应用提供可靠的传输服务，传输层需要完成 4 项工作，分别是传输层寻址、连接管理、差错控制和流量控制与缓冲机制。

1. 传输层寻址

目前操作系统大多为多任务系统，可同时运行多个应用程序。网络层地址（如 IP 地址）只能定位某台主机。为了进一步标明发送数据和接收数据的网络进程，传输层需要区分同一主机上的不同网络进程。

传输层对主机上的不同网络进程进行了编号，用不同的数字区分不同的网络进程。传输层标识网络进程的数字称为传输层地址或端口号。通过该方法，传输层可以使多对进程间的通信复用到一个网络连接上，以此来完成多对应用程序间的通信。例如，假设两台计算机主机 A 和主机 B 要进行数据通信，如图 7-4 所示，主机 A 上的应用程序 AP1 和 AP2 分别要和主机 B 上的应用程序 AP3 和 AP4 进行通信。在传输层实体的控制下，这两对通信可通过一个网络连接来完成。

图 7-4　多进程通信情况

2. 连接管理

通过连接管理，传输层保证了数据按顺序、不重复地传输。

传输层在发送数据之前需要先建立连接。在建立连接过程中，进行初始序号协商和分配资源等工作。连接建立后，传输层才开始发送数据。在数据发送过程中，数据的序号在初始序号的基础上依次递增。

如果后发送的数据比先发送的数据提前到达接收方，则接收方的传输层可依据序号进行排序。如果数据重复传输，则接收方的传输层可依据序号丢弃多余的数据。

发送数据结束后，双方要释放所用资源，此过程称为释放连接。通过连接管理，传输层记录了数据的传输状态，保证了向上层提供按序收发数据的服务。

3. 差错控制

传输层一般使用确认和超时重传的机制以保证数据正确传输。

因为线路的原因，数据在传输时可能出错；因为路由器负载过重的原因，数据在传输时可能丢失。为使发送端知道数据是否正确传输，传输层实体使用确认机制，接收端正确收到数据后向发送端回发确认。发送端发送数据后则开始计时，如果在规定的超时时限内未收到确认，则认为数据传输失败并重发数据。

4. 流量控制与缓冲机制

因为数据在网络中传输可能出错或丢失，所以发送方需要缓存已发送的数据以便将来重传。因为接收端程序处理的速度可能小于数据到达的速度，所以需要接收方暂存数据，以防丢失。造成数据丢失的原因可能是中间网络负载过重，由于网络负载过重而造成的转发失败如图 7-5 所示，也可能是发送速度过快造成接收方缓冲区溢出，由于接收方缓冲区溢出而造成的数据丢失如图 7-6 所示。

图 7-5　由于网络负载过重而造成的转发失败

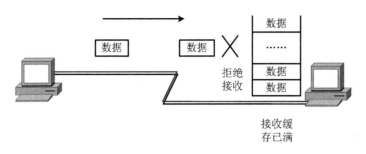

图 7-6　由于接收方缓冲区溢出而造成的数据丢失

　　为了防止发送方发送速度过快，加重网络负担或"淹没"接收方，需要调整发送方的发送速度，此过程称为流量控制。与数据链路层类似，传输层会限制对发送缓冲区的使用，即使用滑动窗口方法。不同的是，传输层会动态调整可用发送缓冲区的大小，即使用可变大小的发送窗口。

　　综上所述，传输层实体位于收发两端的主机上，以独立的传输层实体存在，通过使用网络层服务并对其进行优化和改善，向上层应用提供端到端跨网络的可靠传输服务。

7.1.4　TCP/IP 协议栈的传输层

　　TCP/IP 协议栈的传输层包括两个协议：用户数据报协议（User Datagram Protocol，UDP）和传输控制协议（Transmission Control Protocol，TCP）。TCP 与 UDP 在 TCP/IP 协议栈中的位置如图 7-7 所示。

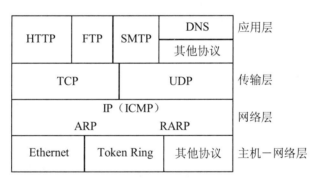

图 7-7　TCP 与 UDP 在 TCP/IP 协议栈中的位置

　　网络层的 IP 提供的是不可靠数据报服务，TCP 和 UDP 建立在该服务的基础上。应用程序调用 TCP 或 UDP 传输数据，而不直接调用 IP。

　　TCP 提供的是可靠的、面向连接的服务。TCP 进行传输层寻址、连接管理、差错控制和流量控制。如果 IP 分组的传输出现错误、丢失或乱序，TCP 会进行处理，从而保证应用程序得到的是可靠的数据。TCP 与 UDP 相比提供了较多的功能，但是相对的报文格式和运行机制也较为复杂。

　　UDP 提供的是不可靠、无连接的服务，即在进行数据传输之前不需要建立连接，而目的主机收到数据报后也不需要发回确认。这种协议提供了一种高效的传输服务，用于一次传输少量数据报文的情况，其可靠性由应用程序来提供。UDP 在某些情况下是一种高效的工作方式。有的应用对可靠性要求不高，而对数据传输的效率要求较高时，通常采用 UDP 而不是 TCP。

端口

7.1.5 端口

传输层与网络层在功能上的最大区别就是前者提供了应用进程间的通信能力。第 6 章已经介绍了关于网络层 IP 协议的知识，我们已经知道了 IP 的功能是将信息包正确地传送到目的地。当信息包到达目的地后，如果计算机上有多个应用程序正在同时运行，例如，Outlook Express 和 Internet Explorer 在同时运行，那收到的 IP 信息包中所携带的信息应该送给哪个应用程序呢？此时，TCP/IP 传输层可以通过协议端口（Protocol Port，简称端口）来标识通信的应用进程。传输层就是通过端口与应用层的应用程序进行信息交互的，应用层的各种用户进程通过相应的端口与传输层实体进行信息交互。各端口的意义如图 7-8 所示。

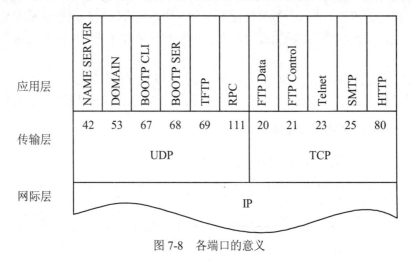

图 7-8　各端口的意义

图 7-8 中列出了一些常用的端口。从图中可以看出，应用层各种协议是通过某个端口和传输层实体进行信息交互的。

在传输层和应用层接口上设置的端口是一个 16 位长的号码，范围为 0～65535。按照 IANA 的规定，0～1023 端口号称为熟知端口（Well-Known Port），图 7-8 所列出的端口都是熟知端口，它们主要是给提供服务的应用程序使用的。这些端口是 TCP/IP 体系已经公布的，因此是所有应用进程都知道的。其余 1024～65535 端口号称为一般端口或动态连接端口（Registered/Dynamic），用来随时分配给要求通信的各客户端应用进程。在数据传输过程中，应用层中的各种不同的服务器进程不断地检测分配给它们的端口，以便发现是否有某个应用进程要与它通信。

表 7-1 介绍了一些常见的端口号的具体意义。

表 7-1　常见的端口号的具体意义

协议	端口号	关键字	具体意义
UDP	42	NAME SERVER	主机名字服务器
UDP	53	DOMAIN	域名服务器
UDP	67	BOOTP Client	客户端启动协议服务
UDP	68	BOOTP Server	服务器端启动协议服务
UDP	69	TFTP	简单文件传输协议

续表

协议	端口号	关键字	具体意义
UDP	111	RPC	微系统公司 RPC
TCP	20	FTP Data	文件传输服务器（数据连接）
TCP	21	FTP Control	文件传输服务器（控制连接）
TCP	23	Telnet	远程终端服务器
TCP	25	SMTP	简单邮件传输协议
TCP	80	HTTP	超文本传输协议

但是，只使用端口号来进行数据传输仍然存在问题。例如，两台计算机主机 A 和主机 B 要同时使用简单邮件传输协议，通过目的主机的 25 号端口与主机 C 进行通信，在传送数据前，主机 A 和主机 B 要分别为自己的通信进程分配端口号，若它们自由分配的端口号相同，则目的主机 C 就无法区分收到的数据包是主机 A 发的还是主机 B 发的，解决这种问题就要引入一个新的概念。通过 SMTP 进行通信的过程如图 7-9 所示。

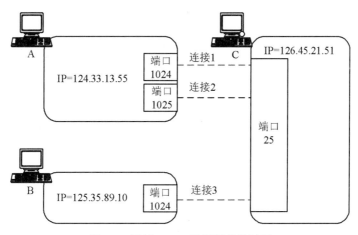

图 7-9　通过 SMTP 进行通信的过程

为了使多主机多进程通信时不至于发生上述的混乱情况，必须把端口号和主机的 IP 地址结合起来使用，称为插口或套接字（Socket）。由于主机的 IP 地址是唯一的，这样目的主机就可以区分收到的数据报的源端主机了。

插口包括 IP 地址（32 位）和端口号（16 位），共 48 位。图 7-9 所示的（124.33.13.55，200）和（126.47.21.51，25）就是一对插口。在整个 Internet 中，在传输层上进行通信的一对插口都必须是唯一的。上述例子中使用的是 TCP 协议，若使用 UDP 协议，则在进行通信的进程间不需要建立连接，但是在每次传输数据时，都要给出发送端口和接收端口，因此同样也要使用插口。

7.2　传输控制协议（TCP）

TCP 是 TCP/IP 体系结构中的传输控制协议，是面向连接的向上层提供可靠的全双工数据流式的传输服务，本节先对 TCP 进行简要介绍，然后再详细介绍 TCP 的报文格式、可靠传输、拥塞控制、差错控制和连接管理等内容。

7.2.1　TCP 的主要特点

TCP 的主要特点如下：

（1）可靠的传输。TCP 是建立在 IP 的基础上的。TCP 的传输单元（PDU）被称为 TCP 段（TCP Segment），TCP 段被封装在 IP 分组中传输出去。IP 分组在传输过程中可能因为设备或线路的原因出现传输错误，IP 协议不处理这些错误。所以 TCP 段在网络中的传输也是不可靠的。双方的 TCP 协议需要采取相应的差错控制措施。通过差错控制，TCP 可以检测到传输过程中 TCP 段的错误与丢失，并且处理这些问题，最终使数据被正确传输。

因为 TCP 已经处理了传输中的错误，所以调用 TCP 的应用进程察觉不到传输错误，TCP 屏蔽了网络的细节，向上层提供了可靠的传输服务。

（2）面向连接。除了不处理传输错误外，IP 协议也不记录 IP 分组的传输状态，IP 协议不记录分组发送的先后顺序和当前已经传输到哪个分组。

而 TCP 向上提供面向连接的服务，使接收方进程收到数据的顺序和发送方进程发送数据的顺序保持一致。TCP 会对传输的每个字节进行编号，接收方通过序号对乱序的数据进行排序。在开始发送数据前，双方要商定初始的序号，以后每个字节的序号在初始序号上依次递增。

（3）数据流式传输。数据流的含义是数据的传输都是连续的、不间断的。应用进程调用 TCP 传输的数据可能需要封装到多个 TCP 段中传输出去，接收方 TCP 协议收到这些 TCP 段后，会把其中的数据取出来，组装后再上交给接收进程。TCP 将数据分段并封装的过程对上层来说是透明的，应用进程并不知道数据是封装到几个 TCP 段传输的。

（4）全双工。TCP 的数据传输是双方向的，在使用 TCP 传输数据时主机既可以发送数据同时也可以接收数据。针对每个方向上的数据流，TCP 都要进行管理。比如一个方向上的数据传输，需要使用发送窗口、接收窗口，反方向上的数据流也要有这两个窗口，这样在一次连接中就需要四个窗口。

7.2.2　可靠传输的工作原理

如果通信网络满足以下两种条件，称为理想网络。其一，网络很可靠，在其上进行通信时数据既不会出错也不会丢失。其二，发送端不管以多快的速率发送数据，接收端都能及时准确地接收到发送的数据，此时不需要任何传输层协议就可以保证数据传输的正确性。

但实际网络环境并非如此。因特网的复杂性、网络流量的不可预知及不可控性、网络故障的不可避免性、算法不可能完美等因素决定了上述两个理想条件不可能满足。因特网的网络层 IP 协议向上层提供了不可靠、无连接的传输服务。

TCP 需要在 IP 协议的基础上向上层提供端到端的可靠的、面向连接的服务。它必须解决三层以下的不可靠问题。为此 TCP 必须在出现差错时保证发送方重传出错的数据；同时当接收方和中间网络来不及处理发送数据时，通知数据发送方及时降低数据的发送速度。

本小节先对可靠传输的基本工作原理进行介绍，在后续小节中会详细介绍 TCP 报文中的相关字段、拥塞控制、差错控制等保障 TCP 可靠传输的具体措施。

下面先介绍停等协议原理，然后介绍连续 ARQ 协议原理。

1. 停等协议

通信模型如图 7-10 所示，该图描述了在因特网中相互通信的两个节点传输层通信的模型（为方便起见，采用该模型进行研究）。主机 A 与主机 B 的传输层通过因特网连接在一起，在该通信模型中，高层统称为主机。

图 7-10　通信模型

对于数据的出错或丢失，传输层可对欲发送的分组添加差错校验码，接收端通过差错校验，可判断出分组是否发生错误，接收是否准确等。如果接收错误，就向发送端发送一出错通知，称为否认分组，通知发送端重新传送原数据分组。

对于发送端无节制地发送数据分组，接收端可能因为来不及处理而造成数据分组丢失，我们可以采用发送端每发送一分组就停止发送的方式，等待接收端的确认信息。接收端每收到一个正确的数据分组就向发送端发送一个确认信息，称为确认分组（ACKnowledgement，ACK）。发送端接收到确认分组，则继续发送下一分组。如果接收端收到的分组经校验有错误，可向发送端发送否认分组 NAK，通知发送端重传这一数据分组。如果发送端发送的数据分组丢失，会使双方永无止境地等待，造成死锁。为了解决这个问题，可在发送端每发送完一个数据分组后就启动一个超时计时器，其时间可设为略大于"从发完数据分组到收到确认分组所需的平均时间"。如果超时，发送端还没有收到确认分组，则认为分组丢失，自动将数据分组重新发送。

然而问题并未完全解决，接收端正确接收到数据分组并发出确认分组，但确认分组丢失。发送端在规定时限内没有接收到确认信息，此时发送端认为数据分组丢失，自动重新传送原数据分组。这样接收端又收到一个同样的数据分组，称为重复分组，这也是通信双方所不允许的。这一问题可通过对数据分组编号的方法解决。发送端将欲发送的数据分组编好序号，如接收端收到序号相同的分组，则将重复分组丢弃，并向发送端重新发送确认分组。

图 7-11 为停止等待协议工作原理示意图，其所示的传送方式就是停止等待协议，发送端每发送完一分组就要等待接收端的确认信息。如果出错可由发送端自动重传，因此称为自动请求重传，即 ARQ（Automatic Repeat reQuest）。因为每次只发送一分组，可用 1 个比特为分组序号编码，来区分重复分组。下面给出了停止等待协议的算法，供读者进一步理解此协议的工作原理。

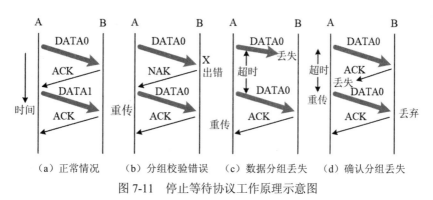

（a）正常情况　　（b）分组校验错误　　（c）数据分组丢失　　（d）确认分组丢失

图 7-11　停止等待协议工作原理示意图

在发送端：

（1） vs←0	{发送序号初始化}
（2） data←get_host()	{从主机取数据}
（3） data_s←(data,vs,CRC)	{数据分组编码}
（4） send(data_s)	{发送数据分组}
（5） time_out()	{启动超时计时器}
（6） data_r←recive()	{接收数据分组}
（7） if (data_r=null)and(time_out()=0) goto (6)	{未超时且未收到数据，等待}
（8） if (data_r=ACK)　vs=1-vs, goto (2)	{接收正确，改变序号，发送下一分组}
（9） if (data_r=NAK) goto (4)	{接收出错，重传数据分组}
（10） if (time_out()=1) goto (4)	{超时未接收到数据，重传数据分组}

在接收端：

（1） vr←0	{接收序号初始化，其值等于欲接收分组的发送序号}
（2） data_r=recive()	
（3） if (data_r=null) goto (2)	{等待接收}
（4） if CRC(data_r) send(NAK),data_r=null, goto (2)	{分组错误，发送否认分组}
（5） if (vs!=vr) data_r=null, goto (8)	{收到重复分组，丢弃分组}
（6） if (data_r!=null) send_host(data_r)	{将数据分组提交主机}
（7） vr=1-vr	{改变接收序号，准备接收下一分组}
（8） send(ACK), goto (2)	

为了说明 ARQ 原理，该算法并未进行优化。读者应注意发送序号与接收序号间的关系。发送端只有收到 ACK 后，才改变发送序号；接收端只有接收到无误的且与接收序号相同的分组，才改变接收序号，如果序号不同，则丢弃分组并发送 ACK。

ARQ 协议是一个实用的链路层协议，规定每发送完一分组都要等待确认分组，通信双方不需要太多的分组缓存，且算法简单易实现，但信道利用率很低。为此可采用连续自动请求重传方案，即连续 ARQ 协议。

2. 连续 ARQ 协议

发送端可以连续发送一系列信息分组，即不用等待前一分组被确认便可发送下一分组。这就需要在发送端设置一个较大的缓冲存储空间，用以存放若干待确认的信息分组。当发送端收到对某信息分组的确认分组后便可从分组缓存中将该信息分组删除，并继续发送其他数据分组。所以，连续 ARQ 协议使得信道利用率大大提高。

连续 ARQ 协议分为回退 N-ARQ 协议和选择重传 ARQ 协议。

（1）回退 N-ARQ 协议。发送端将待发送的分组编好序号。发送完第 0 号分组后，不是停止等待确认分组，而是继续发送第 1 号分组、第 2 号分组等。由于连续发送了很多分组，所以接收端应对确认分组或否认分组编号，以通知发送端是对哪一分组进行的确认或否认，其工作原理如图 7-12 所示。

如图 7-12 所示，接收端已正确接收了第 0 号分组与第 1 号分组并发送了确认分组 ACK0 与 ACK1。但接收第 2 号分组出错了，将错误分组丢弃。可采用直接向发送端发送否认分组的方法，或不做任何响应，等待发送端超时自动重传的方法。后一种方法比较简单，容易实现，图 7-12 协议就是采用此种方式工作的。这里需要注意，接收端只能按序接收分组，虽然在第 2 号分组后已正确接收了第 3~7 号分组，但必须将它们与第 2 号分组一同丢弃，等待发送端重新传送第 2~7 号分组。此种方法也称为 Go-BACK-N，即当出现差错必须重传时，要向回走 N 个分组，然后开始重传。

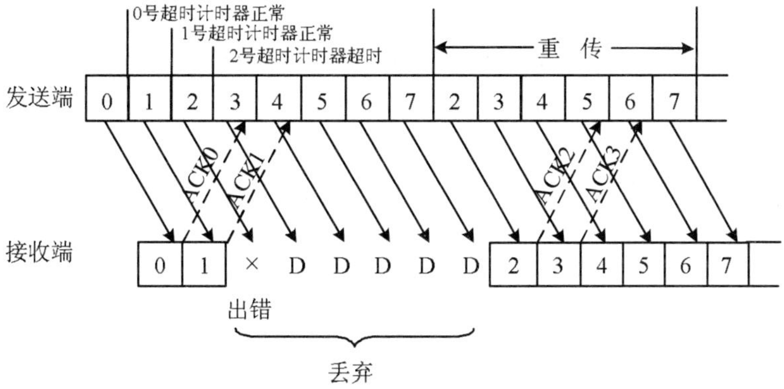

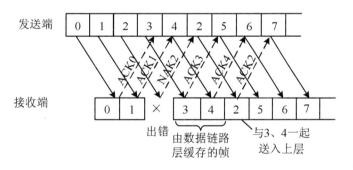

图 7-12　回退 N-ARQ 协议的工作原理

（2）选择重传 ARQ 协议。如果链路的质量较差，回退 N-ARQ 协议会重传出错分组及以后的所有分组，造成链路带宽的大量浪费。为了进一步提高信道的利用率，出现了选择重传 ARQ 协议。

选择重传 ARQ 协议中，发送端只需重传出现差错的数据分组或者超时的数据分组，从而避免不必要的重传。

图 7-13 所示为选择重传 ARQ 协议工作原理，在图中，接收的 2 号分组出错了，这时接收端要返回一个否认分组 NAK2，并将出错的 2 号分组丢弃。虽然发送方收到 NAK2 时已经发送了 3、4 号分组，但它只须重传 2 号分组。接收端收到 3、4 号分组，先将其存入缓存，等待正确接收 2 号分组后，一块送入上层。

图 7-13　选择重传 ARQ 协议工作原理

显然，选择重传减少了浪费，但要求接收端有足够大的缓冲区空间。TCP 中主要使用了回退 N ARQ 协议作为保证可靠传输的方法。

在进一步讨论 TCP 的可靠传输问题之前，必须先了解 TCP 的报文段首部的格式。

7.2.3　TCP 的报文格式

在数据传输过程中，应用层的数据报传送到传输层后，加上 TCP 首部，就构成了 TCP 的数据传送单位，称为报文段（Segment），在发送的时候作为 IP 数据报的数据。加上 IP 首部后成为 IP 数据报；在接收的时候，网络层将 IP 数据报的 IP 首部去掉后上交给传输层，得到 TCP 报文段，传输层再将 TCP 首部去掉，然后上交给应用层，得到应用层所需要的报文。下面将详细介绍 TCP 报文段的格式。

一个 TCP 报文分为两个部分：首部和数据。TCP 的首部包括固定部分（有 20 个字节）、可变部分（选项和填充）。可变部分的长度为 4 个字节的整数倍，这部分是可选的，因此 TCP 报文的首部最小为 20 个字节，TCP 报文段的格式如图 7-14 所示。

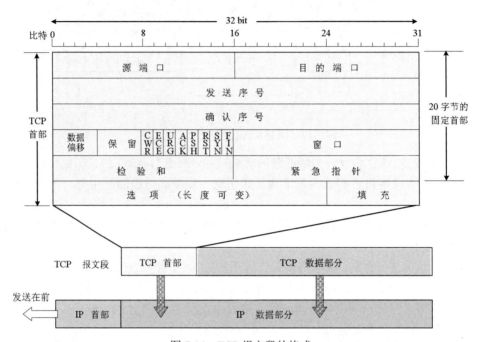

图 7-14 TCP 报文段的格式

首部各字段的具体含义如下。

1. 源端口号和目的端口号

源端口号和目的端口号各占 16 位（两个字节），如前面端口机制所述，这两个字段表明了产生该 TCP 段的发送进程和接收该报文段的目的进程。端口号是传输层与应用层的服务接口。端口号与 IP 地址一起构成插口。

2. 发送序号

发送序号占 32 位，四个字节。TCP 的序号编号方式与其他协议不同，非常特别。它不是对每一个 TCP 报文段编号，而是对每一个字节进行编号，因此在这个字段中给出的数字是本报文段所发送的数据部分的第一个字节的序号。例如，主机 A 向主机 B 发送一个 TCP 段，假设该 TCP 段中有 100 个字节的数据，并且序号字段等于 400。则该段中第一个字节在主机 A 向主机 B 的数据流中序号为 400，最后一个字节的序号为 499。TCP 报文段的序号如图 7-15 所示。

图 7-15 TCP 报文段的序号

3．确认序号

确认序号又称为接收序号，占 32 位，四个字节，由于 TCP 是将报文段的每一个字节进行编号，所以确认序号的值给出的也是字节的序号。但这里要注意，确认序号指的是期望收到对方下次发送的数据第一个字节的序号，也就是期望收到的下一个报文段的首部中的发送序号。如果该字段的值为 n，则说明对方传来的从初始序列号到编号为 $n-1$ 的所有字节都已经正确收到，也可以说是希望对方传来的下一个字节的编号是 n。

例如，主机 B 接收主机 A 传来的数据。假设主机 A 向主机 B 发送了 3 个 TCP 段，这 3个段的数据部分都是 100 个字节，第 1 个段中数据的序号为 0～99，第 2 个段中数据的序号为100～199，第 3 个段中数据的序号为 200～299。假设段 1、段 3 正确传输，而段 2 的数据出现了错误，则主机 B 收到第 3 个段后，向主机 A 回发确认，确认序号应为 100，表示希望主机 A接下来发送第 2 段开始的后面的数据，TCP 报文段的确认序号如图 7-16 所示。

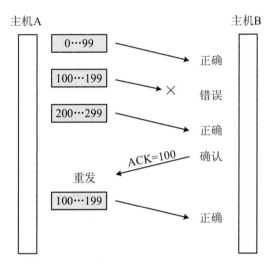

图 7-16　TCP 报文段的确认序号

4．数据偏移

数据偏移占 4 位，通过此字段可以指出在 TCP 数据报内上层协议的数据到 TCP 报文段的起始位置的距离，实际上就是整个 TCP 报文段首部的长度。由于在 TCP 报文段中存在着选项字段这一可变部分，所以首部的长度不固定，因此数据偏移字段是必须设置的。但是需要注意的是，"数据偏移"字段存储的数值的单位是 32 位的字，而不是字节或位。如果该字段等于 N，则说明 TCP 段中头部长度为 $4N$ 个字节，从第 $4N+1$ 个字节开始是数据部分。

5．保留字段与标志位

保留字段占 4 位，设置的值为 0，供功能扩展使用。接下来的两位为 CWR 和 ECE，提供了拥塞指示功能。

后面的 6 位是用来说明本报文段性质的控制字段，也可以称为标志位，每段报文共有 6个标志位，每个标志位占 1 位，具体每一位的意义如下。

（1）紧急比特（URG）。当此位设置为 1 时，表明此报文段中含有由发送端应用进程标出的紧急数据，同时用"紧急指针"字段指出紧急数据的末字节。TCP 必须通告接收端的应用进程"这里有紧急数据"，并将"紧急指针"传送给应用进程。

（2）确认比特（ACK）。该位标志着首部中"确认序号"字段是否可用，当设置此位为 1 时，确认序号才有意义。

（3）紧迫比特（PSH）。该位表明此数据报文段为紧急报文段，当此位设置为 1 时，表明请求接收方主机的 TCP 要将本报文段立即向上传递给其应用层进行处理，而不用等到整个缓冲区都填满以后再整批提交。

（4）复位比特（RST）。前面已经介绍过了 TCP 协议是面向连接的，当通信过程中出现严重错误时，进行通信的两台主机任意一方发送 RST 位设置为 1 的报文段用于终止连接。该位还可以用来拒绝一个连接请求。

（5）同步比特（SYN）。在建立连接时使用，该位与确认比特（ACK）配合使用，当 SYN=1，ACK=0 时，同步比特表明这是一个请求建立连接的报文段，若对方同意建立连接，则在发回的确认报文段中将 SYN 设置为 1，ACK 设置为 1。

（6）终止比特（FIN）。该位用来表示要释放一个连接。当 FIN=1 时，表明在此次传送任务中需要传送的全部字节都已经传送完毕，并要求释放传输连接。

6. 窗口

窗口字段占两个字节，此字段设置的值为接收端窗口的大小，单位为字节。作用是接收端通知发送端在没收到接收端的确认报文段时，发送端可以发送的数据的最大字节数。该字段以字节为单位，如果该字段的值为 w，则对方收到后就会知道还可以连续发送 w 个字节而不需要等待确认。

窗口字段和确认序号字段配合使用，可以让对方确切地知道接下来可以连续发送的数据。例如，主机 A 向主机 B 发送一个 TCP 段，段中确认序号字段为 101，窗口字段为 500。则主机 B 收到该报文段后知道，主机 A 还可接收 500 字节的数据。主机 B 可以连续发送从序号 101 到序号为 600 的所有字节，而不需要等待主机 A 的确认。

7. 检验和

检验和字段占两个字节，是为了确保高可靠性而设置的，用来检验 TCP 首部和数据部分以及伪首部在传输过程中是否出错。在计算检验和时，要首先在 TCP 报文段前添加一个 12 字节的伪首部（Pseudo Header），它的格式如图 7-17 所示。

字节	4	4	1	1	2
	源IP地址	目的IP地址	0	6	TCP长度

图 7-17　伪首部的格式

伪首部既不向下传送也不上交，它的第三个字段为 0，第四个字段是 IP 首部中的协议字段值，TCP 协议的编号值为 6，第五个字段给出整个 TCP 数据报的长度。接收端在收到报文段后，仍然要加上伪首部进行检验和的计算。在检验和计算过程中，包括了伪首部，有助于检测传送的分组是否正确。

检验和是按照添加了伪首部后的数据报格式进行计算的，计算过程如下：

（1）首先将 TCP 的检验和字段设置为 0。

（2）当数据长度是奇数时数据字段末尾增加一个字节（字节内容为全 0）。

（3）将所有的 16 位字依次相加，如果相加过程最高位有进位，则将进位加到最低位，如 0x76E6+0xA798=0x1E7F。

（4）将得到的和取反，即为检验和。

发送方计算出检验和后，将其写入 TCP 首部的检验和字段。

接收方收到 TCP 报文段后进行检验，计算过程和发送方的计算过程类似，即添加伪首部，求和并对结果取反，不同的是校验和字段保持不变（即不置 0）。求和取反后的结果如果为全 1，则说明传输过程中 TCP 报文段并未出错。

8．紧急指针

紧急指针与紧急比特配合使用处理紧急情况，指出在本报文段中的紧急数据的最后一个字节的序号。

9．选项和填充

TCP 首部可以有多达 40 字节的可选信息。此字段为可变部分，它们用来将附加信息传递给目的站，或用来将其他选项对齐。TCP 定义了两类选项：单字节选项和多字节选项。单字节选项又包括两个类型的选项：选项结束和无操作。多字节选项包括三个类型的选项：最大报文段长度、窗口扩大因子和时间戳。选项字段的分类如图 7-18 所示。

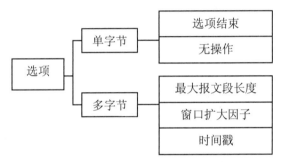

图 7-18　选项字段的分类

（1）选项结束。这是一个单字节选项，用来对选项结束字段进行填充。但是，它只能用于最后一个选项，表示选项结束，在这个选项之后接收端就要检查有效载荷数据了。

选项结束将以下三种信息通知给目的地。

● 首部中的选项到此结束。

● 该 32 位字的剩余部分是无用数据。

● 从应用程序来的数据起始于下一个 32 位字开始的地方。

选项结束的单字节代码为 0000 0000。

（2）无操作。这是一个单字节选项，用于将选项填充成 4 字节的整数倍。例如，当一个选项为 7 字节时，可在其末尾插入 1 字节"无操作"选项，使得该选项为 8 字节。

无操作选项的单字节代码为 0000 0001。

（3）最大报文段长度（Maximum Segment Size，MSS）。这个选项定义可以被目的站接收的 TCP 报文段的最长数据块。虽然它的名字是这样，但它定义了数据的最大长度，而不是报文段的最大长度。这个字段是 16 位长，因此这个值在 0～65535 之间，默认值是 536。

最大数据长度是在连接建立阶段确定的，这个大小是由报文段的目的站而不是源站确定的。因此甲方定义由乙方应发送的 MSS，乙方则定义由甲方应发送的 MSS。若双方都不定义这个大小，则选用默认值。

这个选项仅在进行连接的报文段中使用，它不能用于数据传送中的报文段。图 7-19 给出了 MSS 选项的格式。

代码 0000 0010	长度 0000 0100	最大报文段长度 ******** ********
1 字节	1 字节	2 字节

图 7-19　MSS 选项的格式

（4）窗口扩大因子。首部中的窗口大小字段定义了滑动窗口的大小。这个字段是 16 位长，表示这个窗口可以为 0～65535 字节。虽然这看起来是一个很大的窗口，但它还可能不够大，特别是当数据在高吞吐量和高时延的传输介质中传送时。例如，考虑一个吞吐量为 1244.160 Mbps 的光纤信道，将相隔 6000 英里（1 英里=1609.34m）的两个计算机连接起来，当一个站向另一个站发送数据时，要经过至少 64ms 后才能收到确认。在此期间可以发送 10MB 的数据。但是，允许该站发送的窗口大小仅为 65535 字节。

为了增加这个窗口的大小，就要使用窗口扩大因子。新的窗口大小可以这样求出，即先计算 2 的 n 次方，这里 n 是窗口扩大因子，再将得出的结果乘以首部中的窗口大小：

$$新的窗口大小＝首部中定义的窗口大小×2^n$$

例如，窗口扩大因子为 3，则真正的窗口大小将为原来的窗口大小的 8 倍。虽然扩大因子可大到 255，但 TCP/IP 所允许的最大值是 16，这就表示最大的窗口大小可以是 $2^{16}×2^{16}=2^{32}$，它与序号的最大值是一样的。应注意窗口大小不能超过序号的最大值。

窗口扩大因子只能在连接建立阶段确定。在数据传送阶段，窗口大小（在首部中指明）可以改变，但它必须乘以同样的扩大因子，窗口扩大因子选项的格式如图 7-20 所示。

代码 0000 0011	长度 0000 0011	扩大因子 **** ****
1 字节	1 字节	1 字节

图 7-20　窗口扩大因子选项的格式

（5）时间戳。时间戳是一个 10 字节选项字段，其格式如图 7-21 所示。

代码 0000 1000	长度 0000 1010
时间戳值	
时间戳回送	

图 7-21　时间戳选项的格式

时间戳字段由报文段的源站填入。目的站接收报文段并存储该时间戳。当目的站发送对该报文段的确认时，就在回送字段中输入所存储的值。源站收到确认时，就将当前时间与该数值进行检查，差值就是往返时间。TCP 可用往返时间动态地定义超时时间。

10．TCP 报文段实例

图 7-22 是 TCP 报文段首部的实例。该报文段是在网页浏览的过程中，由客户浏览器发送给 Web 服务器的 HTTP 数据。从图 7-22 中看到 HTTP 数据前面依次是 TCP 头部、IP 头部、MAC 头部（以太网头部），这说明应用层的 HTTP 数据是被封装在 TCP 报文段中，而 TCP 报文段被封装在 IP 分组中，IP 分组最终被封装在以太网分组中发送出去。

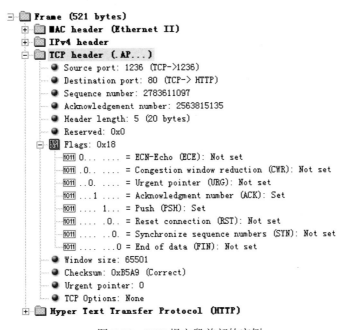

图 7-22　TCP 报文段首部的实例

图 7-22 所示的 TCP 报文段首部各关键字段的取值和含义如下。

源端口（Source port）=1236。这是一个大于 1023 的随机端口号，由此可看出该报文段是由客户端进程发出的，1236 是客户端进程对应的端口号，是由操作系统自动分配的。

目的端口（Destination port）=80。80 是一个熟知端口号，代表了 HTTP 服务，即 Web 服务。目的端口为 80 说明该报文段是发向一个 Web 服务器进程的。

序号（Sequence number）=2783611097。这是数据部分第一个字节的编号。HTTP 数据的第一个字节在该连接数据流中的编号是 2783611097。

确认序号（Acknowledge number）=2563815135。这是对对方传来数据的确认。说明 Web 服务器传来的 2563815135 字节以前（不包括该字节）所有数据客户端都正确收到。

头部长度（Header length）=5。头部长度又称为数据偏移（Data offset），单位是 4 字节（32 位）。数据偏移的值是 5，说明这个报文段数据部分与报文起始处的距离是 5×4=20 字节。因为数据前就是 TCP 头部，所以也说明 TCP 头部长度是 20 字节。由该长度可以看出此报文段没有选项字段。

保留（Reserve）= 0。

综合标志段（Flags）的各位含义如下：

● ECE = 0，CWR = 0　　　　　　不支持 ECN 功能。

- 紧急比特（URG）= 0 　　　数据部分没有紧急数据。
- 确认比特（ACK）= 1 　　　该报文段的确认序号字段是有效的。
- 推送比特（PSH）= 1 　　　报文段在发送时使用"推"操作，对方 TCP 收到后马上
　　　　　　　　　　　　　　交给应用程序。
- 复位比特（RST）= 0 　　　此报文段不是复位的报文。
- 同步比特（SYN）= 0 　　　此报文段不是连接建立的报文。
- 终止比特（FIN）= 0 　　　此报文段不是连接释放的报文。

根据综合标志段（Flags）的各位（比特），可以知道此报文段是一个传输数据的报文（而不是控制报文段），报文段还有捎带确认的功能。

窗口大小（Window size）=65501。该值说明客户端接收缓存中还有 65501 字节的空间可用，服务器在不需等待确认的情况下可以连续发过来 65501 字节。

三次握手

7.2.4　TCP 的传输连接管理

TCP 是面向连接的，在进行数据通信之前需要在两台主机间建立连接，通信完毕后要释放连接。TCP 以连接为单位对数据的传输进行统一管理。TCP 在为数据分配序号时对一个连接中的数据统一编号，不同连接的数据编号不相关；在分配缓存和计时器等资源时，也以连接为单位进行分配。传输层连接管理的主要工作包括传输连接的建立和释放。

1. TCP 连接的建立

开始建立连接时，一方为主动端，另一方为被动端。一般由客户端主动发起连接请求，而服务器端被动建立连接。比如在 WWW 应用中，通常是客户端的浏览器扮演主动端的角色，而服务器端的 Web 服务是被动的角色。

TCP 在连接建立阶段主要完成以下工作。

（1）决定双方的初始序号。

（2）每一方确定对方的存在（可正常工作）。

（3）双方协商一些参数（如最大 TCP 段长度、最大窗口等）。

（4）对一些传输过程中需要用到的资源（如收发缓冲区、记录状态的变量等）进行分配。

在建立连接时有一项重要的工作就是，双方都要向对方发送初始序列号并对对方的初始序列号进行确认。因为数据的序号是保证数据正确传输的重要依据。TCP 会对一次连接过程中传输的所有数据进行统一编号，并记录发送状态，如果传输过程中发生了乱序，接收方的 TCP 协议会依据编号进行重排，此外如果传输过程出现了重复数据，也需要依靠序号进行识别。

TCP 采用"三次握手"方式来建立连接，这种方式可以有效地防止已失效的连接请求报文段突然传送到接收端。"三次握手"的过程如图 7-23 所示。

建立连接的一般过程概括如下。

第一次握手：源端主机发送一个带有本次连接序号的请求。

第二次握手：目的主机收到请求后，如果同意连接，则发回一个带有本次连接序号和源端主机连接序号的确认。

第三次握手：源端主机收到含有对初始序号的应答后，再向目的主机发送一个带有两次连接序号的确认。当目的主机收到确认后，双方就建立了连接。由于此连接是由软件实现的，因此是虚连接。

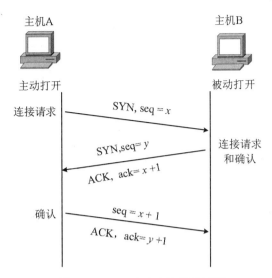

图 7-23 TCP 中建立连接的过程

具体而言，主机 A 的客户进程首先向主机 B 发送连接请求报文，这时首部同步位 SYN=1（有效），同时选择一个初始序列号 seq=x。其中 x 是由主机 A 发向主机 B 数据的初始序列号，主机 A 发出的第一个字节的数据编号为 $x+1$，第二个字节数据的编号为 $x+2$，依此类推。

主机 B 收到连接请求报文后，如果同意建立连接，则向主机 A 发送确认，此时，报文的确认位 ACK=1（有效），同时确认序号 ack=$x+1$，表明准备接收主机 A 传来的第一个字节的数据（编号为 $x+1$）。主机 B 除了发送确认外，还要向主机 A 发送初始序列号，即同时使首部同步位 SYN=1（有效），并选择一个初始序列号 seq=y。此时 y 是主机 B 向主机 A 发送数据的初始序列号。

由此可知，第二次握手信息既是主机 B 回发的确认又是主机 B 所发送的连接请求。

主机 A 收到主机 B 的第二次握手信息后，还要向主机 B 给出确认，确认报文段的 ACK 置 1，确认序号 ack=$y+1$（即主机 B 的初始序号加 1），而自己的序号 seq=$x+1$。TCP 的标准规定，ACK 报文段可以携带数据，但如果不携带数据则不消耗序列号，在这种情况下，下一个数据报文段的序号仍是 seq=$x+1$。

通过双方交换了这 3 个报文段，TCP 就完成了三次握手过程，建立了一个连接。连接建立成功后，双方才可以开始数据的传输。

此时主机 A 的 TCP 通知上层应用进程连接已经建立，可以传送数据。当主机 B 的 TCP 收到主机 A 的确认报文段后，也会向上通知它的应用进程连接已经建立，可以开始准备接收数据了。

通过"三次握手"方式来建立连接，可以避免重复建立连接的错误。

比如，主机 A 向主机 B 发起的第一个连接请求报文段在网络中停留时间较长，以至于主机 A 认为该请求丢失，从而重发连接请求。假设第二次请求正常到达主机 B，然后双方完成了三次握手过程。当连接建立后，主机 A 的第一个延迟的请求才传到了主机 B，主机 B 收到此失效的连接请求报文后，就认为是主机 A 又发起了新的连接请求，于是向主机 A 发出确认报文，同意建立连接。由于主机 A 知道并没有发出新的连接建立请求，所以不会理会主机 B 的确认，主机 B 由于收不到确认，就不会重复地建立一个连接了，连接过程如图 7-24 所示。

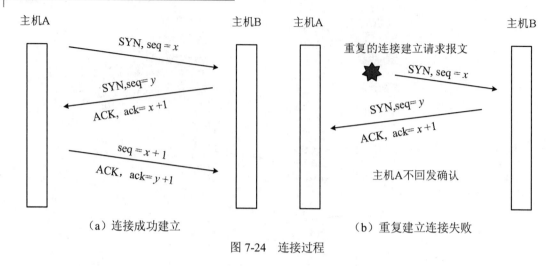

（a）连接成功建立　　　　　　　（b）重复建立连接失败

图 7-24　连接过程

图 7-25 是三次握手过程的一个实例。图中除了第一行标题行外，下面每一行都代表了一条 TCP 报文段，图中的三行代表了三次握手的三个 TCP 报文段。

Protocol	Addr. IP src	Addr. IP dest	Port src	Port dest	SEQ	ACK
TCP-> HTTP (....S.)	27.189.135.89	61.135.169.105	1236	80	2783610612	0
TCP-> HTTP (.A..S.)	61.135.169.105	27.189.135.89	80	1236	2563811781	2783610613
TCP-> HTTP (.A....)	27.189.135.89	61.135.169.105	1236	80	2783610613	2563811782

图 7-25　三次握手过程实例

第 1 个报文段 Protocol 为 "TCP→HTTP（....S.）"，说明这是一个建立连接的 TCP 报文段。HTTP 说明这次连接是用于传输 Web 数据，"（....S.）"对应着 TCP 首部 Flags 字段的 8 个比特。如果该比特为 1（有效），则括号内该位上就是该位名称第一个字母；否则，则括号内该位上就用 "."来表示。所以（....S.）表示右边第 2 位 "SYN"（同步比特）有效，其余各位无效。

报文段中 Addr. IP src 等于 "27.189.135.89"，Addr. IP dest 等于 "61.135.169.105"，这两个地址分别代表了发送主机和接收主机的 IP 地址。此时客户机是发送方，服务器是接收方。Port src 等于 1236，Port dest 等于 80，这说明是该报文段是由客户进程发送给 Web 服务器进程的。

报文段中 SEQ 等于 2783610612，这是序号字段的值，由于这是 SYN 有效的报文段（连接建立），所以 2783610612 代表的是初始序列号。

综上所述，第 1 个报文段是由主机 27.189.135.89 发送给主机 61.135.169.105 的建立连接报文段（第一次握手），连接中客户端的初始序列号为 2783610612，该连接用于传输 Web 数据。

第 2 个报文段是主机 61.135.169.105 发送给主机 27.189.135.89 的确认报文段和建立连接报文段（第二次握手）。确认序列号等于 2783610613，是对客户端初始序列号加 1；序列号等于 2563811781，这是服务器端的初始序列号。

第 3 个报文段是主机 27.189.135.89 发送给主机 61.135.169.105 的确认报文段（第三次握手）。确认序列号等于 2563811782，是对服务器端初始序列号加 1；序列号等于 2783610613，是在客户端初始序列号上加 1（因为 SYN 要占用 1 个编号）。

通过图 7-25 中的三个 TCP 报文段的收发，主机（27.189.135.89，1236）的客户进程与主机（61.135.169.105，80）的 Web 服务器进程间就建立了一个连接。

2．TCP 连接的释放

当双方数据传送结束后，需要释放目前的连接。TCP 在释放连接的过程中释放如缓存等的资源，同时不再继续收发数据。TCP 的连接释放采用对称的释放方式，即双方都需要释放连接，并且双方任意一方都可以发出释放连接的请求。连接的释放需要逐步完成，首先停止一方对另一方的数据传输，然后再停止反方向上的数据传输。一般来说，释放连接的过程采用"四次握手"的方式。

第一次握手：当一方将停止数据传输时，需向对方发出释放连接的请求。

第二次握手：对方收到此请求后，会发送确认报文段。发出请求的一方收到确认报文段后停止数据传输。此时，连接是"半关闭"的，即另一方仍可发送数据。

第三次握手：当另一方要停止数据传输时，也需发出释放连接的请求。

第四次握手：收到释放连接请求的一方回发确认报文段。当收到确认报文段后，整个连接释放完毕。

TCP 连接的释放过程如图 7-26 所示。

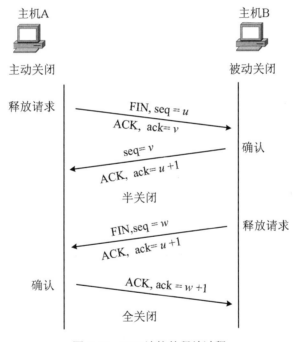

图 7-26　TCP 连接的释放过程

在图 7-26 中，主机 A 首先发起连接的释放请求。其报文段首部 FIN 置 1，序列号字段 seq=u，等于主机 A 已经传送数据的最后一个字节序号加 1。释放连接报文段发出后，主机 A 就停止数据的发送。

主机 B 收到释放连接报文段后发出确认，确认序号是 ack=$u+1$，并携带本次发给主机 A 的数据序列号 seq=v。当主机 A 收到了主机 B 的确认，从主机 A 到主机 B 方向的连接就释放了。此时，TCP 连接处于半关闭状态，即主机 A 向主机 B 的数据发送已经停止，而主机 B 向主机 A 的数据发送还可以继续进行。

传输完成后，主机 B 向主机 A 发出释放连接报文段。释放连接的报文段 FIN 置 1，序列号字段 seq=*w*，等于 B 已经传送数据最后一个字节的序号加 1。主机 B 此时停止向主机 A 继续发送数据。主机 A 收到主机 B 发来的报文段后回发确认，ACK 置 1，确认序号 ack=*w*+1。主机 B 收到确认报文段后整个连接释放完毕。

3. 连接复位

TCP 可以请求将一条连接复位。这里的复位表示当前的连接已经被破坏了。在以下三种情况下发生复位。

- 在某一端的 TCP 请求了一条到并不存在的端口的连接，另一端的 TCP 就可以发送报文段，其 RST 位置为 1，以取消该请求。
- 由于出现了异常情况，某一端的 TCP 可能愿意将连接异常终止，用 RST 报文段来关闭这一连接。
- 某一端的 TCP 可能发现在另一端的 TCP 已经空闲了很长的时间，它可以发送 RST 报文段来撤销这个连接。

7.2.5 TCP 的编号与确认

TCP 将所要传送的报文段看成是由一个个字节组成的，对于一次连接过程中传输的每一个字节进行编号。在传送数据之前，通信双方要首先商定好起始序号，开始传送数据后，数据的每个字节的序号都在起始序号上累加，而且每发送一个报文段，都会将报文段中的第一个字节的序号放在报文段中的发送序号字段中。

假设主机 A 建立连接时确定起始序号为 *x*，则在这次连接过程中，主机 A 发送的第 1、2…*i*…个字节的序号就分别为 *x*+1、*x*+2…*x*+*i*…。如果序号为 *x*+*i* 的数据是某报文段数据部分的第一个字节，那么该报文段的序号字段取值应为 *x*+*i*。

在 TCP 报文段首部含有确认序号字段，通过它可以完成 TCP 报文的确认，具体的是对接收到的数据的最高序号进行确认，返回的确认序号是已经收到的数据的最高序号加 1，即期望得到的下一个报文段的第一个字节的序号，表示在此序号之前的所有数据都已正确接收。

图 7-27 给出了一个简化的 TCP 传输编号与确认示例。假设主机 A 向主机 B 发送的初始序号为 1，且发送窗口为 2048B，主机 A 向主机 B 发送的每个段数据长度为 1024B，主机 A 将一次性向主机 B 发送 2 个段。而主机 B 收到并校验了数据的正确性后，在回送确认时只需发送确认序号 2048+1=2049，就可以表示 2048 之前的全部数据都已经正确接收，下次期望接收从 2049 开始的数据。下一次，主机 A 仍然一次发送总量为 2048B 的 2 个段给主机 B。

由于 TCP 采用全双工的通信方式，因此进行通信的每一方都不必专门发送确认报文段，可以在传送数据的同时进行确认，这种方式称为捎带确认，在通信链路很紧张时，采用这种方法可以提高链路的传输效率。

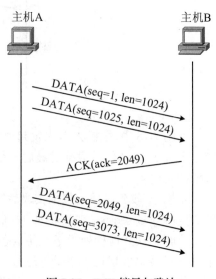

图 7-27　TCP 编号与确认

7.2.6　TCP 流量控制

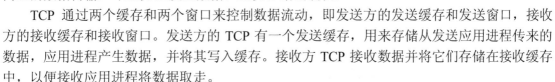

滑动窗口实例

为了防止发送方发送速度过快"淹没"接收方，即接收方来不及接收造成数据丢失，需要调整发送方的发送速度，该措施称为流量控制。TCP 使用滑动窗口方法进行流量控制。TCP 是全双工的传输方式，但是为了便于理解，本节只考虑一个方向上的数据传输，即主机 A 发送数据、主机 B 给出确认。

TCP 通过两个缓存和两个窗口来控制数据流动，即发送方的发送缓存和发送窗口，接收方的接收缓存和接收窗口。发送方的 TCP 有一个发送缓存，用来存储从发送应用进程传来的数据，应用进程产生数据，并将其写入缓存。接收方 TCP 接收数据并将它们存储在接收缓存中，以便接收应用进程将数据取走。

下面以主机 A 作为发送方、主机 B 作为接收方讨论滑动窗口的原理。

发送窗口表示：在没有收到主机 B 的确认报文的情况下，主机 A 可以连续把窗口内的数据都发送出去。凡是已经发送过的数据，在未收到确认报文之前都必须暂时保留，以便在超时重传时使用。发送窗口里面的序号表示允许发送的序号。显然，窗口越大，发送方就可以在收到对方确认之前连续发送更多的数据，因而可能获得更高的传输效率。但接收方必须来得及处理这些收到的数据。

发送窗口后沿的后面部分表示已发送且已收到了确认报文。这些数据显然不需要再保留了。发送窗口前沿的前面部分表示不允许发送的，因为接收方没有为这部分数据保留临时存放的缓存空间。发送窗口的位置由窗口前沿和后沿的位置共同确定。

例如，主机 A 收到了主机 B 发过来的确认报文，确认序号是 11、窗口字段是 20。确认序号是 11 说明主机 B 已经正确收到从第 1 个字节到 10 号字节的全部数据，期望收到的下一个字节序号是 11；窗口大小为 20 说明此时主机 B 的接收缓存最多可以缓存主机 A 发来数据的大小是 20 字节。根据这两个数据，主机 A 可以构造字节的发送窗口，主机 A 的发送窗口如图 7-28 所示。

图 7-28　主机 A 的发送窗口

与发送窗口对应，接收窗口表示：接收方允许接收的数据。与图 7-28 发送窗口对应的主机 B 的接收窗口如图 7-29 所示。在接收窗口外面，到 10 号为止的数据是已经发送过确认报文，并且已经交付给主机了。因此在主机 B 的接收缓存可以不再保留这些数据。接收窗口内的序号（11～30）是允许接收的。而接收缓存的大小有限，不能保留更多的数据，序号 31 及后面的数据是不允许接收的。

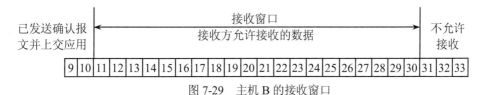

图 7-29　主机 B 的接收窗口

如图 7-28 所示，发送窗口后沿的变化情况有两种可能，即不动（没有收到新的确认）和前移（收到了新的确认）。发送窗口后沿不可能向后移动，因为不能撤销掉已收到的确认。发送窗口前沿通常是不断向前移动，但也有可能不动。这对应于两种情况：一是没有收到新的确认，对方通知的窗口大小也不变；二是收到了新的确认但对方通知的窗口缩小了，使得发送窗口前沿正好不动。随着发送窗口前沿、后沿的移动，窗口的大小也会随之变化。

TCP 根据接收方的确认报文，使用大小可变的滑动窗口，并定义了窗口尺寸的通告机制，以增强流量控制功能。这些机制为 TCP 提供了在终端系统之间调整流量的动态方法。

TCP 滑动窗口尺寸的单位为字节，起始于确认字段指明的值，窗口尺寸是接收端现在期望一次性接收的字节。窗口尺寸是一个 16 位字段，因而窗口最大为 65535B。在 TCP 的传输过程中，双方通过交换窗口的大小来表达自己剩余的缓冲区空间，以及下一次能够接收的最大的数据量，避免缓冲区溢出。

图 7-30 通过数据单向发送的简单示例，介绍 TCP 如何通过滑动窗口实现流量控制。

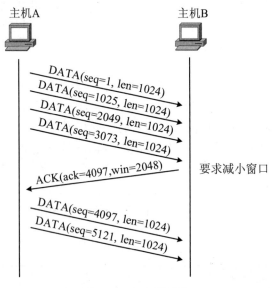

图 7-30　TCP 滑动窗口

假定初始的发送窗口大小为 4096B，每个段的数据为 1024B，则主机 A 每次发送 4 个段给主机 B。主机 B 正确接收到这些数据后，应该以确认序号 4097 进行确认，然而同时，主机 B 由于缓存不足或处理能力有限，认为这个发送速度过快，并期望将窗口降低一半，此时主机 B 在回送的确认中将窗口尺寸降低到 2048，要求主机 A 每次只发送 2048B。主机 A 收到这个确认后，便按照要求降低了发送窗口尺寸，也就降低了发送速度。

若接收方设备要求窗口大小为 0，表明接收方已经接收了全部数据，或者接收方应用程序没有时间读取数据，要求暂停发送。

TCP 运行在全双工模式，所以发送者和接收者可能在相同的线路上同时发送数据，但发送的方向相反。这表示每个终端系统对每个 TCP 连接包含两个窗口，一个用于发送，一个用于接收。

可变滑动窗口解决了端到端流量控制问题，但是无法干预网络。如果中间节点，如路由器被阻塞，则没有任何机制可以通知 TCP。如果特定的 TCP 实现对超时设定和再传输具有抵抗性，则会极大地增加网络的拥挤程度。

7.2.7　TCP 拥塞控制

Internet 的复杂性、网络流量的不可预知及不可控性、网络故障的不可避免性、算法不可能完美等因素决定了网络拥塞的不可避免。当加载到某个网络上的载荷超过其处理能力时，拥塞现象便会出现。在网络中，每一层都在努力控制着拥塞的发生，但在网络层之前，只能是点对点的控制。当网络层遇到队列过长时，为避免拥塞，会采取丢包策略。对于全网的状态，三层以下是难以确定的。

TCP 是端到端的可靠的、面向连接的服务，它必须解决三层以下的不可靠问题。一般地，TCP 依靠确认、超时重传来保证可靠传输。然而，无节制的重传造成第三层更加严重的拥塞后果，因此，TCP 采用特定的算法，与 IP 协同作用，尽最大努力来避免拥塞或减缓拥塞的发生。

控制拥塞的第一步是要检测它。以前，检测拥塞的出现很困难。分组丢失而造成超时有两个原因，一是因传输线路上的噪声干扰，二是拥塞的路由器丢弃了分组。一般情况下很难确定是哪种原因。

现在，因为大多数长距离的主干线都是光纤的（无线网是另一种情况），由于传输错误造成分组丢失的情况相对较少。因特网上所有的 TCP 算法都假设分组传输超时是由拥塞引起的，并且以监控定时器超时作为出现问题的信号。这一假设是 TCP 拥塞控制算法的基础。

在讨论 TCP 如何对拥塞做出反应之前，应介绍一下怎样防止拥塞现象出现。在建立一个连接的时候，连接双方已经选定了一个合适的滑动窗口，以便限制传输量。接收方可以根据其缓冲区大小指定窗口的大小，如果发送方按照这个窗口大小发送数据，在接收端就不会由于缓冲区溢出而引起问题，但它不能避免由于网络的拥塞而引发的丢包现象。

为了同时反映网络的问题，TCP 依据两个窗口来协同工作：接收方准许的窗口（Receiver Window，RWnd）和拥塞窗口（Congestion Window，CWnd）。每个窗口都反映了发送方可以传输的字节数。取两个窗口的最小值作为可以发送的字节数，这样，有效窗口便是发送方和接收方分别认为合适的窗口中最小的那个。即

$$可发送的窗口大小 = \min(RWnd, CWnd)$$

如果接收方表示"可以发送 8KB"，而发送方知道超过 4KB 的数据会使网络阻塞，那么它便只发送 4KB。相反，如果接收方表示"可以发送 8KB"，而发送方即使知道此时 32KB 的数据也可以很顺畅地通过网络，依然按接收窗口的大小发送 8KB 的数据。

当建立连接时，发送方将拥塞窗口大小初始化为该连接所用的最大数据段的长度值。通常情况下，此时的拥塞控制窗口会小于接收窗口，然后发送一个最大长度的数据段。如果该数据段在定时器超时之前得到了确认，那么发送方会在原拥塞窗口的基础上再增加一个数据段的字节值，使其为两倍最大数据段的大小，然后发送两个数据段。当这些数据段中的每一个都被确认后，拥塞窗口大小就再加倍。实际上，每次成功地得到确认都会使拥塞窗口的大小加倍。

拥塞窗口保持指数规律增大，直到数据传输超时或者达到接收方设定的窗口大小，这种算法称为慢速启动（Slow Start）。虽然 TCP 启动传输时只有一个最大数据段的大小，但它根本不慢，而是按指数规律增加的。所有的 TCP 实现都支持这种方法。

　　TCP 在执行拥塞控制算法时除了接收窗口（RWnd）和拥塞窗口（CWnd）外还要设定一个参数，就是临界值（Threshold）。当传输开始时，临界值被初始化为 64KB。然后从一个最大数据段大小开始，逐渐增大拥塞窗口，如果发生数据传输超时，则将临界值设置为当前拥塞窗口大小的一半，并使拥塞窗口恢复为最大数据段的大小，重新开始慢启动过程。当窗口增大到临界值仍然没有发生超时，也不能再按指数增大窗口，而是按线性增加（对每个字符组按最大数据段的值增加）。这一阶段又称为拥塞避免（Congestion Avoidance）。

　　图 7-31 为拥塞控制算法的工作原理。此处最大的数据段长度为 1024B。开始时拥塞窗口为 64KB，但此时出现了超时，因此将临界值设置为 32KB，传输号为 0 的拥塞窗口为 1KB。之后拥塞窗口按指数规律增大直到临界值（32KB），并由此开始按线性规律逐渐增大。

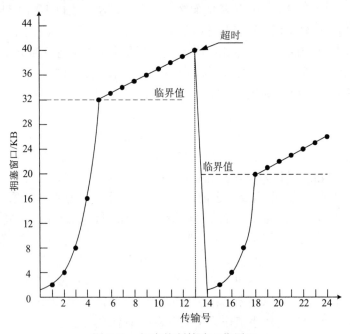

图 7-31　拥塞控制算法工作原理

　　当传输号为 13 的拥塞窗口发生定时器超时时，临界值被设置为当前窗口的一半（当前为 40KB，因此一半为 20KB），慢启动又从头开始。传输号为 18 的拥塞窗口，前面四次传输每次均是按指数增量增大，但这之后，窗口又将按线性增大。

　　如果一直不出现超时现象，则拥塞窗口会一直增大到接收方窗口的大小。之后，拥塞窗口将停止增大，只要不出现超时并且接收方窗口保持不变，拥塞窗口就保持不变。

7.2.8　显式拥塞指示

　　拥塞控制算法是建立在所有传输超时都是由于拥塞引起的这样的假设基础上的。它将网络当作一个黑匣子，根本不知道网络中，到底发生了什么情况。那能否将网络的状态明确地"告知"连接的两个端系统呢？2001 年 9 月，IETF 网络工作组发布了 RFC 3168《在 IP 中增加显式拥塞指示》（Explicit Congestion Notification，ECN），旨在报告传输路径上的拥塞状况。

　　ECN 功能涉及 IP 数据报头格式和 TCP 报头格式定义的变化。在 IPv4 数据报头中，RFC 3168 文件定义了新的 TOS 字段格式，如图 7-32 所示。

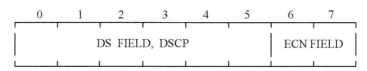

DSCP: Differentiated Services CodePoint（区别服务码点）
ECN: Explicit Congestion Notification（显示拥塞通知）

图 7-32　RFC 3168 文件对 IP 报头中 TOS 字段的定义

其中，DS 字段为区别服务码点，是为 IP 数据报通过路由器时选择不同类型的服务之用。位 6 和位 7 用于拥塞的显式指示（ECN Field）。ECN 状态名称及功能描述见表 7-2。

表 7-2　ECN 状态名称及功能描述

状态位		状态名称	功能描述
位 6	位 7		
0	0	Not-ECT	本数据包不使用 ECN 功能
0	1	ECT(1)	数据包使用 ECN 功能传输
1	0	ECT(0)	数据包使用 ECN 功能传输
1	1	CE	路由器拥塞指示

ECN 字段的前三种 ECT（ECN-Capable Transport）状态由传输数据报的源端点主机设置，CE（Congestion Experienced）状态由路由器设置。ECT(0)和 ECT(1)目前具有相同的意义，原则上说，主机可以使用其中的任意一个，但标准推荐使用 ECT(0)。标准不限制未来的开发将二者赋予不同的意义。

当 IP 数据报传输的源端点支持 ECN 功能时，主机将 IP 数据报头中的 ECN 字段设置成"1 0"（ECT(0)）以通知路由器：本数据包支持 ECN 功能。路由器依然采用 AQM（Active Queue Management），当路由器算法依据队列状况确定将要丢弃到达的数据包时，若检测到 ECN 字段的值为 ECT(0)，则不丢弃此数据包，取而代之的是将 ECN 字段的值设成"1 1"（CE），然后继续向前传送。后续的路由器不得改变此字段的值，直到传输到目标端点，由 TCP 进程处理该拥塞指示。

由主机和路由器协同完成的 IP 的 ECN 功能只是实现了传输路径上的拥塞状况指示，对拥塞的处理需要传输层协议的支持。对 TCP 而言，首先要确定连接的两个端点都支持 ECN；其次，接收端能对收到的 CE 数据包作出反应以通知发送端；再次，发送端接到通知后，要对拥塞作出应对。这将要求 TCP 增加三项功能：第一，在建立连接阶段协商两端点是否均支持 ECN（ECN-Capable）；第二，在 TCP 报头增加 ECN-Echo（ECE）标志，以使得接收端有能力通知发送端其收到了带有 CE 标志的数据包；第三，在 TCP 报头增加拥塞窗口减小标志（Congestion Window Reduced，CWR），使得发送方能够通知接收方已经对出现的拥塞作出应对。这里有必要说明的是，支持 ECN 功能的 TCP 源端在应对拥塞时，仍然采用传统的拥塞控制算法，即慢启动、拥塞避免和快速恢复等机制。

TCP 报头新增的两个标志位如图 7-33 所示。

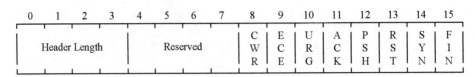

0	1	2	3	4	5	6	7	8	9	10	11	12	13	14	15
Header Length				Reserved				C W R	E C E	U R G	A C K	P S H	R S T	S Y N	F I N

图 7-33　TCP 报头新增的两个标志位

新定义启用了 TCP 原定义的保留位中的两位：位 8 用作 CWR 标志，位 9 用作 ECE 标志。

ECN 使用在 IP 数据报头部的 ECT 和 CE 标志作为路由器和端点主机之间的指示，使用 TCP 包头部的 ECE 和 CWR 标志作为 TCP 连接的两个端系统的指示。其典型的工作过程如下。

（1）发送方在 IP 数据报中设置 ECT 码点，向传输路径上的节点（路由器）表明传输实体支持 ECN。

（2）支持 ECN 的传输节点（路由器）检测到了即将发生拥塞同时在准备丢弃的 IP 数据报中发现了 ECT 码点，则不再丢弃此数据报而是设置 CE 码点，继续传输该数据报。

（3）接收方收到了带有 CE 码点的数据报后，在下一个 TCP-ACK 中设置 ECE 标志发给发送方。

（4）发送方收到了带有 ECE 标志的 TCP-ACK 后，就当作数据包被丢弃一样去应对这次拥塞。

（5）发送方在下一个数据包中设置 TCP 头中的 CWR 标志，告知接收方已经收到了拥塞通知（ECE）并已经作出响应。

TCP 实体是否支持 ECN 功能要靠连接建立阶段双方协商来确定。如果发起连接请求的一方称为 Host A，则响应的一方称为 Host B，TCP 建立连接过程协商是否支持 ECN 功能的过程如图 7-34 所示。

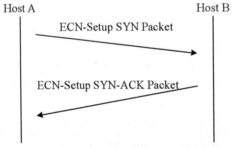

ECN-Setup SYN Packet——请求建立连接的数据包中同时设定了SYN、ECE、CWR位

ECN-Setup SYN - ACK Packet——连接应答的数据包中同时设定了SYN、ACK、ECE位

图 7-34　TCP 建立连接过程协商是否支持 ECN 功能的过程

对于连接的发起端（Host A），TCP 必须同时设置 SYN、ECE 和 CWR 三个标志位（称作 ECN-Setup SYN Packet）才能代表本主机支持 ECN 功能，其他任何状态的组合都被看作不支持 ECN 功能。对连接的应答端（Host B）也是一样，只有应答包设置了 SYN、ACK 和 ECE 标志（称作 ECN-Setup SYN-ACK Packet）方能认定其支持 ECN 功能，其他任何组合都被认为不支持 ECN。另外，一旦双方确定支持 ECN 功能，则说明任何一台主机无论作为发送方还是接收方，均支持 ECN 功能。在成功地建立了支持 ECN 功能的连接后，发送方的 TCP 在其所传输的数据包的 IP 头部设置 ECT 码点，以通知传输路径上的所有节点可以用 ECN 功能来指

示拥塞。如果此 TCP 连接对某个特定的数据包不打算采用 ECN 功能，则发送方 TCP 应将 ECN 码点设成"not-ECT"。

系统不能保证传输路径上所有的路由器都支持 ECN，当路由器不认识 ECT 标志时，系统也要能够处理拥塞。即便是支持 ECN 的路由器，也要能够处理不支持 ECN 的 TCP 连接。

7.2.9 TCP 的差错控制

TCP 是一个可靠的传输层协议，这就表示，将数据流交付给 TCP 的应用程序，依靠 TCP 将整个的数据流交付给另一端的应用程序，并且是按序的，没有差错，也没有任何一部分丢失或重复。TCP 使用差错控制提供可靠性。差错控制包括以下一些机制：检测受到损坏的报文段、丢失的报文段、失序的报文段和重复的报文段；差错控制还包括检测出差错后纠正差错的机制。

1. 差错检测和纠正

TCP 中的差错检测是通过三种简单工具完成的：检验和、确认和超时。每一个报文段都包括检验和字段，用来检查受到损坏的报文段。若报文段受到损坏，就由目的 TCP 将其丢弃。TCP 使用确认的方法来证实收到了某些报文段，它们已经无损坏地到达了目的 TCP。TCP 不使用否认，若一个报文段在超时截止期之前未被确认，则被认为是受到损坏或已丢失。

2. 受损坏的报文段

图 7-35 所示为受损坏的报文段的传送。在图中，发送端发送报文段 1～3，各段有 200 字节，序号从报文段 1 的 1201 开始。接收 TCP 收到报文段 1 和 2，使用确认序号 1601，表示它已安全和完整地收到了字节 1201～1600，并期望接收字节 1601。但是，它发现报文段 3 受到了损坏，因此丢弃报文段 3。应注意，虽然它收到了字节 1601～1800，但因这个报文段受到损坏，因此目的站不认为这个报文段已"收到"。当为报文段 3 设置的超时截止期到，发送端就重传报文段 3。在收到报文段 3 后，接收端发送对字节 1801 的确认，表示它已安全和完整地收到了字节 1201～1800。

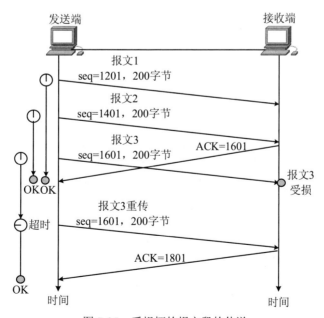

图 7-35 受损坏的报文段的传送

3. 丢失的报文段

对于一个丢失的报文段，与受损坏报文段的情况完全一样。换言之，从发送端和接收端的角度看，丢失的报文段与受损坏的报文段是一样的。受损坏的报文段是被接收端丢弃的，丢失的报文段是被某一个中间节点丢失的，并且永远不会到达接收端。

4. 重复的报文段

重复的报文段可以由发送端产生，当超时截止期已到而确认还没有收到的，发送端就会重发刚刚发过的报文。对接收端来说，处理重复的报文段是一个简单的过程。接收端期望收到连续的字节流，当含有同样序号的分组作为另一个收到的报文段到达时，接收端只要丢弃这个分组就行了。

5. 失序的报文段

TCP 使用 IP 的服务，而 IP 是不可靠的无连接网络层协议。TCP 报文段封装在 IP 数据报中。每一个 IP 数据报是独立的实体，路由器可以通过找到的合适路径自由地转发每一个数据报。一个数据报可能沿着一条时延较短的路径走，另一个数据报可能沿着一条时延较长的路径走。若数据报不按序到达，则封装在这种数据报中的 TCP 报文段也就不按序到达。接收端处理失序的报文段也很简单：它对失序的报文段不确认，直到收到所有它以前的报文段为止。当然，若确认晚到了，发送端的失序的报文段的计时器会因到期而重新发送该报文段。接收端就丢弃重复的报文段。

6. 丢失报文段的确认

图 7-36 所示为一个丢失的确认过程，这个确认是由接收端发出的。在 TCP 的确认机制中，丢失报文段的确认甚至不会被发送端发现。TCP 使用累计确认系统，每一个确认是证实，一直到由确认序号指明的字节的前一个字节为止的所有字节都已经收到了。例如，接收端发送的 ACK 报文段的确认序号是 1801，这就证实了字节 1201～1800 都已经收到了。若接收端前面发送了确认，其确认序号为 1601，表示它已经收到了字节 1201～1600，因此丢失这个确认完全没有关系。当然如果超时就会产生重传动作。

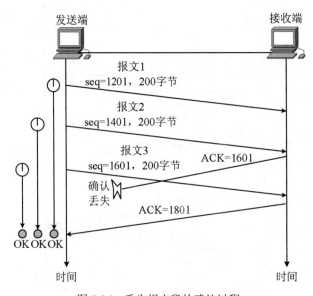

图 7-36　丢失报文段的确认过程

7.2.10　TCP 的定时机制

重发机制是 TCP 中最重要也是最复杂的问题之一。在 TCP 中，每发送一个报文段，就会重新设置一次定时器，只要在定时器设置的时间内还没有收到接收端的确认，就要重新发送此报文段。在此过程中，关键在于如何设置定时器的时间。

如果数据发送端和接收端是用一条物理链路直接连接在一起的，超时时间是比较好确定的，此时所预计的延迟基本上是准确的，只要定时器稍微超过所预计的确认延迟时间即可认为是超时，在所预计的时间内确认没有到来，一般表示或确认该分组已经丢失了。

TCP 所面临的是完全不同的情况。发送端和接收端之间要跨过若干个网络，经过 n 个路由器。其网络环境不但是复杂的，而且网络状况还在不断地变化之中，另外，同一个连接内的不同报文段还可能选择不同的路由。TCP 确认到达时间的概率密度函数接近于图 7-37 所示的曲线。

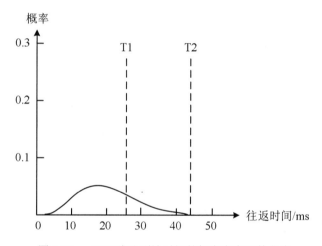

图 7-37　TCP 确认到达时间的概率密度函数曲线

确定报文段的往返时间是很困难的。如果超时时间间隔设得太短，如图 7-37 中的 T1 点，虽然超时时间短，数据报文段也不一定丢失，而仅仅是延期到达，如果重发，将会出现多余的数据报文段，从而导致无用分组阻塞网络。如果超时时间间隔设得太长，如图 7-37 中 T2 点，每当分组丢失时由于数据重发的延迟时间过长，势必会使网络性能受到伤害。而且，确认到达分布的平均值及偏差可能会因拥塞的出现或得到解决而在几秒钟内迅速发生变化。

TCP 采用了一种自适应算法来计算重发超时时间。这种算法把每次每个报文段发出的时间和收到此报文段确认的时间都记录下来，两时间之差称为报文段的往返时延。

定义RTT 为报文段的往返时间（估算值）。

但 TCP 每发送一个报文段所测得的数据并不是固定的，所以用如下算法动态地修正 RTT：

首先定义 M 为当前报文段往返时间（当前值）。

用如下公式去平滑 RTT 值：

$$RTT = \alpha RTT + (1-\alpha)M$$

式中，α 是修正因子，一般取值为 7/8。

之后，TCP 采用 β RTT 作为超时重发时间 RTO：

$$RTO = \beta RTT$$

在程序使用初期，β 的值设为常数 2，后来发现设为常量在程序中使用并不是很灵活。1988 年，Jacobson 提出一种动态的确定超时重发时间的方法，他提出 β 的变化要与确认到达时间的概率密度函数的标准偏差大致成比例，并建议采用平均偏差作为对标准偏差的粗略估计。在这种算法中，需要保存另一个修正因子 D（RTT 与 M 之间的偏差），按照下列公式进行计算 RTO：

$$RTT = \alpha RTT + (1-\alpha)M$$
$$D = \alpha D + (1-\alpha)|RTT-M|$$
$$RTO = RTT + 4D$$

其中，修正因子 D 的 α 与用于修正 RTT 的 α 值可以相同也可以不同（有些程序中选择 $\alpha=3/4$）。选择因子 4 有两点好处：首先，乘以 4 可以用简单的移位方法来实现；其次，它可以使不必要的超时和重发达到最小。实验证明，不足百分之一的分组到达延迟要超过 4 个标准偏差。

上述算法还面临一个问题，就是当数据段传输超时并重发后该怎么办？当确认到达时，不清楚该确认是针对先发数据段的还是重发的数据段的。猜测错误将导致 RTT 的估计值遭到严重破坏。Phil Karn 提出了一个简单的建议：对于已经重发的数据段无需修正其 RTT，而是在每次传输失败时将超时时间加倍，直到该数据段传送成功为止。目前大多数 TCP 程序的实现都是采用这种算法。

TCP 不仅仅使用了数据重发定时器，还用持续定时器（Persistence Timer）防止出现死锁情况。接收方发送一个窗口为 0 的确认，通知发送方等待。之后，接收方更新了窗口的大小，但用于通知发送方修正窗口的分组丢失了，现在在发送方和接收方都在等待对方进一步动作。当持续时间定时器超时后，发送方向接收方发送一个探询消息，接收方对探询报文段的响应是将窗口大小告诉发送方。如果仍为 0，则重新设置持续时间定时器并重复上述循环；如果不为 0，便可以进行数据发送了。

某些程序实现中使用了第三种定时器，即"保活"定时器（Keepalive Timer）。当一个连接长时间闲置时，"保活"定时器会超时而使一方去检测另一方是否仍然存在，如果它未得到响应，便终止该连接。该特性是有争议的，因为它增加了系统开销，而且可能会因暂时的网络不畅而终止一个其实运行正常的连接。

最后一种用于每个 TCP 连接的定时器是用在断开连接操作中的 TIMED WAIT 状态的，它设置为分组最长生命周期的两倍，以确保当一个连接断开后，所有由它创建的分组完全消失。

7.3 一个 Socket 程序实例

Socket 接口是 TCP/IP 网络编程的 API，广泛应用于 Internet 程序设计中。Socket 接口定义了许多函数或例程，程序员可以用它们来开发 TCP/IP 网络上的应用程序。Socket 接口最早在 BSD UNIX 实现，目前，Windows 也很好地提供了 Windows Sockets（即 Winsock）实现。

Socket 提供了对传输层 TCP、UDP 的调用接口，程序员用 Socket 提供的函数可以决定调用 TCP 还是 UDP 完成数据的传输，Socket 所处位置的示意图如图 7-38 所示。

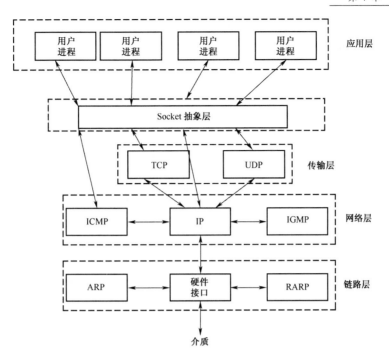

图 7-38　Socket 所处位置的示意图

　　后面给出一个基于 C 语言的网络程序源代码,包含客户端和服务器端两个程序。客户端程序运行后读取键盘输入的字符串并传至服务器,服务器端程序收到字符串后显示到屏幕上。该程序调用 TCP 传输数据,客户端首先向服务器端发起连接建立的请求,连接建立后,客户端向服务器端传输数据,最后进行连接释放。程序运行环境如图 7-39 所示,需配置好 IP 地址,并保证网络连通正确。

图 7-39　程序运行环境

　　在客户端和服务器端程序中,socket()函数选择了 TCP 作为双方传输层的通信协议。
　　客户端的 connect()函数按照指定服务器的 IP 地址和端口号与服务器建立连接,运行到该函数时执行 TCP 建立连接的三次握手过程。
　　客户端的 send()函数在已经建立的 TCP 连接上发送数据。
　　客户端的 closesocket()函数释放连接,运行到该函数时执行 TCP 释放连接的四次握手过程。
　　服务器端的 bind()函数指定了侦听的端口号和 IP 地址,并通过 listen()函数开始侦听。
　　服务器端执行到 accept()函数时进入阻塞,等待客户端的 connect()函数执行,双方完成 TCP 建立连接的三次握手过程,完成后建立数据传输连接对应的套接字。
　　服务器端的 receive()函数在已经建立的 TCP 连接上接收从客户端传来的数据。
　　服务器端的第一个 closesocket()函数释放连接,运行到该函数时执行 TCP 释放连接的四次握手过程。

服务器端的第二个 closesocket()函数关闭侦听套接字，停止在 TCP 指定端口上的侦听。

Socket 程序流程如图 7-40 所示。

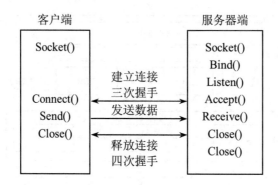

客户端　　　　　　　　　　　服务器端

客户端		服务器端
Socket()		Socket()
		Bind()
		Listen()
Connect()	建立连接 三次握手	Accept()
Send()	发送数据	Receive()
Close()	释放连接 四次握手	Close()
		Close()

图 7-40　Socket 程序流程

程序在 Visual C++ 6.0 下编译通过，具体步骤如下。

（1）运行 Visual C++ 6.0，依次选择"文件→新建→项目→Win32 Console Application→An empty project"命令，创建一个控制台程序。

（2）依次选择"文件→新建→文件→C++ Source File"命令，新建一个空白 C++源程序。

（3）在建好的 C++ 源文件中输入服务器端或客户端代码，然后编译运行即可。

为帮助读者理解程序，下面给出的代码加有注释。因为本书重点不是网络编程，所以此处不再对该程序过多解释。

1. 客户端程序

```
#include <WINSOCK2.H>                           //包含 Windows socket 所需的头文件
#include <stdio.h>
//定义程序中使用的常量
#define SERVER_ADDRESS "192.168.1.1"            //服务器端 IP 地址
#define PORT   5150                             //服务器的端口号
#define MSGSIZE   1024                          //收发缓冲区的大小
#pragma comment(lib, "ws2_32.lib")              //加载 Windows socket 所需的库文件
int main()
{
    WSADATA    wsaData;                         //存放 Windows socket 初始化信息的变量
    SOCKET     sClient;                         //连接所用的套接字
    SOCKADDR_IN server;                         //保存远程服务器的地址信息
    char    szMessage[MSGSIZE];                 //定义发送缓冲区
    WSAStartup(0x0202, &wsaData);               //初始化 Windows socket 库
    sClient = socket(AF_INET, SOCK_STREAM, IPPROTO_TCP);    //创建客户端套接字
    memset(&server, 0, sizeof(SOCKADDR_IN));    //先将保存地址的 server 置为全 0
    server.sin_family = PF_INET;                //声明地址格式是 TCP/IP 地址格式
    server.sin_port = htons(PORT);              //指明连接服务器的端口号
    server.sin_addr.s_addr = inet_addr(SERVER_ADDRESS);    //指明连接服务器的 IP 地址
    connect(sClient, (struct sockaddr *)&server, sizeof(SOCKADDR_IN));    //连接到刚才指明的服务器上
```

```
    while (TRUE)
    {
        printf("Send:");
        gets(szMessage);                                //从键盘输入发送的数据
        send(sClient, szMessage, strlen(szMessage), 0); //发送数据
    }
    closesocket(sClient);                               //释放连接并结束工作
    WSACleanup();
    return 0;
}
```

2. 服务器端程序

```
#include <WINSOCK2.H>                                //包含 Windows socket 所需的头文件
#include <stdio.h>
                                                    //定义程序中使用的常量
#define PORT    5150                                 //服务器的端口号
#define MSGSIZE    1024                              //收发缓冲区的大小
#pragma comment(lib, "ws2_32.lib")                   //加载 Windows socket 所需的库文件
int main()
{
    WSADATA    wsaData;                              //存放 Windows socket 初始化信息的变量
    SOCKET    sListen;                               //侦听所用的套接字
    SOCKET    sClient;                               //和客户端连接所用的套接字
    SOCKADDR_IN local;                               //保存侦听的地址信息
    SOCKADDR_IN client;                              //保存接入客户端的地址信息
    char    szMessage[MSGSIZE];                      //接收缓冲区
    int    ret;                                      //接收数据时的反馈信息
    int    iaddrSize = sizeof(SOCKADDR_IN);
    WSAStartup(0x0202, &wsaData);                    //初始化 Windows socket 库
    sListen = socket(AF_INET, SOCK_STREAM, IPPROTO_TCP);     //创建服务器端套接字
    local.sin_family = AF_INET;                      //声明地址格式是 TCP/IP 地址格式
    local.sin_port = htons(PORT);                    //指明本地服务器的端口号
    local.sin_addr.s_addr = htonl(INADDR_ANY);       //指明服务器侦听的 IP 地址
    bind(sListen, (struct sockaddr *)&local, sizeof(SOCKADDR_IN));   //绑定服务器侦听的地址和端口
    listen(sListen, 1);                              //服务器开始侦听
                                                    //阻塞执行，如果有客户端发送请求可建立连接
    sClient = accept(sListen, (struct sockaddr *)&client, &iaddrSize);
                                                    //显示客户端信息
    printf("Accepted client:%s:%d\n", inet_ntoa(client.sin_addr), ntohs(client.sin_port));
    while (TRUE)
    {
        ret = recv(sClient, szMessage, MSGSIZE, 0);         //接收客户端传来的数据, 保存到 szMessage 中
        szMessage[ret] = '\0';                              //在数据后加上结束符
        printf("Received [%d bytes]: '%s'\n", ret, szMessage);   //显示接收到的数据
    }
```

```
        closesocket(sClient);                              //释放连接并结束工作
        closesocket(sListen);
        WSACleanup();
        return 0;
    }
```

7.4 用户数据报协议（UDP）

UDP 是无连接的、不可靠的传输协议。它除了提供进程到进程的通信（不是主机到主机的通信）外，没有给 IP 服务添加任何东西。此外，它只完成非常有限的差错检验。

UDP 是一个非常简单的协议，只有最小的开销。若某进程想发送一个很短的报文而不关心可靠性，就可以使用 UDP。使用 UDP 发送一个很短的报文，在发送器和接收器之间的交互要比使用 TCP 时少得多。

7.4.1 UDP 数据报的格式

UDP 的格式与 TCP 相比少了很多字段，也简单了很多，这也是它传输数据时效率高的一个主要原因。UDP 只在 IP 数据报的基础上增加了很少的一些功能。UDP 也包括两个部分：数据和首部。首部只有 8 个字节，共 4 个字段，UDP 报文段的具体格式如图 7-41 所示。

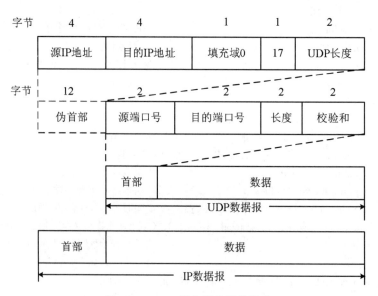

图 7-41 UDP 报文段的具体格式

UDP 报文段各字段的具体意义如下。

1. 源端口号

这是在源主机上运行的进程使用的端口号。它有 16 位长，这就表示端口号可以为 0～65535。若源主机是客户端（当客户进程发送请求时），则在大多数情况下这个端口号就是动态连接端口号，它由该进程请求，由源主机上运行的 UDP 软件进行选择。若源主机是服务器端（当服务器进程发送响应时），则在大多数情况下这个端口号是熟知端口号。

2．目的端口号

这是在目的主机上运行的进程使用的端口号。它也是 16 位长。若目的主机是服务器端（当客户进程发送请求时），则在大多数情况下这个端口号是熟知端口号。若目的主机是客户端（当服务器进程发送响应时），则在大多数情况下这个端口号就是动态连接端口号。

3．长度

这是一个 16 位字段，它定义了用户数据报的总长度（首部加上数据）。16 位可定义的总长度是 0～65535 字节。但是，最小长度是 8 字节，它指出用户数据报只有首部而无数据。因此，数据的长度可以为 0～65507（即 65535−20−8）字节（20 字节的 IP 首部和 8 字节的 UDP首部）。这里的数据最大长度要减掉 IP 首部的 20 个字节是因为 UDP 数据报要装入 IP 数据报中发送，而 IP 数据报的长度字段也是 16 位。

4．校验和字段

校验和字段防止 UDP 数据报在传输的过程中出错。校验和的计算方法和 TCP 数据报中校验和的计算方法是一样的，计算之前需要在整个报文段的前面添加一个伪首部，伪首部的格式也与 TCP 相似，只是将第四个字段改为 17，它是 UDP 协议的标识值，第五个字段改为 UDP数据报的长度。

5．UDP 报文实例

图 7-42 为一个 UDP 报文实例。和 TCP 报文段一样，UDP 也被封装在 IP 分组中。由图中IP 首部的源 IP 地址和目的 IP 地址可知，该 UDP 报文是由主机 27.189.135.89 发送给主机222.222.202.202 的。由 IP 首部的协议字段等于 17 可知，IP 分组的数据部分是一个 UDP 报文。

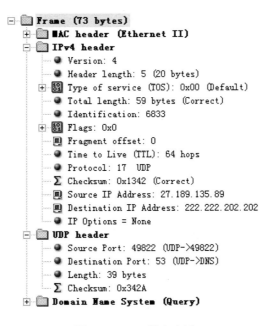

图 7-42　UDP 报文实例

UDP 首部各字段的取值和含义如下。

源端口（Source Port）=49822。这是一个大于 1023 的随机端口号，由此可看出该报文是由客户端进程发出的，49822 是客户端进程对应的端口号，是由操作系统自动分配的。

目的端口（Destination Port）=53。53 是一个知名端口号，代表了 DNS 服务。目的端口为 53 说明该报文是发向一个 DNS 服务器进程的。

报文长度（Length）=39 bytes。这说明整个 UDP 报文长度是 39 字节。去掉首部的 8 字节，可以得到该报文的数据部分长度是 31 字节。

校验和（Checksum）=0x342A。这说明生成该 UDP 报文时使用了差错校验的功能。

7.4.2　UDP 的工作原理

由于 UDP 提供的是一种无连接的服务，它并不保证可靠的数据传输，不具有确认、重发等机制，而是必须靠应用层的协议来处理这些问题。UDP 相对于 IP 来说，唯一增加的功能是提供对协议端口的管理，以保证应用进程间进行正常通信。它和对等的 UDP 实体在传输时不建立端到端的连接，而只是简单地向网络上发送数据或从网络上接收数据。并且，UDP 将保留上层应用程序产生的报文的边界，即它不会对报文进行合并或分段处理，这样使得接收端收到的报文与发送时的报文大小完全一致。

此外，一个 UDP 模块必须提供产生和验证校验和的功能，但是一个应用程序在使用 UDP 服务时，可以自由选择是否要求产生校验和。当一个 UDP 模块在收到由 IP 传来的 UDP 数据报后，首先校验 UDP 校验和。如果校验和为 0，则表示发送端没有计算校验和；如果校验和非 0，并且校验和不正确，则 UDP 将丢弃这个数据报；如果校验和非 0，并且正确，则 UDP 根据数据报中的目标端口号，将其送给指定应用程序等待排队。

习题7

7-1　传输层的作用是什么？同一开放系统中传输层和网络层功能的关系是什么？

7-2　请简述传输层的端口机制。

7-3　一个 TCP 报文段中的数据部分最多有多少个字节？为什么？

7-4　如果用户要传送的数据的字节长度超过了 TCP 报文段中的序号字段可能编出的最大序号，试问是否还能使用 TCP 来传送数据？

7-5　在使用 TCP 传送数据时，如果有一个确认报文段丢失了，也不一定会引起对方数据的重传。请说明原因。

7-6　若 TCP 往返时间 RTT 当前是 30ms，接下来的确认分别在 26、32 和 24ms 之后到达，请问新的平滑后 RTT 值为多少？（请使用 α=0.9）。

7-7　请以主机 A 为发送端，主机 B 为接收端，绘图说明 TCP 建立连接时各步骤的信息包。并以主机 A 为主动提出连接终止的一端，绘图说明 TCP 终止连接时各步骤的信息包。

7-8　主机 A 向主机 B 连续发送两个 TCP 报文段，其序号字段分别为 70 和 100，试问：

（1）第一个报文段携带了多少字节的数据？

（2）主机 B 收到第一个报文段后发回的确认报文段中确认序号应当是多少？

（3）如果主机 B 收到第二个报文段后发回的确认报文段中确认序号是 180，试问主机 A 发送的第二个报文段中数据有多少字节？

（4）如果主机 A 发送的第一个报文段丢失了，但第二个报文段到达了主机 B。主机 B 在第二个报文段到达后向主机 A 发送确认。试问这个确认序号应为多少？

7-9　既然 UDP 与 IP 一样提供无连接服务，能否让用户直接利用 IP 分组代替 UDP 数据包进行数据传递？为什么？

7-10　请捕获一个 UDP 报文，并对各字段进行分析。

协议分析实验

运行 WireShark 软件并确保计算机联入 Internet，上网浏览某网站，抓取几个上、下行的数据包，找到 TCP 报文，分析其报头字段的值及其意义；观察其与 IP 数据报、Ethernet 分组的关系。

第 8 章 应用层

本章主要介绍应用层的有关概念及工作原理，讲述应用层的各种应用进程是如何为用户提供服务的。通过本章的学习，应重点理解和掌握以下内容：

● 应用层的基本概念，应用层的功能与作用
● 域名系统的组成与工作原理
● 文件传输系统、远程终端系统的工作原理与使用方法
● Web 网站的工作原理及网站的概念
● 动态主机配置协议的含义与功能

8.1 应用层协议概述

应用层是网络体系结构的最高层，是用户应用程序与网络的接口。应用进程通过应用层协议为用户提供最终服务。应用进程是指为用户解决某一类应用问题时在网络环境中相互通信的进程。应用层协议是规定应用进程在通信时所遵循的协议。

随着计算机网络的应用与普及，人们对网络的需求与依赖不断增强，如通过计算机网络使用远程访问、文件传输、电子邮件、新闻组等应用，以及网络多媒体应用，如 IP 电话、视频会议、影视传输等。网络应用需求的快速发展，给应用层协议的发展带来了挑战，因此应用层协议的可扩展性成了本层协议的一大特点。某个具体的应用层协议所提供的服务往往不能满足用户所有的需要，在此情况下，协议的制定者必须为用户提供对协议扩展的手段，使得用户可通过二次开发来满足自己的特殊需求。因此，应用进程之间通信时所使用的协议有一部分是标准化的应用层协议，在此之上，还可能有一些为了满足特定的应用需求而制定的非标准化协议。从技术的角度看，标准化协议和非标准化协议之间并无本质上的区别。

应用层协议在工作时一般采用 C/S 模式，即客户/服务器（Client/Server）模式。这种模式描述了两个进程间的服务与被服务关系。当两个进程进行通信时，请求服务方称为客户，而提供服务方称为服务器。例如，在浏览网页时，当用鼠标单击某网站的超级链接时，所用的浏览器软件称为客户端软件，由它向远端主机发送浏览网站的请求，在远端主机上运行的服务器软件接收到客户端的请求后，将请求结果即网页传送到客户端，由客户端软件显示给用户。

由于采用 C/S 模式，使得一些繁复的数据处理过程直接在高档的服务器内完成，在网络上传输的只是最终结果，减少了网络的信息流量；客户机安装配置简单、使用方便。

本章讨论一些常用的应用层协议及相关知识，如域名系统，WWW 的工作原理及其主要协议，Internet 电子邮件，文件传输协议和远程登录协议等。本章最后将介绍有关网络管理方面的技术。

8.2　域名系统（DNS）

域名系统 DNS

Internet 中的主机是靠 IP 地址来标识的，网络的主机间要使用 IP 地址进行通信。但是用户很难记忆 32 位的 IP 地址，且 IP 地址不能反映出主机的所属权及所提供的服务类型。因为人们习惯使用易于记忆的主机名字，所以在 Internet 中使用名字来标识某台主机，并且使用域名系统 DNS（Domain Name System）来进行主机名字与 IP 地址之间的转换。

8.2.1　域名

在 Internet 上为主机命名必须使名称无二义性，指派给机器的名字必须从名字空间中仔细地选择，这个名字空间能够完全控制对名字和 IP 地址的绑定。换言之，因为地址是唯一的，所以名字也必须是唯一的。名字空间能够将一个地址映射为一个名字，Internet 采用层次名字空间命名方法。

在层次名字空间中，每一个名字都由几部分组成。第一部分定义组织的性质，第二部分定义组织的名字，第三部分定义组织的部门等。在这种情况下，指派和控制名字空间的机构就可以分散化。中央管理机构可以指派名字的一部分，这部分定义组织的性质和组织的名字。名字其余部分的责任可交给这个组织自身，组织可以给名字加上后缀（或前缀）来定义主机或其他一些资源。组织的管理机构也不必担心给一个主机选择的后缀被另一个组织选择了，因为即使地址的一部分是相同的，整个地址还是不同的。例如，假定有两个大学和一个公司都将它们的计算机取名为 challenger，中央管理机构给第一个大学取的名字是 tsinghua.edu，给第二个大学的名字是 nciae.edu，给公司的名字是 lenovo.com。当这些组织在已经有的名字上加上名字 challenger 后，得到了三个可以区分开的名字：challenger.tsinghua.edu、challenger.nciae.edu 和 challenger.lenovo.com。这些名字都是唯一的，中央管理机构仅控制名字的一部分而不是全部。

Internet 层次名字空间呈现树状结构，它使得任何一个连接在 Internet 上的主机或路由器都有一个唯一的层次结构的名字，即域名（Domain Name）。域（Domain）是域名空间中的一个子树，这个域的名字就是这个子树顶部结点的域名，一个域本身又可划分为若干个子域。例如，edu 是标识教育系统的一个大的域，而 tsinghua.edu 和 nciae.edu 则是 edu 域中的两个子域。

每台主机都是某个域的成员，或者说属于某一相同组织的计算机组中的一员。域名的结构由若干个分量组成，各分量之间用点隔开，例如，mail.cctv.com、mail.tsinghua.edu.cn 等。域名的树型结构如图 8-1 所示。域名是分等级的，树根下是最高一级的域，称为顶级域名。顶级域名下面依次是二级域名、三级域名、四级域名。域名越往下，级别越低。

目前 Internet 顶级域名分为如下三大类。

- 国家顶级域名：采用 ISO 3166 规定。如 cn 表示中国，us 表示美国等。
- 国际顶级域名：采用 int。国际性的组织可在 int 下注册。如 un.int 表示国际联合，eu.int 表示欧洲联合。
- 通用顶级域名：为各个行业、机构使用，见表 8-1。

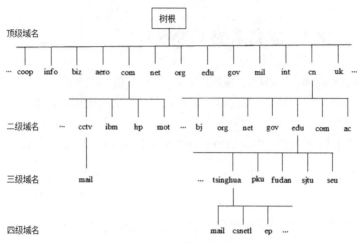

图 8-1 域名的树型结构

表 8-1 通用顶级域名

域名	组织类型	域名	组织类型
com	商业机构	shop	销售公司与企业
edu	教育部门	web	突出万维网服务单位
gov	政府部门	arts	突出文化艺术活动的单位
org	非商业组织	rec	突出消遣娱乐活动的单位
net	网络服务机构	info	提供信息服务
mil	美国军队组织	nom	个人
firm	公司企业		

　　一个单位一旦拥有了自己的域名，就可以决定是否划分子域。Internet 上的域名由 Internet 名字和号码分配机构（Internet Corporation for Assigned Names and Numbers，ICANN）负责分配。欲联入 Internet 的主机，必须由单位或个人到 ICANN 申请注册，一旦域名注册成功，将成为 Internet 上唯一的域名。一些大的机构（域）有进一步分配其子域名的权利，如中国教育和科研计算机网（China Education and Research Network，CERNET）。各大学建校园网时，要向 CERNET 网管中心申请域名，而所有大学的域名都属于 CERNET 域（edu.cn）中的一个子域。例如，清华大学的域名 tsinghua.edu.cn 属于 CERNET 域。

　　关于域名的规则主要有：每一级的域名都由英文字母和数字组成（不超过 63 个字符，并且不区分大小写字母）；级别最低的域名写在最左边，级别最高的顶级域名则写在最右边。完整的域名不超过 255 个字符；域名系统既不规定一个域名要包含多少个下级域名，也不规定每一级的域名代表什么意思。需要注意的是，域名只是一个逻辑概念，并不反映出计算机所在的物理位置。

8.2.2 域名系统详解

　　在互联的网络中，网络只能识别 IP 地址，不能识别具有人性化的域名，需要有一种机制，在通信时将域名转换成 IP 地址。早在 ARPAnet 时期，网络就依靠存储在主机中的 hosts 文件来把主机名与 IP 地址联系起来，称为主机文件。在 UNIX 系统中，该文件名为/etc/hosts，在

Windows 系统中，该文件名为 lmhosts。主机文件的结构见表 8-2 所示。

表 8-2　主机文件的结构

IP 地址	主机名
192.161.0.1	home.cdpc.edu
192.161.0.2	sports.cdpc.edu
61.165.31.2	sohu.com.cn

单个主机文件只能满足小型单个组织的使用要求，而不能适应 Internet 的爆炸式发展。主机文件需要经常更新，这就限制了 Internet 的带宽容量。Internet 目前使用的是一种联机分布式数据库系统的域名系统。

在 DNS 中由域名服务器（DNS Server）完成域名与 IP 地址的转换过程，这个过程称为域名解析。在 Internet 上，域名服务器系统是按域名层次来安排的。每个域名服务器不但能够进行域名解析，而且必须具有与其他域名服务器连接的能力，当某个域名服务器本身不能对某个域名解析时，可以自动将解析请求发送到其他域名服务器。整个域名解析过程是按客户/服务器模式工作的。域名服务器主要分为以下几类。

1. 本地域名服务器

本地域名服务器通常工作于 Internet 服务提供者（ISP）或某个单独组织中。当本地网络中的某个主机有 DNS 解析请求时，首先由本地域名服务器处理，若有 IP 地址到域名的映射，则将 IP 地址传送给发出请求的主机。

2. 根域名服务器

当本地域名服务器不能解析某域名时，将以 DNS 客户身份向根域名服务器发出解析请求，若有相应的主机信息，则相应的根域名服务器将相应信息发送回本地域名服务器，再发送给发出请求的主机。

3. 授权域名服务器

Internet 上的每台主机都必须在授权域名服务器处注册登记。通常，一个主机的授权域名服务器就是它的本地 ISP 的一个域名服务器。许多域名服务器同时充当本地域名服务器和授权域名服务器。授权域名服务器总能将其管辖的主机名转换为该主机的 IP 地址。域名与域名服务器的层次关系如图 8-2 所示。

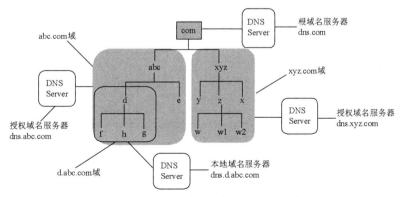

图 8-2　域名与域名服务器的层次关系

在图 8-2 中，abc.com 与 xyz.com 均为 com 域下注册的子域，分别由相应的授权域名服务器 dns.abc.com 与 dns.xyz.com 负责本域管辖的主机的注册及解析域名，同时它们也可以作为本地域名服务器。

下面以处于不同域的两个主机通信为例，说明域名的解析过程。域 xyz.com 的主机 A（域名为 x.xyz.com）欲与 d.abc.com 域的主机 B（域名为 g.d.abc.com）通信。主机 A 不知道主机 B 的 IP 地址，首先向本地域名服务器（授权域名服务器 dns.xyz.com）发出请求报文。本地域名服务器没有主机 B 的信息，向根域名服务器（dns.com）发出请求，若没有主机 B 的信息，由根域名服务器转发到另外的本地域名服务器（授权域名服务器 dns.abc.com）。依此类推，一直转发到最终的本地域名服务器（dns.d.abc.com）。若有主机 B 的信息，则将 IP 地址信息作为响应报文，按请求顺序传送到主机 A；若没有主机 B 的信息，则将出错信息作为响应报文，传送到主机 A。图 8-3 所示为整个域名的层次解析过程。

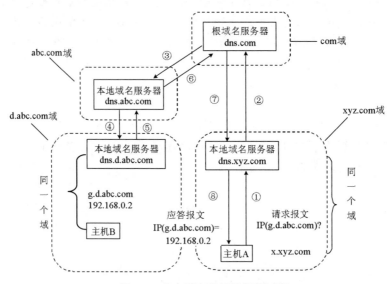

图 8-3　整个域名的层次解析过程

在这个解析过程中，根域名服务器的数据流量是最大的，为了减少根域名服务器的负担，可采用递归与迭代相结合的方法，域名递归与迭代结合解析过程如图 8-4 所示，请读者注意报文转发的顺序。

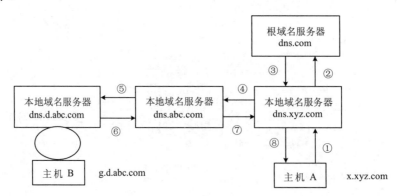

图 8-4　域名递归与迭代结合解析过程

在域名服务器与主机中可以使用高速缓存以减小域名解析的开销。每个域名服务器都维护一个高速缓存，存放最近用过的名字以及从何处获得名字映射信息的记录。当客户请求域名服务器转换名字时，服务器首先按标准过程检查它是否被授权管理该名字。若未被授权，则查看自己的高速缓存，检查该名字是否最近被转换过。域名服务器向客户报告缓存中有关名字与地址的绑定信息，并标记为非授权绑定，以及给出获得此绑定的服务器 S 的域名。本地服务器同时也将服务器 S 与 IP 地址的绑定告知客户，因此，客户可很快收到回答，但有可能信息已过时。如果强调高效，客户可选择接受非授权的回答信息并继续进行查询；如果强调准确性，客户可与授权服务器联系，并检验名字与地址的绑定是否仍有效。

由于名字到地址的绑定并不经常改变，因此高速缓存可在域名系统中很好地运作。为保持高速缓存中的内容正确，域名服务器应为每项内容计时并处理超过合理时间的项。当域名服务器已从缓存中删去某项后又被请求查询该项信息，就必须重新到授权管理该项的服务器获取绑定信息。当授权服务器回答一个请求时，在响应中都有指明绑定有效存在的时间值，增加此时间值可减少网络开销，而减少此时间值可提高域名转换的准确性。

不但本地域名服务器中需要高速缓存，在主机中也需要。许多主机在启动时从本地域名服务器下载名字和地址的全部数据库，维护存放自己最近使用的域名的高速缓存，并且只在从缓存中找不到名字时才使用域名服务器。维护本地域名服务器数据库的主机自然应该定期地检查域名服务器以获取新的映射信息，而且主机必须从缓存中删掉无效的项。由于域名改动并不频繁，因此不需花太多精力就能维护数据库的一致性。

在每个主机中保留一个本地域名服务器数据库的副本，可使本地主机上的域名转换特别快。这也意味着万一本地服务器出故障，本地网点也有一定的保护措施。此外，它减轻了域名服务器的计算负担，使得服务器可为更多机器提供域名解析服务。

8.2.3 DNS 报文格式

DNS 定义了用于查询和响应的报文，DNS 查询报文和响应报文的格式如图 8-5 所示。

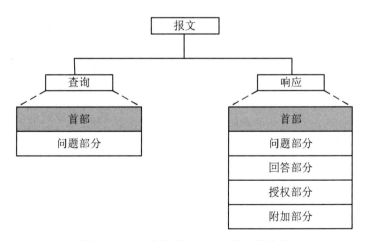

图 8-5 DNS 查询报文和响应报文的格式

查询报文和响应报文都具有相同的首部格式，对于查询报文则把某些字段都置为 0，首部格式如图 8-6 所示。

标识	标志
问题记录数	回答记录数 在查询报文中置0
授权记录数 在查询报文中置0	附加记录数 在查询报文中置0

图 8-6　首部格式

标识字段：占 16 位，客户端在每次发送查询时产生不同的标识号，服务器在相应的响应数据包中重复这个标识号，使得查询与响应数据包相匹配。

标志字段：占 16 位，该字段又被划分为若干个字段，其格式如图 8-7 所示。

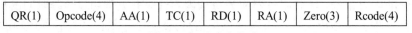

| QR(1) | Opcode(4) | AA(1) | TC(1) | RD(1) | RA(1) | Zero(3) | Rcode(4) |

图 8-7　标志字段格式

标志字段各部分内容如下。

- QR：占 1 位，是查询/响应标志字段。0 表示查询报文，1 表示响应报文。
- Opcode：占 4 位，定义查询或响应的类型。值为 0 表示标准查询，1 表示反向查询，2 表示服务器请求状态。
- AA：占 1 位，当该位被置位时（值为 1）表示授权回答，指该名字服务器是授权于该域的，它只用在响应报文中。
- TC：占 1 位，表示可截断的。当该位被置位时（值为 1），表示响应已超过 512 字节，并且已经被截断为 512 字节。当使用 UDP 协议时就使用该标志位。
- RD：占 1 位，表示期望递归。该位在一个查询中设置，并在响应中返回。当该位被置位时（值为 1），表示客户端希望得到递归回答；如果该位为 0，且被请求的名字服务器没有一个授权回答，就返回一个能解答该查询的其他名字服务器列表，这称为迭代查询。
- RA：占 1 位，表示可用递归。如果名字服务器支持递归查询，则在响应中将该位设置为 1。
- Zero：占 3 位，保留字段。置为 000。
- Rcode：占 4 位，表示在响应中的差错状态。只有权限服务器才能做出这个判断。表 8-3 为 Rcode 值及其意义。

表 8-3　Rcode 值及其意义

值	意义	值	意义
0	无差错	4	查询类型不支持
1	格式差错	5	在管理上被禁止
2	问题在域名服务器上	6~15	保留
3	域参照问题		

问题记录数、回答（资源）记录数、授权（资源）记录数、附加（资源）记录数 4 个 16 位字段，分别表示后面的 4 个变长字段中包含的条目数。对于查询报文，问题记录数通常为 1，

而其他 3 项则均为 0；对于响应报文，回答记录数至少为 1，剩下的两项可以是 0 或非 0。

下面以一个查询报文和响应报文为例，介绍 DNS 报文的首部和问题部分与回答部分，其报文见图 8-8。

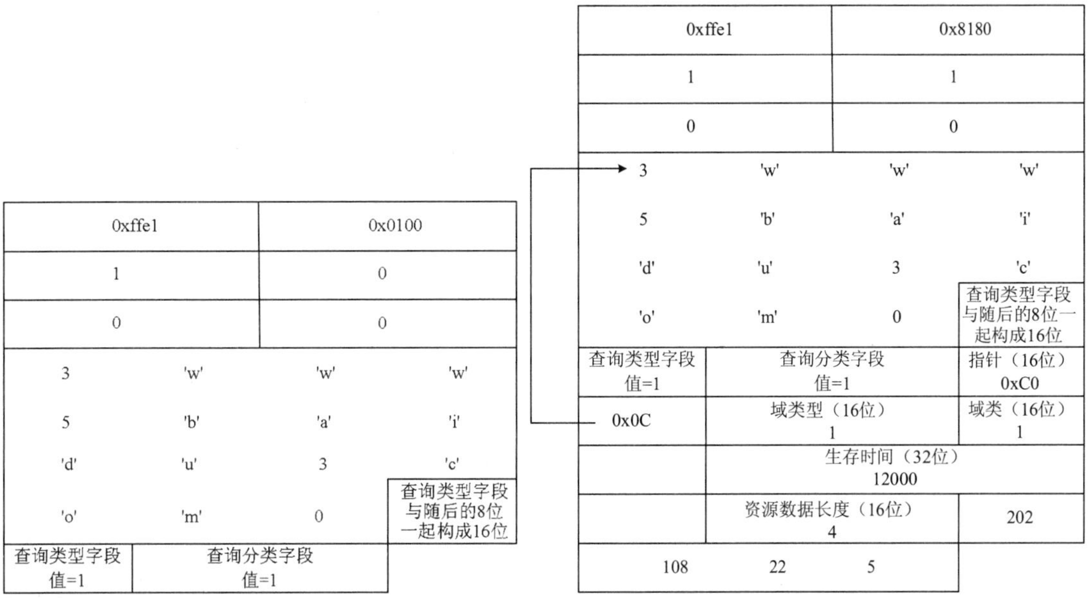

（a）查询报文　　　　　（b）响应报文

图 8-8　DNS 报文举例

查询报文如图 8-8（a）所示，图中标识字段为 0xffe1，标志字段为 0x0100。对应的二进制数位中只有 RD 位为 1，其余各字段的值均为 0。问题记录数为 1，回答记录数为 0，授权记录数为 0，附加记录数为 0，其后紧跟的是问题记录。问题记录包含三个部分，分别是查询名字、查询类型和查询类。

查询名字按照"长度、值"的格式排列，各占一个字节，其中值以 ASCII 码的形式出现。图 8-8（a）中是对域名 www.baidu.com 的排列形式。在名字后面紧跟一个值为 0 的字节，表示名字已经结束。其后为一个 16 位的类型字段，值为 1，指明查询的是 32 位的 IPv4 地址。其他的类型值不在此介绍。再后面是一个分类字段，值为 1 标明因特网。

响应报文见图 8-8（b）。标识字段重复了查询报文的标识值。标志字段的值为 0x8180，展开来各字段的值如图 8-9 所示。

QR	Opcode	AA	TC	RD	RA	保留	Rcode
1	0000	0	0	1	1	000	0000

图 8-9　标志字段展开各字段值

下面的两个字段标明报文包含一个问题记录和一个回答记录。问题记录重复了查询报文。回答记录用一个指针指向问题记录，这是 DNS 为避免重复采用的"压缩"技术。一般情况下，回答记录也要包含一个域名，但当域名重复时，DNS 定义了 16 位的指针字段，其标志是最前面的两位均为 1，用于与长度字段相区别。其他 14 位用于指出该域名相对于报文首部的偏移值。注意单位是字节且初始值是 0。在本例中，报文首部有 12 个字节，域名是从第 13 个字节开始的，因为初始值是 0，所以偏移值为 12，也就是 0x0C，而整个字段的值为 0xC00C。接下来的两个字段是域类型和域类，其意义与查询字段的查询类型与分类相同。再下面的 32 位字段是生存时间，其值为 12000，表示 12000s。最后的就是资源数据的长度字段和资源数据（IP地址为 202.108.22.5）了。

8.3　万维网（WWW）

8.3.1　概述

正如其名字一样，万维网（World Wide Web，WWW）是一个遍布 Internet 的信息储藏所，是一种特殊的应用网络。它通过超级链接，将所有的硬件资源、软件资源和数据资源联成一个网络，用户可从一个站点轻易地转到另一个站点，能够非常方便地获取丰富的信息。万维网的出现极大地推动了 Internet 的发展，主要表现在以下几个方面。

（1）以超媒体作为核心。超媒体是超文本的扩充，通过超级链接将文字、声音、图形、图像和视频等多媒体信息有机结合，形成网页，表现形式更加丰富，更加贴近生活。

（2）采用超级链接技术。将处于世界各个角落的信息源联接在一起，利用超级链接可方便地从一个信息源转到另一个信息源，且数量不受限制，获得信息的手段简单方便且信息容量大。

（3）能够将资源进行分布处理。万维网将大量的信息分布在整个 Internet 上，每台主机的资源都独立管理，对信息的增加、删除与修改等操作不需要通知其他节点。

（4）具有强大的网络功能。万维网几乎包容 Internet 的所有功能，从信息检索、文件传输、收发邮件、数据库服务到远程控制，都可通过万维网来完成。

（5）具有统一的寻址方式。万维网使用统一资源定位符，使所有信息资源在 Internet 上有唯一的标识。

（6）使用 HTML 标记语言形成超媒体文档，使得不同风格的媒体文档有统一的解释方法，便于超媒体文档的规划与创作。

（7）具有强大的软件支持。有很多公司为用户提供了丰富的多媒体文档创作软件工具，使得非专业人员能很容易地将自己的信息发布到网上。

（8）具有强大的搜索引擎机制。万维网可通过嵌入程序代码，建立完备的搜索引擎。用户输入关键字后可在网络中查找自己感兴趣的信息。

（9）具有强大的交互功能。万维网支持动态网页技术，将信息技术与数据库技术有机结合，通过专用的编程代码，实现动态交互。

（10）提供丰富多彩的服务。万维网不仅为用户提供信息检索服务，同时为众多实际应用（包括娱乐、网络购物、远程教育、电子商务和企业管理等）提供网络平台。

可以说万维网改变了生活，改变了世界。

8.3.2　超文本传输协议（HTTP）

超文本传输协议（Hyper Text Transfer Protocol，HTTP）是万维网客户端进程与服务器端进程交互遵守的协议，它使用 TCP 连接进行可靠的传输。HTTP 是万维网上资源传送的规则，是万维网能正常运行的基础保障。

HTTP 的思想：客户给服务器发送请求，服务器向客户发送响应，是一个典型的请求/响应协议。在客户和服务器之间的 HTTP 事务有两种类型：请求报文和响应报文。

1. 请求报文

请求报文包括请求行、首部、空行和主体，如图 8-10（a）所示。

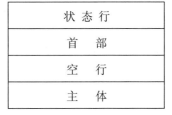

请 求 行
首　　部
空　　行
主　　体

（a）请求报文

状 态 行
首　　部
空　　行
主　　体

（b）响应报文

图 8-10　HTTP 报文

请求行定义请求类型、URL 和 HTTP 版本，其格式如图 8-11 所示。

请求类型	空格	URL	空格	HTTP 版本

图 8-11　请求行格式

HTTP 定义了几种请求类型，请求类型将请求报文划分为几种，如 GET、HEAD、POST、PUT、COPY 和 DELETE 等。

统一资源定位符（Universal Resource Locator，URL）是一个标准，用来指明 Internet 上的任何种类的信息，其格式如下：

<协议>://<主机>:<端口>/<路径>/<文档>

其中，协议指访问 URL 的方式，可以是 HTTP、FTP、Gopher 等；主机是被访问文档所在的主机的域名；端口是建立 TCP 连接的端口号，使用熟知端口可以忽略；路径是文档在主机上的相对存储位置；文档是具体的页面文件。

例如：http://sohu.com.cn/sports/abc.htm 和 ftp://rtfm.mit.edu。在这两个例子中都省略了端口号，第二个例子还省略了路径及文档，这样访问的文档为该主机的默认文档，称为主页（Home Page）。主页一般作为一个主机站点的最高级别的界面，是一个单位或组织的网络"门面"。

2. 响应报文

响应报文包括状态行、首部、窗行和主体，如图 8-10（b）所示。

状态行定义响应报文的状态。它包括 HTTP 版本、空格、状态码、空格和状态短语。状态行格式如图 8-12 所示。

HTTP 版本	空格	状态码	空格	状态短语

图 8-12　状态行格式

其中，HTTP 版本与请求行中的字段一样；状态码字段用一系列代码来表示当前的一些状态，如，指示请求成功、将客户重新定向到另一个 URL、指示客户端或服务器端的差错等；状态短语字段以文本形式解释状态码。表 8-4 列出了状态码及状态短语的说明。

表 8-4　状态码及状态短语的说明

状态码	状态短语	说明
	提供信息	
100	Continues	请求的开始部分已经收到，客户可以继续他的请求
101	Switching	服务器同意客户的请求，切换到在更新首部中定义的协议
	指示成功	
200	OK	请求成功
201	Created	创建新的 URL
	重新定向	
301	Multiple choices	所请求的 URL 指向多于一个资源
302	Moved permanently	服务器已不再使用所请求的 URL
	指示客户差错	
400	Bad Request	请求中有语法错误
403	Forbidden	服务被拒绝
406	Not acceptable	所请求的格式不可接受
	指示服务器差错	
501	Not implemented	所请求的动作不能完成
503	Service unavailable	服务暂时不可用，但可能在以后被请求

　　首部在客户和服务器之间交换附加的信息。例如，客户可以请求文档以特殊的形式发送出去，或者服务器可以发送关于该文档的额外信息。

　　首部可以有一个或多个首部行。每一个首部行由首部名、冒号、空格和首部值组成。首部格式如图 8-13 所示。

首部名	:	空格	首部值

图 8-13　首部格式

8.3.3　请求报文及响应报文实例

　　HTTP 请求报文如图 8-14 所示。

```
⊟ Hypertext Transfer Protocol
  ⊟ GET / HTTP/1.1\r\n
    ⊞ [Expert Info (Chat/Sequence): GET / HTTP/1.1\r\n]
      Request Method: GET
      Request URI: /
      Request Version: HTTP/1.1
    Accept: image/gif, image/jpeg, image/pjpeg, image/pjpeg, application/x-shockwave-flash, application/vnd.ms-excel, application/vnd.ms-powerpoint, app
    Accept-Language: zh-cn\r\n
    User-Agent: Mozilla/4.0 (compatible; MSIE 8.0; Windows NT 5.1; Trident/4.0; .NET CLR 2.0.50727)\r\n
    Accept-Encoding: gzip, deflate\r\n
    Host: www.baidu.com\r\n
    Connection: Keep-Alive\r\n
    Cookie: BAIDUID=C8303A532C3D6E08BA2D45C86CEC3EF3:FG=1; USERID=0ed6eb4c0e068c7ad1f35a343e170eb8ff\r\n
    \r\n
```

图 8-14　HTTP 请求报文

　　图中请求报文使用 GET 方法请求 URI（www.baidu.com）信息，HTTP 的版本是 1.1。首部给出了客户端可以接受 gif、jpeg 等格式的图像，也可以接受 flash、excel 等信息；同时也给出了客户端可以接受的语言、编码等信息。

HTTP 响应报文如图 8-15 所示。

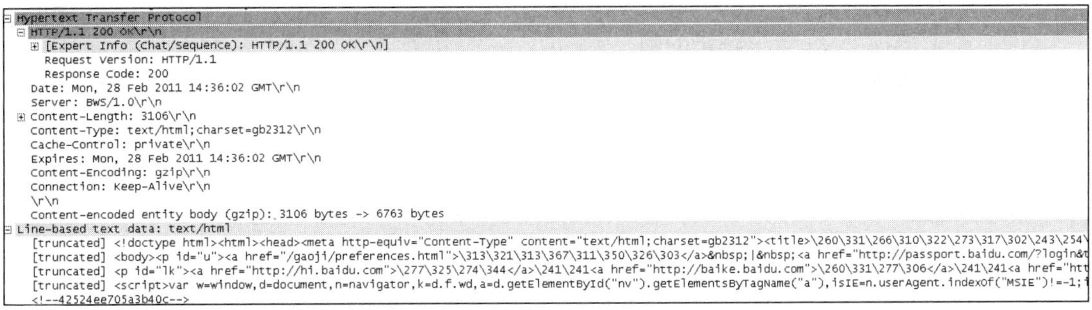

```
⊟ Hypertext Transfer Protocol
  ⊟ HTTP/1.1 200 OK\r\n
    ⊞ [Expert Info (Chat/Sequence): HTTP/1.1 200 OK\r\n]
      Request Version: HTTP/1.1
      Response Code: 200
    Date: Mon, 28 Feb 2011 14:36:02 GMT\r\n
    Server: BWS/1.0\r\n
  ⊞ Content-Length: 3106\r\n
    Content-Type: text/html;charset=gb2312\r\n
    Cache-Control: private\r\n
    Expires: Mon, 28 Feb 2011 14:36:02 GMT\r\n
    Content-Encoding: gzip\r\n
    Connection: Keep-Alive\r\n
    \r\n
    Content-encoded entity body (gzip): 3106 bytes -> 6763 bytes
⊟ Line-based text data: text/html
    [truncated] <!doctype html><html><head><meta http-equiv="Content-Type" content="text/html;charset=gb2312"><title>\260\331\266\310\322\273\317\302\243\254\
    [truncated] <body><p id="u"><a href="/gaoji/preferences.html">\313\321\313\367\311\350\326\303</a> | <a href="http://passport.baidu.com/?login&t
    [truncated] <p id="lk"><a href="http://hi.baidu.com">\277\325\274\344</a>\241\241<a href="http://baike.baidu.com">\260\331\277\306</a>\241\241<a href="htt
    [truncated] <script>var w=window,d=document,n=navigator,k=d.f.wd,a=d.getElementById("nv").getElementsByTagName("a"),isIE=n.userAgent.indexOf("MSIE")!=-1;i
    <!--42524ee705a3b40c-->
```

图 8-15　HTTP 响应报文

该响应报文是 HTTP1.1 版本，状态码为 200，状态短语为 OK。另外，该响应报文还定义了日期为 2011 年 2 月 28 日 14:36:02；服务器为 BWS/1.0；文档的长度、类型、字符集、过期时间、文档的主题等信息。

8.3.4　浏览器

万维网的每个站点都有一个服务进程，它不断监听 TCP 的 80 端口，等待客户端的 TCP 连接请求。客户端需要运行用户与万维网的接口程序，一般是浏览器软件。它负责向服务器提出请求，并将服务器传送回的页面信息显示给用户。当用户欲浏览服务器的某网页时，客户进程向服务器的 80 端口发出连接请求，服务器接到请求后，如果接受就与客户端建立 TCP 连接。客户端利用建立好的连接，将网页的标识传送到服务器。服务器将请求的页面作为回应，传送给客户端。传送完毕后，连接释放。客户端接到回应的网页信息，由浏览器解释并显示给用户。

浏览器工作于客户端，是用户使用万维网的接口程序，也是万维网网页解释程序，还是用户访问远端服务器的代理程序。浏览器程序结构复杂，包含若干协同工作的软件组件。图 8-16 为典型浏览器的组成结构。

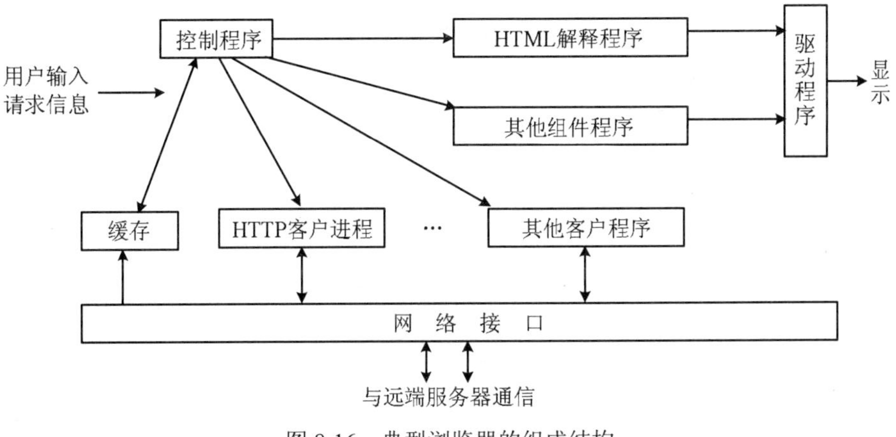

图 8-16　典型浏览器的组成结构

用户浏览网页的方法有两种：一种是在浏览器的地址栏中输入所要查找的网页的 URL，另一种是在某一网页中用鼠标单击一个超级链接。浏览器会自动在 Internet 上找到所需网页，其具体工作过程如下。

（1）浏览器分析所输入或所单击的 URL。

（2）浏览器向 DNS 请求解析 URL 中主机域名的 IP 地址。

（3）DNS 将解析后的 IP 地址传送给浏览器。

（4）浏览器使用 IP 地址与服务器建立 TCP 连接。

（5）浏览器向服务器发出提取文档的命令。

（6）服务器将文档作为回应传送给浏览器。

（7）TCP 连接释放。

（8）浏览器将收到的文档解释并显示。

这种浏览器以超文本形式向万维网服务器提出访问请求，服务器接受客户端的请求后进行相应的业务逻辑处理，并将处理结果进行转化，以 HTML 文档的形式发给客户端，由客户端浏览器以友好的网页形式显示出来。这种工作模式称为 B/S 模式，即浏览器/服务器模式。

8.3.5 超文本标记语言（HTML）

超文本标记语言（Hyper Text Markup Language，HTML）是万维网页面制作的标准语言，也是对超文本信息格式化输出的标记。

以下是在用户浏览器上显示"Welcome to HTML！"信息页面的 HTML 语言 ASCII 文件。

```
<html>                          <!--声明 HTML 万维网文档开始-->
    <head>                      <!--标记页面首部开始-->
        <title>TEST</title>     <!--定义页面的标题为"TEST"-->
    </head>                     <!--标记页面首部结束-->
    <body>                      <!--标记页面主体开始-->
        <p>Welcome to HTML!</p> <!--显示一个段落内容-->
    </body>                     <!--标记页面主体结束-->
</html>                         <!--HTML 万维网文档结束-->
```

由上面的 ASCII 文件可以看出，HTML 语言就是靠一些特殊标记来控制页面的显示格式的。表 8-5 列出了常用 HTML 语言标记符及其意义。

表 8-5　常用 HTML 语言标记符及其意义

标记符	意义
<hn>...</hn>	标记一个 n 级题头
<! --...-->	注释信息，不在屏幕上显示
<IMG SRC="123">	插入一张文件名为 123 的图片
<MENU>...</MENU>	设置为菜单
<B>...</B>	设置为黑体字
<I>...</I>	设置为斜体字
<A HREF="...">L</A>	定义一个链接点为...的超级链接
 	强制换行

例如，<IMG SRC="http://sohu.com/img/abc.jpg" width="64" height="64">表示显示来自 sohu.com 主机上 img 目录下的 abc.jpg 图片，宽为 64，高为 64。<a href="http://sohu.com.cn">搜狐网站</a>表示插入到 sohu.com.cn 网站的超级链接，其中，超级链接显示的内容为"搜狐网站"。超级链接在浏览器窗口默认显示为带下划线的文字。

有很多软件（如 Microsoft FrontPage、Dreamweaver 等）都采用"所见即所得"的编辑方式，为用户编辑制作万维网网页提供了非常方便的工具，省去了用户记忆标记符的麻烦，使得制作万维网网页变得轻松有趣。

HTML 在 1993 年问世后，其版本就不断被更新，现在最新的版本是 HTML5。新的版本增加了在网页中嵌入音频、视频以及交互式文档等功能，现在大多数浏览器都支持 HTML5。

HTML5 增加了一些有趣的新特性，如用于绘画的 canvas 元素、用于媒介回放的 video 和 audio 元素、对本地离线存储的更好的支持、新的特殊内容元素（如 article、footer、header、nav 和 section）和新的表单控件（如 calendar、date、time、email、url 和 search）。HTML5 新增的属性及其描述见表 8-6。

表 8-6　HTML5 新增的属性及其描述

属性	值	描述
autoplay	autoplay	如果出现该属性，则视频在就绪后马上播放
controls	controls	如果出现该属性，则向用户显示控件，比如播放按钮
height	pixels	设置视频播放器的高度
loop	loop	如果出现该属性，则当媒介文件完成播放后再次开始播放
muted	muted	规定视频的音频输出应该被静音
poster	URL	规定视频下载时显示的图像，或者在用户单击播放按钮前显示的图像
preload	preload	如果出现该属性，则视频在页面加载时进行加载，并预备播放 如果使用"autoplay"，则忽略该属性
src	url	要播放的视频的 URL
width	pixels	设置视频播放器的宽度

以下是一个简单的 HTML5 文档：

```
<!DOCTYPE html>              //<!doctype>声明必须位于 HTML5 文档中的第一行
<html>
<head>
<title>HTML5 文档内容</title>
</head>
<body>
<video src="http://www.w3school.com.cn/i/movie.mp4" controls="controls" width="500" height="300">
</video>
</body>
</html>
```

HTML 中播放一个视频只需要一个 video 标签，这个标签的功能就是让多媒体文件很方便地在网页中播放。只有 h264 编码的 MP4 视频（MPEG-LA 公司）、VP8 编码的 webm 格式的视频（Google 公司）和 Theora 编码的 ogg 格式的视频（iTouch 开发）可以支持 HTML5 的 <video>标签。

8.3.6　动态网页技术

万维网文档制作时，要先用专用工具将发布的信息内容制作成 HTML 文件（文档）并保存到万维网服务器上。当有用户需要浏览时，浏览器向服务器提出请求，服务器将保存的文档作为结果传送给用户浏览器。这样文档在用户的浏览过程中，内容不会改变，称为静态文档。但在某些特殊应用场合，要求信息内容快速更新，甚至需要时时更新，静态文档就不能满足用户的需求了，这时可以采用动态网页技术解决这个问题。

动态文档是指在浏览器访问万维网服务器时，文档的内容由存储在万维网服务器的应用程序动态创建。当浏览器请求到达时，万维网服务器需要运行另外一个应用程序，并将控制权转移到此应用程序。该应用程序对浏览器发送来的数据进行处理，通常要与数据库进行交互，并输出 HTML 格式的文档。万维网服务器将此输出作为结果传送给浏览器。由于对浏览器每次请求的响应都是临时生成的，因此动态文档所看到的内容会根据需要不断变化。可见动态文档最大的优点是可发布内容更新较快的信息。例如，可用动态文档发布股市行情、天气预报或民航售票等信息。动态文档创建难度较大，需要编写生成文档内容的程序，而所有编写的程序需要大量测试，以保证输入的有效性。

动态文档与静态文档的最大区别就在于服务器端文档内容生成的方法不同。对于浏览器端来说，两种文档都是一样的，都遵循 HTML 所规定的格式，浏览器只根据 HTML 标记显示文档内容。

实现动态文档技术的关键是数据库与网络的紧密结合。基于万维网的数据库技术广泛地应用于各个领域，对数据库的操作是交互性非常强的应用。通过万维网文档实现对数据库的查询、添加、删除、统计等操作是最为常用的万维网动态文档技术。下面重点介绍几个主要的动态网页技术。

1. CGI

公共网关接口（Common Gateway Interface，CGI）是最早用来创建动态网页的一种技术，它可以使浏览器和服务器之间产生互动关系。CGI 是允许 Web 服务器运行能够生成 HTML 文档并将文档返回 Web 服务器的外部应用程序的规范。它应用在 Web 数据库上，可以实时、动态地生成 HTML 文件，根据用户的需求输出动态信息，把数据库服务器中的数据作为信息源对外提供服务，将 Web 服务和数据库服务结合起来。

遵循 CGI 标准编写的服务器端可执行程序称为 CGI 程序。CGI 程序可以用任何一种程序语言写出，常用的编写 CGI 程序的语言有 C/C++、文件分析报告语言（Pracical Extraction and Report Language，PERL）和 Visual Basic 等。

CGI 程序一般是一个可执行文件。编译好的 CGI 程序通常都要集中放在一个目录下，具体的存放位置随操作系统的不同而不同。例如，UNIX 和 Windows NT 系统是放在 cgi-bin 子目录下。CGI 程序的执行一般有两种方式：一种是通过 URL 直接调用；另一种是通过交互式主页里的 Form 表单调用，通常都是在用户填完表单所需的信息后单击"确认"按钮启动 CGI 程序。

CGI 程序访问 Web 数据库的主要流程是：客户端通过 Web 浏览器向 HTML 的表单输入所

需的查询信息，并单击表单数据用页面中的提交按钮（Submit）将其提交给 Web 服务器。服务器将表单数据及客户信息置于一组环境变量（如 QUREY STRING 等）或标准输入中，然后调用服务器端的 CGI 程序。CGI 程序即可以通过这些环境变量或标准输入获得客户端的信息，再将相应的参数转换为适当的 SQL 语句，把查询条件送给数据库服务器，依据它对数据库进行操作，然后把查询结果生成为 HTML 格式，最后通过 Web 服务器送回到客户端供浏览器显示。

CGI 程序的跨平台性能极佳，可以移植到绝大部分的操作系统上，如 DOS、UNIX、Windows 和 Windows NT 等。目前，几乎所有的 Web 服务器均支持 CGI 程序。但 CGI 程序的缺陷在于它运行速度较慢。当客户端用户请求数量非常多时，Web 服务器的性能会相应降低，同时也存在着安全隐患。

2. ASP

动态服务器页面（Active Server Pages，ASP）是一套微软开发的服务器端脚本环境，它内含于 IIS 3.0 以上版本之中，通过 ASP 我们可以结合 HTML 网页、ASP 指令和 ActiveX 元件建立动态、交互且高效的 Web 服务器应用程序。

ASP 通过在 HTML 页面代码中嵌入 VB Script 或 Java Script 脚本语言生成动态的内容。它与一种数据访问模型（Active Data Object，ADO）的充分结合，提供了强大的数据库访问功能，使之成为进行网络数据库管理的重要手段。对于一些复杂的操作，ASP 可以调用存在于后台的 COM 组件来完成，COM 组件扩充了 ASP 能力。

ASP 文件（即*.asp 文件）与 HTML 文件类似，当用户请求一个*.asp 页面时，WWW 响应 HTTP 请求调用 ASP 引擎，解释被申请的文件，当遇到与 ActiveX Scripting 兼容的脚本（VBScript 或 JScript）时，ASP 引擎调用相应的脚本引擎进行处理。ASP 脚本在服务器端解释执行，结果自动生成符合 HTML 语言的主页去响应用户的请求。

3. ASP.NET

在 ASP 的基础上，微软公司推出了 ASP.NET，但它并不是 ASP 的简单升级，它不仅吸收了 ASP 技术的优点还改正了 ASP 中的一些不足。使用 ASP.NET 可以在服务器端创建强大的网络程序，如，商务网站、聊天室、论坛等，它是新一代开发企业网络程序的平台，为开发人员提供了一个崭新的网络编程模型。

首先，ASP.NET 是基于.NET 平台的，开发者可以使用任何.NET 兼容的语言，所有的.NET Framework 技术在 ASP.NET 中都是适用的。

其次，ASP.NET 在设计过程中充分考虑到程序的开发效率问题，可以使用所见即所得的 HTML 编辑器或在其他的编程工具来开发 ASP.NET 程序，包括 Visual Studio.NET 版本。可将设计、开发、编译、运行都集中在一起，大大地提高 ASP.NET 程序的开发效率。

4. JSP

JSP 即 Java 服务器页面（Java Server Page）。JSP 是运行在服务器端的脚本语言之一，与其他的服务器端脚本语言一样，是用来开发动态网页的一种技术。JSP 是由 Sun 公司倡导，与多个公司共同建立的一种技术标准，它建立在 Servlet 之上。

JSP 页面由传统的 HTML 代码和嵌入到其中的 Java 代码组成。当用户请求一个 JSP 页面时，服务器会执行这些 Java 代码，然后将结果与页面中的静态部分相结合返回给客户端浏览器。JSP 页面中还包含了各种特殊的 JSP 元素，通过这些元素可以访问其他的动态内容并将它们嵌入到页面中，如访问 Java Bean 组建的<jsp:useBean>动作元素。另外，开发人员还可以通过编写自己的元素来实现特定的功能，以开发出更为强大的 Web 应用程序。

JSP 是在 Servlet 的基础上开发的技术，它继承了 Java Servlet 的许多功能。而 Java Servlet 作为 Java 的一种解决方案，同时也继承了 Java 的所有特性。因此，JSP 同样继承了 Java 技术的简单、便利、面向对象、跨平台和安全可靠等优点，比起其他服务器脚本语言，JSP 更加简单、迅速和有力。在 JSP 中利用 Java Bean 和 JSP 元素，可以有效地将静态 HTML 代码和动态数据区分开来，给程序的修改和扩展带来很大方便。

8.4 动态主机配置协议（DHCP）

8.4.1 概述

动态主机配置协议（Dynamic Host Configuration Protocol，DHCP）是一个局域网的网络协议，使用 UDP 工作，主要有两个用途：一是为内部网络或网络服务供应商自动分配IP 地址给用户；二是作为内部网络管理员对所有计算机进行中央管理的手段。

DHCP 的前身是自举协议（BOOTP）。BOOTP 基于 IP/UDP，可以让一个无盘站从一个中心服务器上获得 IP 地址，为局域网中的无盘工作站分配动态 IP 地址，并不需要每个用户去设置静态 IP 地址。BOOTP 一般包括自举协议服务端（Bootstrap Protocol Server）和自举协议客户端（Bootstrap Protocol Client）两部分。BOOTP 的缺点是在设定前须事先获得客户端的硬件地址，而且，客户端的硬件地址与 IP 地址的对应是静态的。因此该协议缺乏"动态性"，而且如果在有限的 IP 资源环境中，BOOTP 的一对一机制会对 IP 地址造成很大的浪费。

DHCP 协议克服了 BOOTP 的缺点，它分为两个部分：一个是服务器端，另一个是客户端。所有的 IP 网络设定数据都由 DHCP 服务器集中管理，并负责处理客户端的 DHCP 要求，而客户端则会使用从服务器分配下来的 IP 配置信息。与 BOOTP 相比，DHCP 通过"租约"的概念，有效且动态地分配客户端的TCP/IP 设定，另外，作为兼容考虑，DHCP 也完全照顾了 BOOTP 客户端的需求。

8.4.2 工作原理

根据客户端是否第一次登录网络，DHCP 的工作形式会有所不同。如果客户端是第一次登录网络，则客户端与服务器端要经过如下 5 个过程。

1. 客户端寻找服务器

当 DHCP 客户端第一次登录网络的时候，即客户端发现本机没有任何 IP 数据设定时，它会向网络发出一个 DHCP Discover 数据包。此时因为客户端并不知道自己属于哪一个网络，所以数据包的源地址为 0.0.0.0，目标地址为 255.255.255.255，然后附加上 DHCP Discover 信息，向网络进行广播。

默认情况下，DHCP 的等待预设时间为 1s，也就是当客户端将第一个 DHCP Discover 发出去之后，在 1s 内没有得到任何响应的话，就会第二次发送该数据包，进行广播，第二次的等待时间为 9s。如果一直得不到响应，客户端一共会发送四次 DHCP Discover 广播数据包，等待时间分别为 1s、9s、13s、16s。如果最终未得到任何 DHCP 服务器的响应，客户端则会显示错误信息，表示获取 DHCP 信息失败。

2. 服务器端提供 IP 租用地址

当 DHCP 服务器监听到客户端发出的 DHCP 广播后，它会从还没有租出的地址范围内，选择最前面的未分配的 IP 地址，连同其他 TCP/IP 设定，响应给客户端一个 DHCP Offer 数据包。由于客户端在开始的时候还没有 IP 地址，所以在其 DHCP Discover 数据包内会带有其 MAC 地址信息，并且有一个 XID 编号来辨别该数据包，DHCP 服务器响应的 DHCP Offer 数据包则会根据这些资料传递给要求租约的客户。根据服务器端的设定，DHCP Offer 数据包会包含一个租约期限的信息。

3. 客户端接受 IP 租约

因为客户端发送的 DHCP Discover 数据包是广播包，所以有可能会收到多个 DHCP 服务器的响应。如果客户端收到网络上多台 DHCP 服务器的响应，则只能挑选其中一个 DHCP Offer（通常是最先抵达客户端的那个），并且会向网络发送一个 DHCP Request 广播数据包，告诉所有 DHCP 服务器它将指定接受哪一台服务器提供的 IP 地址。同时，客户端还会向网络发送一个 ARP 数据包，查询网络上有没有其他机器使用该 IP 地址；如果发现该 IP 已经被占用，则客户端则会送出一个 DHCP Declient 数据包给 DHCP 服务器，拒绝接受其 DHCP Offer，并重新发送 DHCP Discover 信息。

4. 服务器租约确认

当 DHCP 服务器接收到客户端的 DHCP Request 之后，会向客户端发出一个 DHCP Ack 响应数据包，以确认 IP 租约的正式生效，也就结束了一个完整的 DHCP 工作过程。

当 DHCP 客户端成功地从服务器获得 DHCP 租约后，除非其租约已经失效并且 IP 地址也重新设定回 0.0.0.0，否则就不需要再发送 DHCP Discover 信息。DHCP 客户端直接使用已经租用到的 IP 地址向之前的 DHCP 服务器发出 DHCP Request 信息。DHCP 服务器端会尽量让客户端使用原来的 IP 地址，如果该地址没有失效或未被其他机器使用，则直接响应 DHCP Ack 来确认即可，否则，服务器端会响应一个 DHCP Nak 数据包给客户端，要求其重新发送 DHCP Discover 信息。

5. 租约更新与重新绑定

当 DHCP 客户端的租用期到了 50% 以上时，需要更新租用期。此时，客户端会发送一个 DHCP Request 数据包给获得原始信息的 DHCP 服务器，用以询问是否能保持 TCP/IP 配置信息并更新租用期。如果服务器是可用的，则会给该客户端发送一个 DHCP Acknowledge 信息包，同意客户的请求；如果服务器不可用，则当客户端的租用期到了 87.5% 时，会再次试图更新租用期。如果此次更新再次失败，则客户端会试图与任何一个 DHCP 服务器联系以获得一个有效的 IP 地址。如果另外的一个 DHCP 服务器能够分配一个新的 IP 地址，则该客户端会再次进入接受 IP 租约状态。如果直到客户端当前的 IP 地址租用期满，仍未能够更新租用期，则客户端必须放弃该 IP 地址，并重新进入寻找 DHCP 服务器状态，然后重复整个过程。

8.5　文件传输协议（FTP）

8.5.1　概述

文件传送是指计算机网络有时需要从某共享资源上下载用户所需要的信息文件，有时需要把某些文件传送到其他主机中，以实现信息资源共享。但文件传送实现起来是比较困难的，这是因为联入网络的主机千差万别，安装的操作系统也不尽相同，存储与处理文件的方式各不相同，主要表现在以下几个方面。

- 计算机存储数据的格式不同。
- 文件的命名规定不同。
- 对于相同的功能，操作系统使用的命令不同。
- 对文件存取权限的控制方式不同。

文件传输协议（File Transfer Protocol，FTP）是 TCP/IP 体系中的一个重要协议，它并不是针对某种具体操作系统或某类具体文件而设计的文件传输协议，而是通过一些规程，利用网络低层提供的服务来完成文件传输的任务。它屏蔽了计算机系统的细节，因此 FTP 比较简单和容易使用。它只提供文件传送的一些基本的服务，可以在异构网中任意计算机间传送文件。

FTP 服务是由 FTP 服务器提供的。FTP 服务器是指网络上运行 TCP/IP 协议的存储大量文件和数据的计算机主机，它设有公共账号，有公开的资源供用户下载和使用。公用的 FTP 服务器都支持匿名登录，即任何用户都可以使用"anonymous"账号，以自己的电子邮件地址为口令登录到 FTP 服务器，使用该服务器提供的服务。

8.5.2 FTP 工作原理

FTP 使用 TCP 可靠传输，按 C/S 模式工作。一个 FTP 服务器进程可同时为多个客户进程提供服务。服务器进程主要分为两大部分：一个主进程，负责接收新的客户请求并启动相应的从属进程；若干个从属进程，负责处理具体的客户请求。FTP 的工作原理如下。

（1）在服务器端首先启动 FTP 主进程。主进程打开熟知端口 21，为客户端连接做好准备并等待客户进程的连接请求。

（2）客户端在命令提示符下输入 FTP 服务器名并按 Enter 键，客户端向服务器端口 21 发出请求连接报文，并告诉服务器自己的另一个端口号。

（3）服务器主进程接收到客户请求，启动从属的"控制进程"与客户端建立"控制连接"，并将响应信息传送给客户端。

（4）服务器主进程回到等待状态，继续准备接收其他客户的请求。

（5）客户端输入账号、口令和文件读取命令后，通过"控制连接"传送到服务器端的"控制进程"。

（6）服务器"控制进程"创建"数据传送进程"，并通过端口 20 与客户端建立"数据传输连接"。

（7）客户端通过建立的"控制连接"传送交互命令，通过"数据连接"接收服务器传来的文件数据。

（8）传输结束，服务器端释放"数据连接"，"数据传输进程"自动终止。

（9）客户端输入退出命令，释放"控制连接"。

（10）服务器端"控制进程"自动终止，会话过程结束。

从 FTP 工作过程可以看出，FTP 使用两条 TCP 连接，一条是由客户端发起连接的"控制连接"，用来传输 FTP 命令；另一条是由服务器端发起连接的"数据连接"，用来传输数据。

这是两条独立的连接，不会互相干扰，使协议更简单、更容易实现。

FTP 一般是交互式的工作，命令使用起来并不是很复杂。表 8-7 列举了常用的 FTP 交互命令的使用说明。目前有许多 FTP 客户机软件向用户提供了图形化的操作，使用非常方便，如 Cute FTP、Smart FTP、Core FTP 等。需要说明的是，目前广泛采用的通过浏览器下载的方法中，有些（如一些下载工具）采用的是 FTP 协议，有些采用的则是 HTTP 协议。

表 8-7　常用的 FTP 交互命令的使用说明

命令	命令格式	命令意义
get	get file1 file2	将文件 file1 下载到本地，并改名为 file2
put	put file1 file2	将文件 file1 上传到服务器，并改名为 file2
ls	ls	显示当前目录下的文件
cd	cd abc	进入 abc 目录
rename	rename file1 file2	将文件 file1 改名为 file2
?	? user	显示 user 命令的功能
!	!	进入本地操作系统外壳（exit 返回 FTP）
quit	quit	退出 FTP

下面以客户机使用 Windows 操作系统匿名登录 FTP 服务器 ftp.pku.edu.cn（北京大学 FTP 服务器）为例，说明匿名登录 FTP 服务器并下载文件 rfc2107.txt 的操作方法。

在 Windows 的 MS-DOS 方式下键入下面的内容，斜体字由用户输入（注：每行前面的标号是为了便于阅读由作者增加的）。

⑴ *ftp ftp.pku.edu.cn*

⑵ Connected to vineyard.pku.edu.cn

⑶ 220 vineyard.pku.edu.cn FTP server(version wu2.6.1) ready.

⑷ User(vineyard.pku.edu.cn:(none)):*anonymous*

⑸ 331 Guest login ok,send your complete e-mail address as password.

⑹ Password:*abc@def.com*

⑺ 230 Guest login ok,access restrictions apply.

⑻ ftp> *cd rfc*

⑼ 250 CWD command successful.

⑽ ftp>*get rfc2107.txt abc.txt*

⑾ 200 port command successful.

⑿ 150 opening ASCII mode data connection for rfc2107.txt(44300 bytes)

⒀ 226 Transfer complete.

⒁ ftp: 45479 bytes received in 0.50seconds 90.96kbytes/sec.

⒂ ftp>*bye*

⒃ 221 Goodbye.

具体信息解释如下（标号与上述一一对应）。

（1）用 FTP 与远地服务器建立连接。

（2）本地发出的 FTP 连接成功信息。

（3）由远端服务器返回的信息，220 表示"服务准备好"。

（4）输入用户名"anonymous"表示要匿名登录。

（5）331 表示用户名输入正确，要求输入完整电子邮件地址作为口令。

（6）输入口令，既可以是电子邮件地址，也可以输入"guest"作为来宾访问。

（7）230 表示用户登录成功。

（8）"ftp>"是 FTP 的操作提示符。用户输入改变目录命令 cd rfc，进入 rfc 目录。

（9）CWD 是 FTP 的标准命令，250 表示命令执行正确。

（10）用户要求下载 rfc2107.txt 文件到本地当前目录，并将其改名为 abc.txt。

（11）200 表示建立数据连接命令"port"正确。

（12）150 表示已打开数据文件，建立数据连接。

（13）226 表示传输完成，释放数据连接。

（14）生成本地文件信息。

（15）用户输入退出命令，也可以输入"quit"命令退出。

（16）FTP 工作结束。

本例是早期在北京大学 FTP 服务器上的实例，目前该服务器依然存在，用户可以匿名登录并使用 FTP 命令进行操作。但由于服务器已经更新，例子中的文件目录已经不存在了，cd rfc 命令会出现错误，但不影响读者使用 FTP 命令进行练习。

8.6 Telnet

8.6.1 概述

在 Internet 的初期，访问远程计算机是一个非常麻烦的过程，需要修改提出请求的计算机的操作系统。同样，因为网络可能存在的异构性，不能确保在一台计算机上键入的内容可以不发生变化地在其他计算机上被翻译出来。例如，在本地计算机上同时按下 Ctrl 和 D 键，代表关闭一个会话，但是在远程系统中这一操作就不一定能够结束正在运行的会话。

系统程序员逐步成功地开发出一种工具，可以允许用户与远程系统交互，就好像是在本地系统中一样。这一工具称为远程通信网络（TELecommunication NETwork，Telnet）。Telnet 替换了击键动作的本地解释，也就是说，Telnet 提供的服务允许用户登录远程计算机并执行命令，就像在使用远程计算机的控制台。

实际上，Telnet 作为一个协议的出现早于 TCP/IP 协议簇的其他应用层协议。Telnet 协议是最初的协议，TCP/IP 协议簇随后才逐渐建立起来。Telnet 服务是面向连接的，因此是基于 TCP 协议的。TCP 端口 23 支持 Telnet 服务。Telnet 基于三个原理：网络虚拟终端（NVT）、协商原理、终端和进程的对称观。

（1）网络虚拟终端（NVT）。为支持异构性（在不同平台和系统中的互操作性），Telnet 使用了 NVT。NVT 是数据和命令顺序的标准表示方法。NVT 是客户/服务器体系结构的一种实现，把连接的每一端都作为虚拟终端对待（逻辑 I/O 设备）。逻辑输入设备（如用户的键盘）产生向外的数据；逻辑输出设备（如监视器）响应接收的数据和远程系统的输出。无论哪个虚拟终端产生指令，都会被翻译成相应的物理设备指令。换句话说，客户端的 Telnet 程序将服务器发出的 NVT 代码映射为可以被客户端理解的代码。

（2）协商原理。一些系统可能提供 NVT 所包括的服务以外的服务，使用最少数量服务的系统可能无法正确地与另一端进行通信。因而，两台计算机通过 Telnet 通信时，通信和终端参数是在连接过程中确定的。任何一方无法处理的服务或进程将被忽略，这就减少了双方操作系统对交换信息的解释需求。例如，用户可能协商回送（Echo）选项并指定是在本地还是在远程系统中执行回送。

（3）终端和进程的对称观。这意味着协商句法的对称性，既允许客户也允许服务器请求指定的选项。这种终端和进程的对称观优化了由另一端提供的服务。Telnet 不仅允许终端与远程应用交互，还允许进程—进程和终端—终端的交互。

用户可使用 Telnet 执行以下操作。
- 连接在线数据库以访问信息。
- 连接在线知识库，例如图书馆，以查找信息。
- 连接远程系统以使用应用程序，如电子邮件等。
- 连接交换机、路由器等网络设备以实现远程配置与维护。

8.6.2 Telnet 命令

在客户进程和服务器进程之间流动的信息必须遵从 Telnet 报文格式，也称为命令结构。图 8-17 示出了 Telnet 协议数据单元的格式。第一个字节是"解释或命令"字节（IAC），它是 Telnet 中的保留编码，该字节也是转义字符，因为它被接收端用来检测进入的流量不是数据而是 Telnet 命令；第二个字节称为命令编码，该字节的值跟 IAC 字节结合在一起描述命令的类型；第三个字节称为选项协商编码，用来定义在会话期间使用的若干选项。

字节 1	字节 2	字节 3（可选）
解释或命令（IAC）	命令编码	选项协商编码

图 8-17 Telnet 协议数据单元的格式

表 8-8 列出了部分 Telnet 命令及其编码。这些编码仅当放在 IAC 字符后面时才有意义。当 IAC 出现在数据中时，IAC 就被发送两次。

表 8-8 Telnet 命令及编码

命令	十进制编码	含义
IAC	255	把下一个八位组解释成命令
DON'T	254	停止执行或不启动执行选项
DO	253	启动执行或继续执行选项
SB	250	启动选项子协商
GA	249	继续
AO	245	终止输出
IP	244	中断进程

续表

命令	十进制编码	含义
BRK	243	断开
NOP	241	不操作
SE	240	选项子协商结束
EOR	239	记录结束

正如表 8-8 所示，由 NVT 键盘上概念性的键产生的每一个信号都有对应的命令。例如，要请求服务器中断正在执行的程序，客户进程必须发送由两个 8 位组构成的序列，即 255 后随 244。其他一些命令允许客户进程和服务器进程协商它们将要使用的选项和同步通信。

在 Telnet 中，选项是可以协商的，这就使得客户进程和服务器进程可以重新配置它们的连接。Telnet 选项的范围是广泛的：一些选项扩展主要功能，另一些选项处理细节问题。例如，早先的 Telnet 协议是为半双工环境设计的，在对方能够再发送数据之前，必须给它发一个"继续"的信号。Telnet 的选项之一就是控制 Telnet 是工作在半双工方式，还是工作在全双工方式。另外，有一个选项允许在远方机器上的服务器进程确定用户的终端类型。终端类型对于产生光标定位序列的软件（如在远方机器上运行的全屏幕编辑程序）是很重要的。表 8-9 列出了常用的 Telnet 选项及其意义。

表 8-9　常用的 Telnet 选项及其意义

名字	编码	意义
传输二进制	0	将传输改变成 8 位二进制
回送	1	允许回送收到的数据
禁止 GA	3	禁止在发送数据之后的 GA 信号
状态	5	请求远程地点的 Telnet 选项的状态
计时标记	6	请求在返回流中插入计时标记以同步连接的两端
终端类型	24	变换有关所使用的终端的结构和型号的信息
记录结尾	25	用 EOR 码终止数据发送
行方式	34	使用本地编辑并发送完整的行，而不是发送一个个字符

8.6.3　Telnet 实用程序

Telnet 既是协议也是实用程序。Telnet 程序使用 Telnet 协议为用户提供使用远程主机的服务。Telnet 实用程序以交互方式工作，使用户能够在一个终端会话中与远程计算机通信。

每当用户建立起跟远程机器的 Telnet 连接，并在远程机器上注册上机时，Telnet 都以输入方式操作。在输入方式下，键入的所有字符都被送到远程计算机，并在用户的终端屏幕上显示所有远程计算机传送的数据。其中的一个例外是当键入转义字符"^]"（按住 Ctrl 键并单击右括号键）时，则是以命令方式设置 Telnet。

与输入方式不同的另一种方式就是命令方式。在命令方式下键入的数据由 Telnet 解释以控制 Telnet 的操作。命令方式在 Telnet 还没有连接到远程主机时是活动的。

下面以在一台本地 SCO UNIX 主机上的操作为例,说明 Telnet 实用程序的用户接口和使用方法。

1. Telnet 调用方式

Telnet 有两种调用方式,一种是带参数(主机名或 IP 地址)的直接输入方式;另一种是不带参数的命令方式。

带参数的直接输入方式举例如下:

　　$ Telnet Sun20.ict.ac.cn　　　　　(带参数的直接输入方式)

输入上述命令并按下 Enter 键后,程序会做出如下响应:

　　Trying …
　　Connected to Sun20.ict.ac.cn
　　Escape character is '^〕'
　　SunOS UNIX(sun20)
　　Login:

输入注册名和口令,然后便能够开始输入远程主机的命令,用户就好像是坐在物理上与远程主机直接相连的终端面前一样。此后,用户输入的每条命令都将在远程主机上执行。

不带参数调用 Telnet 进入 Telnet 的命令方式举列如下:

　　$ telnet　　　　(不带参数的命令方式)

程序将显示:

　　telnet>

然后键入 open 命令和远程主机名:

　　telnet>open sun20.ict.ac.cn

程序开始建立连接,如下所示:

　　Trying …
　　Connected to Sun20.ict.ac.cn
　　Escape character is '^〕'
　　SunOS UNIX(sun20)
　　Login:

2. 使用 Telnet 命令

不带参数调用 Telnet 出现提示符"telnet>"后,就可以输入 Telnet 命令。

当没有连接到远程计算机时,Telnet 处于命令方式;当在输入方式下键入转义字符"^〕"时,Telnet 也处于命令方式。如果在命令方式下使用 open 命令建立起到远程计算机的 Telnet 连接,则 Telnet 进入输入方式。

如果通过键入转义字符从输入方式进入命令方式,那么 Telnet 在处理完由转义字符引入的命令之后仍回到输入方式。在输入方式下,用户随时都可以采用^〕组合击键方式进入 Telnet 命令方式。Telnet 等待用户输入命令,并执行该命令,然后自动返回原先的输入方式。在命令方式的提示符下用户输入的 Telnet 命令仅由本地客户机执行,而与服务器无关。表 8-10 列出了 UNIX 下 SCO TCP/IP 的 Telnet 命令。从表中可以看出,一些命令类似于 Telnet 协议所使用的命令,这是因为当用户输入这些命令给 Telnet 实用程序时,该实用程序要将命令翻译成相应的代码,再写入协议报文中传输给对方。

表 8-10　UNIX 下 SCO TCP/IP 的 Telnet 命令

序号	命令	功能
1	close	关闭当前连接
2	display	显示操作参数
3	do	做选择项
4	dont	不做选择项
5	mode	设置输入方式
6	open	打开连接
7	quit	退出 Telnet 命令方式
8	send	传输专门字符
9	set	设置操作参数
10	status	显示状态信息
11	toggle	触发事件标志
12	will	做选择项
13	wont	不做选择项
14	z	终止 Telnet 命令方式
15	?	显示求助信息

*8.7　网络管理与 SNMP

8.7.1　概述

网络管理是指通过一定的技术手段，对网络进行管理与维护等的一系列活动。随着网络规模的不断扩大，其复杂性不断增加，为确保向用户提供满意的服务，迫切需要一个高效的网络管理系统对整个网络进行自动化的管理工作。网络管理是计算机网络发展中的关键技术，对网络的正常运行起着极其重要的作用。

现代计算机网络的管理系统模型主要由以下 4 部分组成。

（1）若干被管对象，指可使用管理协议进行管理和控制的网络资源的抽象表示。驻留其中的被管代理进程是网络管理的实体，完成直接的管理任务。

（2）至少一个网络管理器，也称管理工作站，其中驻留的管理进程利用通信手段，通过代理进程完成对被管对象的管理任务。

（3）一个通用的网络管理协议。该协议是代理进程与管理进程之间交互的规则与时序要求，同时该协议制定了双方通信的信息格式。通过网络管理协议来协调代理进程与管理进程的工作。

（4）一个或多个管理信息库（Management Information Base，MIB）。MIB 是一个虚拟的数据库，由被管对象及其属性组成，提供有关被管网络对象的信息，由代理进程与管理进程共同使用。

图 8-18 为网络管理系统的组成。

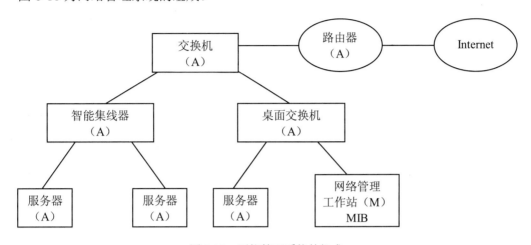

图 8-18　网络管理系统的组成

（A）：被管代理进程。

（M）：管理进程。

8.7.2　网络管理的功能

网络管理的目的是协调、保持网络系统的高效、可靠运行，当网络出现故障时，能及时报告和处理。ISO 建议网络管理应包含以下基本功能。

1. 故障管理（Fault Management）

故障管理的主要任务是对网络中的被管对象进行故障检测、定位及恢复。故障管理是网络管理中最基本的功能之一，当网络发生无法正常运行或出错过多的故障时，必须尽快地找出故障发生的确切位置，将网络其他部分与故障部分隔离，以确保网络其他部分能不受干扰继续运行，修复或替换故障部分，将网络恢复正常。

2. 计费管理（Accounting Management）

在商业有偿使用的网络上，计费管理功能统计哪些用户、使用哪个信道、传输多少数据、访问什么资源等信息；另外，计费管理功能还可以统计不同线路和各类资源的利用情况。

3. 配置管理（Configuration Management）

配置管理也是网络管理的基本功能，完成计算机网络中被管对象初始化、参数与状态等信息的设置。另外，随时监控网络运行环境、设备、结构的状态变化，以针对不同的变化，做出不同的操作，保证网络高效地工作。

4. 性能管理（Performance Management）

性能管理的目的是在使用最少的网络资源和具有最小延迟的前提下，确保网络能提供可靠、高效的通信服务，并使网络资源的利用达到最优化的程度。它主要是通过监测网络中的通信活动，获得网络运行状况信息，采取相应措施来提高网络性能。

5. 安全管理（Security Management）

安全管理的目的是确保网络资源不被非法使用，防止网络资源由于入侵者攻击而遭受破坏。主要通过通信数据加密、访问者身份验证、网络通信日志等技术手段来保证网络的安全运行。

　　一个具体的网络管理系统不一定要完全包含上述的五大管理功能，不同的系统可以选取其中的几个功能加以组合，但几乎每个网络管理系统都会包括故障管理功能。一个完善的计算机网络管理系统必须制定网络管理的安全策略，并根据这一策略设计实现网络安全管理系统。

8.7.3　简单网络管理协议（SNMP）

　　简单网络管理协议（Simple Network Management Protocol，SNMP）是一个基于 TCP/IP 协议簇的网络管理标准协议，得到了众多网络产品生产厂商的支持，成为事实上的网络管理工业标准。

　　SNMP 的基本功能包括监视网络性能、检测分析网络差错和配置网络。当网络正常工作时，SNMP 可以实现统计、配置、测试等功能；当网络出现故障时，可以实现差错检测和恢复功能。SNMP 最大的优点是简易性与可扩展性，它体现了网络管理系统的一个重要准则，即网络管理功能的实现不能影响网络的正常功能，不给网络附加过多的开销。

　　使用 SNMP 时，整个系统必须有一个管理站，即网控中心，在其上运行管理进程。在每个被管对象中要有代理进程。管理进程与代理进程间利用 SNMP 报文进行通信。SNMP 的网络管理由三部分组成，即管理信息库 MIB、管理信息结构 SMI 及 SNMP。SMI 与 MIB 是关于管理信息标准的定义，它们规定了被管理的网络对象的定义格式，如，MIB 库中都包含哪些对象，以及怎样访问这些对象等。

　　管理信息库 MIB 指明了网络元素所维持的变量，即能够被管理进程查询和设置的信息。SMI 规定了定义和标识 MIB 变量的一组原则。它规定所有的 MIB 变量必须用 ASN.1，即抽象语法表示法来定义。每个 MIB 变量都有一个名称用来标识。在 SMI 中，这个名称以对象标识符（Object Identifier）来表示。对象标识符相互关联，共同构成一个树型分层结构，图 8-19 为管理信息库的对象命名树（Object Naming Tree）。

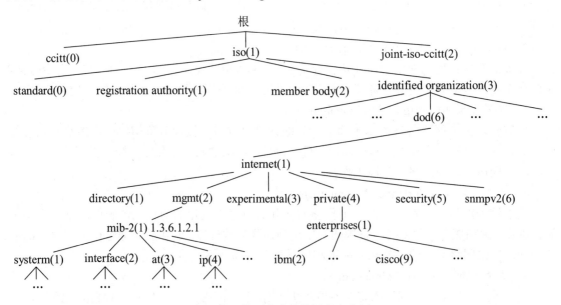

图 8-19　管理信息库的对象命名树

对象命名树的顶级对象有 3 个，分别是 ISO、CCITT 及这两个组织的联合体。一个对象的标识符由从根出发到对象所在节点的途中所经过的一个个数字标号序列组成。在图 8-19 中，Internet 的对象标识符就是{1.3.6.1}，而 IBM 公司的对象标识符为{1.3.6.1.4.1.2}。对象标识符的命名由专门的机构负责。世界上任何公司、学校等只要用电子邮件发往 iana-mib@isi.edu 进行申请即可获得一个节点名。这样，各厂家就可定义自己的被管对象名，使它能用 SNMP 进行管理。从图 8-19 中可以看出，MIB 给出了网络中所有可能的被管对象的集合的数据结构。它与具体的网络管理协议无关。

8.7.4　SNMP 报文

SNMP 是一种基于用户数据报协议（UDP）的应用层协议，其基本的报文格式如图 8-20 所示。

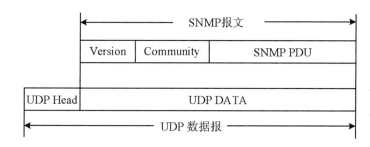

图 8-20　SNMP 的基本报文格式

SNMP 报文有 3 个域：版本（Version）、公共体（Community）和协议数据单元（SNMP PDU）。管理工作站和代理（Agent）之间的信息交换传递的就是 SNMP 报文。而 SNMP 报文作为 UDP 的数据部分被封装在 UDP 数据报中，通过 UDP 端口 161（162）传送。各域的内容如下。

（1）版本域：表示 SNMP 的版本。

（2）公共体：是为增加系统的安全性而引入的，它的作用相当于口令。代理进程可以要求管理进程在其发来的报文中填写这一项，以验证管理进程是否有权访问它上面的 MIB 信息。常用的默认公共体名为 public。但其缺点是没有加密功能，由于是明码传送的，所以很容易被监听者窃取。SNMPv2 中改进了这一点。

（3）协议数据单元：存放实际传送的报文，报文有 5 种（对应下面介绍的几种操作）。表 8-11 列出了 SNMP 报文的名称、作用和端口号。

表 8-11　SNMP 报文的名称、作用和端口号

编号	报文名称	作用	端口号
0	get-request	查询一个或多个变量值	161
1	get-next-request	允许在 MIB 中检索下一变量	161
2	get-response	响应报文，提供差错码、状态等信息	161
3	set-request	对一个或多个变量的值进行设置	161
4	trap	向管理进程报告被管对象发生的事件	162

SNMP 通过"get"操作获得被管对象的状态信息及回应信息；通过"set"操作控制与管理被管对象。以上功能均通过轮询实现，即 SNMP 管理进程定时向被管对象的代理进程发送查询状态的信息。而针对一些严重的事件，被管对象的代理进程未经管理进程的轮询，通过"trap"（陷阱）操作向网管工作站的管理进程发送信息，以使得事件能尽快报告给管理工作站。总之，使用轮询以维持网络资源的实时监控，同时采用 trap 机制报告特殊事件，使得 SNMP 成为一种有效的网络管理协议。

SNMP 各字段的编码采用 ASN.1 BER（Basic Encoding Rules）的基本编码规则，该规则对各种数值都采用了"类型、长度、值"的结构。ASN.1 编码规则如图 8-21 所示。

| T 类型 | L 长度 | V 值 |

图 8-21　ASN.1 编码规则

其中，类型字段是一个 8 位的数字，指出后续数据的类型，所标识的常用类型主要有以下几种（括号中的数字表示该类型的类型值）：

INTEGER	（2）	整数数值
OCTET STRING	（4）	8 位位组序列
OBJECT IDENTIFIER	（6）	对象标识
SEQUENCE	（16）	数据序列

长度字段表示后面数据的长度，以字节为单位。值的字节数在 127 以内时用 1 个字节表示长度，但当其超过 127 字节时，就要用多个字节表示长度，这时长度域采用扩展模式。当长度域的第一个字节的最高位为 1 时表示该域采用扩展模式，其后的 7 位用于指出用几个字节表示长度值。例如，在后面 GetResponse-PDU 的例子中第一句"30 81 A0"（例中均为 16 进制数）：30 表示类型为信息序列，81 表示扩展长度字段用后面的 1 个字节表示长度，A0 是长度，表示该序列中有 160 个字节。这里虽然只有一个长度字段，但由于 A0 的最高位为 1，如果直接用一字节表示长度违反了扩展字节最高位为 1 的约定，所以采用了扩展模式。

为了便于理解，我们给出 GetRequest-PDU 和 GetResponse-PDU 的编码实例。管理工作站将 GetRequest-PDU 报文发送给某 Agent，在这个报文中，对 sysDescr、sysUpTime、ifType、ifOperStatus、ipInReceives 等 5 个被管对象（Object）进行探询，Agent 收到此报文后，响应了一个 GetResponse-PDU，回答了所探询的对象的相应值。读者可从中看出管理工作站和 Agent 之间的请求与响应过程。例中十六进制形式显示的数据是 SNMP 报文，各字段后用分号隔开的文字是作者加的注解。

The Example of GetRequest-PDU:

```
30  65                         ; Message sequence (length = 65H)
02  01  00                     ; Version = 0
04  06  70  75  62  6C  69  63 ; Community = "public"
A0  58                         ; Command = Get request(length = 58H)
02  04  BB  66  00  00         ; Request ID = -996540416
02  01  00                     ; Error status = 0
02  01  00                     ; Error index  = 0
30  4A                         ; Data sequence (length = 4AH)
```

30 0C	; Data entry sequence (length=0CH)
06 08 2B 06 01 02 01 01 01 00	; Object ID = 1.3.6.1.2.1.1.1.0 (sysDescr.0)
05 00	; Value = NULL
30 0C	; Data entry sequence (length=0CH)
06 08 2B 06 01 02 01 01 03 00	; Object ID = 1.3.6.1.2.1.1.3.0 (sysUpTime.0)
05 00	; Value = NULL
30 0E	; Data entry sequence (length = 0EH)
06 0A 2B 06 01 02 01 02 02 01 03 01	; Object ID = 1.3.6.1.2.1.2.2.1.3.1 (ifType.1)
05 00	; Value = NULL
30 0E	; Data entry sequence (length = 0EH)
06 0A 2B 06 01 02 01 02 02 01 08 01	
	; Object ID = 1.3.6.1.2.1.2.2.1.10.1 (ifOperStatus.1)
05 00	; Value = NULL
30 0C	; Data entry sequence (length = 0CH)
06 08 2B 06 01 02 01 04 03 00	; Object ID = 1.3.6.1.2.1.4.3.0 (ipInReceives.0)
05 00	; Value = NULL

The Example of GetResponse-PDU

30 81 A0	; message　sequence(length=A0h)
02 01 00	; version=0
04 06	; community= public
70 75 62 6C 69 63	
A2 81 92	; command=Get response (length=92h)
02 04 BB 66 00 00	; Request　ID =-996504416
02 01 00	; Error Status=0(No error)
02 01 00	; Error index=0
30 81 83	; data sequence　(length=83h)
30 3C	; data entry sequence (length=3Ch)
06 08 2B 06 01 02 01 01 01 00	; object=1.3.6.1.2.1.1.1.0 (sysDescr.0)
04 30	; value sequence(length=30h)
57 6F 6f 64 79 3A 44 53 35	; Value = Woody:DS5000_200:
30 30 30 5F 32 30 30 3A 55	; ULTRIX V4.2 (Rev.　96) System
4C 54 52 49 58 20 56 34 2E	; #1.
32 20 28 52 65 76 2E 20 39	
36 29 20 53 79 73 74 65 6D	
20 23 31	
30 10	; data entry sequence (length=10h)
06 08 2B 06 01 02 01 03 01 00	; object=1.3.6.1.2.1.3.1.0 (sysUpTime.0)
43 04	; value sequence(length=04h)
03 11 75 BC	; value = 514759 s
30 0F	; value sequence (length=0FH)
06 0A 2B 06 01 02 01 02 02 01 03 01	; Object ID = 1.3.6.1.2.1.2.2.1.3.1 (ifType.1)
02 01 06	; Value = 6
30 0F	; Data entry sequence (length=0FH)
06 0A 2B 06 01 02 01 02 02 01 08 01	; Object ID = 1.3.6.1.2.1.2.2.1.10.1(ifOperStatus.1)
02 01 01	; Value = 1
30 0F	; Data entry sequence (length=0FH)

06 08 2B 06 01 02 01 04 03 00 ； Object ID = 1.3.6.1.2.1.4.3.0（ipInReceives.0)
41 03 1E 07 5A ； Value = 1967962 datagrams

目前，许多厂商的交换机、路由器等网络设备中都集成了 SNMP 的 Agent，市场上也有很多管理软件产品用于管理工作站对网络上所有具有 Agent 功能的设施进行管理。用户也可以根据 SNMP 的规则，自行开发管理程序，以适应本单位的实际需求。

SNMP 用法简单，但也有一定的缺点：不能有效地传送大块的数据，不能将网络管理功能分散化，安全性不高。为了克服这些缺点，新版 SNMP 于 1996 年被推出，称为 SNMPv2。SNMPv2 给网络管理工作站增加一个成块读操作（get-bulk-request 报文）。当需要用一个请求命令提取大量数据（如读取某个表的内容）时，就可以调用它以提高效率。当网络规模扩大时，SNMPv2 采用分散化的管理方式，使网络管理的开销大大减小。SNMPv2 增加了一条命令 inform-request，使得管理进程和管理进程之间可以互相传送有关信息而不需要经过请求，并把 get-response 简化成更加合理的名称 response。另外 SNMPv3 版本加强了报文的安全性，实现了鉴别、保密及存取控制等功能。

习题8

8-1 应用层协议实现的主要功能是什么？

8-2 什么是 C/S 模式？其特点有哪些？

8-3 请简述 Internet 域名结构。

8-4 请举例说明域名解析过程。

8-5 FTP 的作用是什么？其工作原理是什么？

8-6 为什么说万维网改变了我们的生活？

8-7 什么是浏览器？其基本工作原理是什么？

8-8 什么是动态网页制作技术？

第9章 网络安全技术

本章主要讲述与网络安全有关的背景知识和常见的几种网络攻击与防范技术。通过本章的学习，重点理解和掌握以下内容：

- 网络安全隐患
- 网络攻击的一般步骤
- 常见的几种网络攻击技术
- 常用的网络安全防范措施

9.1 概述

随着网络应用日益广泛和频繁，黑客（Hecker）、破解者（Cracker）、信息恐怖分子（Info Terrorist）、网络间谍（Cyberspy）等新名词逐渐出现在大众的视线中。有些名字甚至成为传媒及娱乐界的热门题材。凡此种种，都传递出一个信息——网络是不安全的。

为网络安全担忧的人大致可分为两类：一类是使用网络资源的一般用户；另一类是提供网络资源的服务提供者。对于使用网络资源的一般用户而言，当其联入网络后，可能会担心自己的每个操作及发送、接收的数据被远端服务器监视和记录。因为不良的网络服务提供者有可能记录用户的操作、数据，然后非法利用，如转售给第三者。事实上，目前有许多用于监视用户网上行为的商业软件。此外，用户平时还可能受到邮件炸弹、网络病毒及邪恶信息的威胁。对提供网络资源的服务提供者而言，其所面临的威胁远比普通用户严重。因为提供资源的服务器通常是全天候工作的，且是一个随时有客人光顾的公共"场所"。在这些客人中，有普通用户，也可能有图谋不轨的歹徒。而有较高利用价值的站点则更受黑客青睐。此外，这些站点除了要抵御外来入侵外，还需时刻防范内贼。

国际标准化组织（ISO）将网络安全定义为"数据处理系统建立和采用的技术和管理的安全保护，保护计算机硬件、软件和数据不因偶然和恶意的原因遭到破坏、更改和泄露。"网络安全从其本质上来讲就是网络上的信息安全。从广义来说，凡是涉及网络上信息的保密性、完整性、可用性、真实性和可控性的相关技术和理论都是网络安全的研究领域。

9.1.1 Internet 安全隐患的主要体现

美国新闻网站 The Daily Beast 评选出了 2011 年之前的 25 年中十大最具破坏性的黑客攻击事件。以下为其中的 5 个事件。

（1）2002 年 2 月艾德里安·拉莫（Adrian Lamo）对阵《纽约时报》。此前，无家可归的黑客艾德里安·拉莫因从 Kinko 连锁店和星巴克咖啡馆攻击《纽约时报》等公司的服务器而名声大振。2002 年 2 月拉莫入侵 Grey Lady 数据库，在一列 Op-Ed 投稿人中添加了自己的名字，并在 Lexis-Nexis 中搜索自己。联邦调查局表示，Lexis-Nexis 搜索共造成《纽约时报》30 万美元的损失。

（2）2008 年 1 月，黑客利用分布式拒绝服务，针对山达基教（Church of Scientology）的 Scientology.org 站点进行了攻击。黑客攻击的目的是通过反向洗脑将民众从山达基教中解救出来。安全专家根据对分布式攻击所派生的流量监测认为，攻击为中等规模攻击，并非是一个或者两个人所为。

（3）2008 年 11 月，微软 Windows 操作系统受到 Conficker 蠕虫病毒的攻击。Conficker 蠕虫病毒利用了微软操作系统中的大量漏洞，一旦控制被感染机器，它将大量计算机连接成可由病毒创造者控制的一个大型僵尸网络。被发现时，Conficker 已经感染了全球数百万电脑和商业网络。

（4）2009 年 7 月，美国和韩国受病毒攻击。在 3 天中，韩国大量日报、大型在线拍卖厂商、银行和韩国总统的网站，以及白宫和五角大楼的网站受到分布式拒绝服务的多轮攻击，逾 16.6 万台计算机受到影响。部分人士认为，朝鲜无线通信部门利用 Mydoom 蠕虫病毒的后门进行了这次攻击。

（5）2009 年 8 月，俄罗斯黑客对阵博客主 Cyxymu。由于俄罗斯黑客进行的分布式拒绝服务攻击，拥有数亿用户的社交网站在 2009 年夏天经历了数小时的拥堵和中断服务，黑客声称其目的是为了让博客主 Cyxymu 禁声。Facebook 安全主管马克斯·凯利（Max Kelly）表示，这是针对 Cyxymu 通过多种方式同时进行攻击，以使别人不能跟他联系。

Internet 安全隐患主要体现在如下的几个方面。

Internet 是一个开放的、无控制机构的网络，黑客（Hacker）经常会侵入网络中的计算机系统，或窃取机密数据和盗用特权，或破坏重要数据，或使系统功能得不到充分发挥直至瘫痪。

Internet 的数据传输是基于 TCP/IP 通信协议进行的，这些协议缺乏使传输过程中的信息不被窃取的安全措施。

Internet 上的通信业务多数使用某种操作系统来支持，如 UNIX、Linux，这些操作系统中明显存在的安全脆弱性问题会直接影响安全服务。

在计算机上存储、传输和处理的电子信息，还没有像传统的邮件通信那样进行信封保护和签字盖章。信息的来源和去向是否真实，内容是否被改动，以及是否泄露等，这些在应用层支持的服务协议中是凭着君子协定来维系的。因此电子邮件存在着被拆看、误投和伪造的可能性，使用电子邮件来传输重要机密信息会存在着很大的危险。

计算机病毒通过 Internet 的传播给上网用户带来极大的危害，病毒可以使计算机和计算机网络系统瘫痪、数据和文件丢失。在网络上传播病毒可以通过公共匿名 FTP 文件传播，也可以通过邮件和邮件的附加文件传播。

9.1.2 网络攻击的一般步骤

对于网络安全来说，成功防御的一个基本组成部分就是要了解敌人。就像防御工事必须进行总体规划一样，网络安全管理人员必须了解黑客的工具和技术，并利用这些知识来设计应对各种攻击的网络防御框架。当前网络攻击技术层出不穷，攻击手段变幻莫测，但纵观其攻击的步骤，还是有一定规律可循的。典型的网络攻击一般分为以下 4 步。

1．准备工作

网络攻击的准备工作包括以下 3 点。

（1）隐藏自身：隐藏网络攻击者的身份及其所在位置。攻击者在进行攻击以前，通常通过盗用他人上网账号、假冒用户账号、利用电话转接技术、通过免费网关代理、伪造 IP 地址或利用其他主机做跳板等途径来达到隐藏自身的目的。这样即使攻击被发现，受害者也很难找到真正的攻击者。

（2）锁定目标并收集信息：确定此次攻击的目标范围，并收集目标系统相关信息。相关信息主要包括操作系统版本、硬件配置、系统服务的安全性、系统口令安全性等。收集信息的途径不仅仅局限于网络技术，还可以通过新闻、电话、社会工程等手段。

（3）挖掘弱点信息：从收集到的信息中挖掘可用漏洞信息。漏洞信息包括硬件缺陷、操作系统自身漏洞、应用程序漏洞、主机信任关系漏洞、通信协议漏洞、网络体系结构漏洞和网络业务系统漏洞等。

2．实施攻击

（1）获取权限：获取目标系统的一般用户甚至管理员权限。利用挖掘出来的漏洞进行攻击，首要目标是获取目标系统的权限，包括一般用户口令、系统管理员口令。通常攻击者采用缓冲区溢出攻击、特洛伊木马、窃听账号的程序等途径获取目标系统权限。

（2）隐藏攻击行为：实施全面攻击前先将自己在目标系统中藏起来，以防被目标系统的用户发现。其主要技术包括隐藏联接，通过冒充其他用户、IP 欺骗技术、复用正常端口、替换显示网络联接的命令等技术实现此目标；隐藏进程，通过远程线程插入、动态链接库插入、挂钩 API 等技术实现此目标；隐藏文件，通过修改文件属性、设置文件访问权限、利用字符串相似等技术实现此目标。

（3）攻击实施：在攻击者做好上述一切准备后，对目标系统开始实施攻击。可能的攻击包括修改或删除信息、查看敏感数据、下载敏感数据、删除或创建用户账号、打开或停止某一网络服务、以该主机为跳板攻击受信任系统等。

3．打开后门

"后门"是黑客在入侵了计算机以后，为了以后能方便地进入该计算机而安装的一类软件。为了下次攻击方便，攻击者在目标系统中通常打开一个或多个后门，主要包括修改系统配置、修改防火墙规则、开放不安全服务、替换系统文件、安装木马、安装嗅探器、建立隐蔽通信信道等。

4．清除痕迹

为了避免被目标系统用户发现攻击证据，攻击者在结束攻击以前通常要清除攻击行为所留下来的痕迹。清除的重点包括删除攻击相关日志文件、删除或停止审计服务、删除注册表中的痕迹。

9.2　常见的攻击技术

常见的攻击技术包括扫描技术、网络监听和拒绝服务攻击。

9.2.1　扫描技术

网络扫描技术是一种基于 Internet 远程检测目标网络或本地主机安全性脆弱点的技术。扫描技术是一把双刃剑。对于系统管理员来讲，它是一种保障系统安全的有效工具。通过网络安全扫描，系统管理员能够发现所维护的 Web 服务器的各种 TCP/IP 端口的分配、开放的服务、Web 服务软件版本和这些服务及软件呈现在 Internet 上的安全漏洞。对于网络入侵者来讲，它是收集目标信息的重要手段。网络入侵者利用扫描技术同样可以得到如上信息，由此决定自己的攻击策略。

一个完整的扫描分为三个阶段。第一阶段，发现目标主机或网络；第二阶段，发现目标后进一步搜索目标信息，主要有操作系统的类型、运行的服务以及服务软件的版本等，如果目标是一个网络，还可以进一步发现该网络的拓扑结构、路由设备以及各主机的信息；第三阶段，根据收集到的信息判断或进一步测试系统是否存在安全漏洞。

典型的扫描技术包括 PING 扫描、操作系统探测、穿透防火墙探测、端口扫描和漏洞扫描等。PING 扫描用于扫描的第一阶段，识别系统是否活动；操作系统探测、穿透防火墙探测、端口扫描用于扫描的第二阶段，操作系统探测是对目标系统所运行的操作系统进行识别，穿透防火墙探测用于获取被防火墙保护的网络资料，端口扫描是通过与目标系统的 TCP/IP 端口进行连接，查看该系统处于监听或运行状态的服务；漏洞扫描用于扫描的第三阶段，在端口扫描的基础上，检测出目标系统存在的安全漏洞。以下对端口扫描和漏洞扫描进行进一步的分析。

1. 端口扫描

端口扫描，顾名思义，就是逐个对一段端口或指定的端口进行扫描，通过扫描结果可以知道一台计算机上都提供了哪些服务，然后就可以通过所提供的这些服务的已知漏洞进行攻击。

端口扫描的原理：手动或用程序自动地向目标主机的各个端口发送不同的探测数据包，目标主机的端口状态不同，对这些探测包的回应包就有所不同，分析这些回应包，就可得出远程主机的端口开放情况。

（1）全连接扫描。全连接扫描是在扫描主机同目标主机的目标端口之间，经过三次握手，建立起一个完整的 TCP 连接来判断目标端口是否开放的方法。常见的全连接扫描方法有 TCP Connect()扫描和 TCP 反向 Ident 扫描等。

● TCP Connect()扫描。操作系统提供了一个 connect()系统函数，当程序中调用该函数后，操作系统会自动和目标主机完成三次握手的过程，如果目标主机的目标端口处于侦听状态，那么 connect()返回成功，否则返回失败。因此，可以根据该函数的返回值，判断目标主机的端口是否打开。这种扫描技术的一个最大的优点是，不需要任何特殊权限。因为它是正常的连接建立过程，系统中的任何用户都有权利使用这个调用。它的缺点是速度慢，且目标主机的日志文件会记录下连接信息，很容易被对方发觉。

● TCP 反向 Ident 扫描。Ident 协议允许看到通过 TCP 连接的任何进程的拥有者的用户名，即使这个连接不是由这个进程开始的。例如，当成功连接到目标主机的 HTTP 端口之后，便可以用 Ident 协议来查看目标主机建立的所有连接。但这种方法只能在和目标端口建立了一个完整的 TCP 连接后才能看到。

（2）半连接扫描。半连接扫描指端口扫描并没有完成一个完整的 TCP 连接，而是在扫描主机和目标主机建立此连接时，只完成三次握手的前两次握手便中断连接，如 TCP SYN 扫描。

TCP SYN 扫描。扫描程序发送的是一个 SYN 数据包，请求和目标主机的指定端口建立连接。如果收到一个 RST 数据包，则表示扫描的端口是关闭状态；如果收到一个 SYN/ACK 数据包，则表示扫描的端口是开放状态，此时扫描程序需再发送一个 RST 信号来关闭这个连接过程。这种扫描技术的优点是，隐蔽性较全连接扫描好，一般系统对这种半扫描很少记录；缺点是，必须要有管理员权限才能构造自己的 SYN 数据包。

（3）秘密扫描。秘密扫描是一种审计工具所检测不到的扫描技术。常见的秘密扫描有 TCP FIN 扫描、TCP ACK 扫描、NULL 扫描、XMAS 扫描和 TCP 分段扫描等。

- TCP FIN 扫描。这种扫描方法的理论依据是：关闭状态的端口收到 TCP FIN 包后，会用适当的 RST 数据包来回复 FIN 数据包；然而，打开的端口收到 TCP FIN 包后，会忽略对 FIN 数据包的回复，即不会发送回复包。需要说明的是某些系统不论端口是否打开，都回复 RST 数据包。

- TCP ACK 扫描。这种扫描方法的理论依据是：向目标主机的一个端口发送一个只有 ACK=1 的 TCP 数据包，如果目标主机反馈 RST 数据包，则表明该主机是存在的；如果返回的 RST 数据包中 TTL 值不大于 64 或 Windows 值为 0，则表明该端口打开，否则为关闭。但目标主机的 TTL 值是可以修改的，所以返回的 TTL 值只能作为参考。这种扫描方法只对部分 UNIX 系统主机有效，对其他系统容易产生误报。

- NULL 扫描。该方法是将 TCP 包中的所有标志位置零，向目标主机的端口发送该数据包。根据 RFC 793 文件可知，如果该端口是关闭的，则目标主机应当发回一个 RST 信号。

- XMAS 扫描。该方法向目标主机的一个端口发送带有 URG|ACK|PSH|RST|SYN|FIN 所有标志位的数据包。根据 RFC 793 文件可知，若该端口关闭，则会返回 RST 标志，所以，除去所有的关闭端口，余下的就都是打开的端口了。这种方法适用于 UNIX 系统主机，但容易产生误报。

- TCP 分段扫描。该方法事先将一个探测用的 TCP 数据包分成两个较小的 IP 数据报，然后向目标主机传送。目标主机收到这些 IP 分段后，会将它们重新组合成原来的 TCP 数据包。这样不直接发送 TCP 数据包而选择分段发送，其目的是使它们能够穿过防火墙和包过滤器而到达目标主机。

2．漏洞扫描

系统安全漏洞也称为系统脆弱性（Vulnerability），简称漏洞，是计算机系统在硬件、软件、协议的设计和实现过程中或系统安全策略上存在的缺陷和不足。漏洞的产生主要是由于程序员不正确和不安全编程引起的。漏洞扫描技术使用户能及时了解系统中存在的漏洞。

漏洞扫描技术是建立在端口扫描技术的基础之上的，主要通过以下两种方法来检查目标主机是否存在漏洞。

（1）基于漏洞库的扫描。在端口扫描后得知目标主机开启的端口以及端口上的网络服务，将这些相关信息与漏洞扫描系统提供的漏洞库进行匹配，查看是否有满足匹配条件的漏洞存在。

基于漏洞库的漏洞扫描的关键部分就是它所使用的漏洞库。漏洞库是指根据安全专家对网络系统安全漏洞、黑客攻击案例的分析和系统管理员对网络系统安全配置的实际经验，可以形成一套标准的网络系统漏洞库，然后再在此基础之上构成相应的匹配规则。扫描程序采用基于规则的匹配技术，自动地进行漏洞扫描的工作。

因此，漏洞库信息的完整性和有效性决定了漏洞扫描系统的性能，漏洞库的修订和更新的性能也会影响漏洞扫描系统运行的时间。漏洞库的编制不仅要对每个存在安全隐患的网络服务建立对应的漏洞库文件，而且应当能满足其性能要求。

（2）基于模拟攻击的扫描。通过模拟黑客的攻击手法，对目标主机系统进行攻击性的安全漏洞扫描，如测试弱势口令等。若模拟攻击成功，则表明目标主机系统存在安全漏洞。

基于模拟攻击的扫描没有相应的漏洞库，如 Unicode 遍历目录漏洞探测、FTP 弱势密码探测等，这些扫描通过使用插件（功能模块技术）进行模拟攻击，测试出目标主机的漏洞信息。

插件是由脚本语言编写的子程序，扫描程序可以通过调用它来执行漏洞扫描，检测出系统中存在的一个或多个漏洞。添加新的插件就可以使漏洞扫描软件增加新的功能，扫描出更多的漏洞。插件编写规范化后，用户可以用 PERL、C 或自行设计的脚本语言编写的插件来扩充漏洞扫描软件的功能。

插件技术使漏洞扫描软件的升级维护变得相对简单，而专用脚本语言的使用也简化了编写新插件的编程工作，使漏洞扫描软件具有很强的扩展性。

9.2.2 网络监听

网络监听也称为网络嗅探，其英文名是 Sniffing，是一种捕获网络上传输的数据包并进行分析的行为。在网络安全领域，网络监听占有极其重要的地位。一方面，网络管理员使用网络监听技术监视网络状态、数据流动以及网络上传输的信息，协助网络管理员排除网络故障，同时监听也是基于网络的入侵检测系统的必要基础。另一方面，对于黑客攻击而言，网络监听也是一种有效的信息（用户名、口令等）收集手段，并且可以辅助进行 IP 欺骗。

一般而言，网络监听都是在局域网进行的。按照信息交换方式的不同，局域网可分为共享式局域网和交换式局域网。

共享式局域网是指网络中的所有节点共享网络带宽，最典型的是用集线器（HUB）连接的局域网。因为集线器不能识别帧，所以它不知道一个端口收到的帧应该转发到哪个端口，所以就把帧发送到除源端口以外的所有端口，这样网络上所有的主机都可以收到这些帧，即采用广播的方式转发信息，如图 9-1 所示。

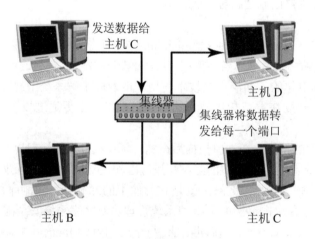

图 9-1　共享式局域网

交换式局域网是指采用了交换技术的网络，最典型的是用交换机连接的局域网。在这种工作模式下，交换机内存中维护着一张表，表中保存每台计算机的 MAC 地址同交换机的端口对应关系，称为端口映射表。交换机收到数据包后，从端口映射表中找到相关记录，将数据包转发给相应的端口，即交换机采用点对点的方式转发信息。对交换机而言，仅有两种情况会发送广播，一是数据包的目的 MAC 地址不在交换机维护的数据库中，此时向所有端口转发；二是数据包本身就是广播包。交换式局域网如图 9-2 所示。

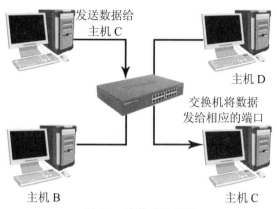

图 9-2 交换式局域网

在共享模式下，局域网中的所有主机都能够接收到其他主机的进出数据，只是在网卡处于正常模式时，会将不是自己的数据包丢弃，而如果网卡处于混杂模式，那么它将能收到局域网中所有主机的通信数据包。所以，在共享式局域网中进行监听，只需将局域网中的一台主机的网卡设置成混杂模式，并在其上面运行相应的监听软件即可。在交换式局域网中，信息的转发方式为点到点，而不是共享式的广播方式，因此其在一台机器上安装监听程序，即使网卡处于混杂模式，也只能收到源和目的是本机或广播的数据包，而捕获不到局域网中其他主机之间的通信数据。为了实现监听交换式局域网的目的，可以采用 MAC Flooding 和 ARP 欺骗等方法。

（1）MAC Flooding。由于交换机工作时依据内存中的端口映射表转发数据包，而交换机本身的内存容量是有限的，当内存耗尽时，一些交换机便会将数据包以广播形式发送出去。所以，通过在局域网上发送大量虚假的 MAC 地址，就能造成交换机的内存耗尽，此时可以和监听共享式网络一样进行网络监听。

（2）ARP 欺骗。ARP 的作用是将 IP 地址映射到 MAC 地址，攻击者通过向目标主机发送伪造的 ARP 应答包，骗取目标系统更新 ARP 表，将目标系统的网关的 MAC 地址修改为发起攻击的主机 MAC 地址，使发给目标主机的数据包都经由攻击者的主机，这样，就可以在交换式网络下监听特定的目标主机。

9.2.3 拒绝服务攻击

1. 拒绝服务攻击的原理

在网络安全中，拒绝服务（Denial of Service，DoS）攻击以其危害巨大、难以防御等特点成为黑客经常采用的攻击手段。DoS 是指系统崩溃或其带宽耗尽或其存储空间已满，导致其不能提供正常服务的状态。DoS 攻击是指攻击者通过某种手段，有意地造成计算机或网络不能正常运转，从而不能向合法用户提供所需要的服务，或者使其服务质量降低的一种攻击行为。DoS 攻击的方式有很多种，最基本的就是利用合理的服务请求来占用过多的服务资源，从而使合法用户无法得到服务。

DoS 攻击的原理如图 9-3 所示。DoS 攻击的基本过程为，首先攻击者向目标服务器发送众多带有虚假地址的请求，服务器发送回复信息后等待回传信息，由于地址是伪造的，所以服务器一直等不到回传的消息，分配给这次请求的资源就始终没有被释放。当服务器等待一定的时间后，连接会因超时而被切断，攻击者会再度传送新的一批请求，在这种反复发送伪地址请求的情况下，服务器资源最终会被耗尽。

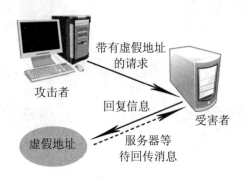

图 9-3　DoS 攻击的原理

分布式拒绝服务（Distributed Denial of Service，DDoS）攻击是 DoS 攻击的一种特殊形式，是一种分布、协作的大规模攻击方式，主要瞄准比较大的站点，如商业公司，搜索引擎和政府部门的站点。从图 9-3 我们可以看出，DoS 攻击只需要一台单机和一个 Modem 就可实现，而 DDoS 攻击是利用一批受控制的机器向一台机器发起攻击，这样来势迅猛的攻击令人难以防备，因此具有较大的破坏性。

DDoS 攻击的原理如图 9-4 所示。从图 9-4 可以看出，DDoS 攻击通过三部分实施，分别是攻击者、主控端、代理端，三者在攻击中扮演着不同的角色。攻击者所用的计算机是攻击主控台，可以是网络上的任何一台主机，攻击者操纵整个攻击过程，它向主控端发送攻击指令。主控端是攻击者非法侵入并控制的一些主机，这些主机还分别控制大量的代理主机。主控端主机的上面安装了特定的程序，因此它们可以接受攻击者发来的特殊指令，并且可以把这些命令发送到代理主机上。代理端同样也是攻击者侵入并控制的一批主机，它们上面运行的攻击程序能够接受和运行主控端发来的指令。代理端主机是攻击的执行者，它真正向受害者主机发动攻击。

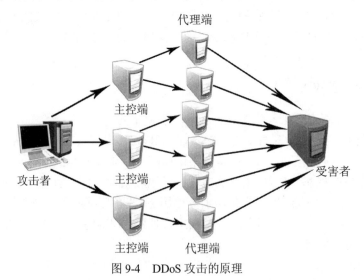

图 9-4　DDoS 攻击的原理

攻击者发起 DDoS 攻击的第一步，就是寻找在 Internet 上有漏洞的主机，进入系统后在其上面安装后门程序，攻击者入侵的主机越多，他的攻击队伍就越壮大。第二步是在入侵的主机上安装攻击程序，其中一部分主机充当攻击的主控端，一部分主机充当攻击的代理端。最后各部分主机各司其职，在攻击者的调遣下对攻击对象发起攻击。由于攻击者在幕后操纵，所以在攻击时不会受到监控系统的跟踪，身份不容易被发现。

2. 典型拒绝服务攻击方法

（1）LAND 攻击。攻击者发送伪造的 SYN 数据包，该数据包中源地址和目的地址相同，并且都是被攻击者的地址，同时源端口和目的端口也相同。当操作系统接收到这类数据包时，不知道该如何处理堆栈中通信源地址和目的地址相同的这种情况，可能循环发送和接收该类数据包，这样会消耗大量的系统资源，从而导致 15~30s 的拒绝服务的情况产生。

（2）SYN 洪水攻击。攻击者发送伪造的源地址 SYN 数据包，被攻击者收到此请求信息后，发送 SYN-ACK 数据包，进入半连接状态，系统为此次连接分配资源，然而由于 SYN 数据包源地址是伪造的，因此被攻击者收不到第三次握手信息，超时后继续重发 SYN-ACK 数据包，失败几次后删除半连接资源。当这种处于半连接状态下的连接过多时，系统资源将会耗尽，进而拒绝合法用户的连接请求。

（3）UDP 洪水攻击。攻击者向被攻击者的某一端口发送 UDP 请求包，被攻击者收到后，查看该端口是否有相应的应用程序，若有则将数据包交给应用程序，若没有则会产生一个目的地址无法连接的 ICMP 数据包发送给攻击者。通常攻击者会伪造一个假的源地址，并向被攻击者的大量端口发送这样的 UDP 请求包，此时，被攻击者会花费大量的时间来处理它们，致使系统繁忙，无法为合法用户提供服务。

（4）Fraggle 攻击。攻击者伪造一个 UDP 请求数据包，其中源地址为被攻击者的地址，目的地址为某一网段的广播地址，网段中的主机向源地址回复 UDP 应答包。因此，被攻击者在短时间内将收到大量的 UDP 应答包，无法及时处理而拒绝为用户提供服务。例如，攻击者伪造目的端口为 7（Echo 服务），源地址为被攻击者地址的 UDP 数据包，并广播到某一网段。

（5）Tear Drop 攻击。Tear Drop 攻击是利用 TCP/IP 实现分片重组时存在的缺陷进行的攻击。某些 TCP/IP（包括 Service Pack 4 以前的 NT）在重组含有重叠偏移的分片时将崩溃。例如，数据包长度为 3000B，分为两片：第一片偏移量为 0，长度为 1500B；第二片偏移量为 1000，长度为 1500B，接收方在重组这个数据包时，就会有重叠的字节，可能会造成系统崩溃。

（6）Ping-of-death 攻击。这种攻击通过把报文分割成片的方法，发送大于 65536B 的 PING 包，然后在目标主机上重组，超出 ICMP 数据包尺寸的上限（64KB），最终会导致目标主机缓冲区溢出，引起拒绝服务攻击。

（7）Smurf 攻击。这种攻击类似于 Fraggle 攻击。在该攻击中，攻击者向一个广播地址发送源地址为被攻击者的主机地址的 ICMP Echo 请求包，被攻击者主机就会被广播地址产生的回应信息淹没。

9.3　数据加密

数据加密

数据加密指改变数据的表现形式。加密的目的是只让特定的人能解读密文，对一般人而言，即使获得了密文，也无法解读。

加密旨在对第三者保密，如果信息由源点直达目的地，在传递过程中不会被任何人接触到，则无需加密。Internet 是一个开放的系统，穿梭于其中的数据可能被任何人随意拦截，因此，将数据加密后再传送是进行秘密通信最有效的方法。

9.3.1 加密与解密

图 9-5 示意了加密、解密的过程。其中，"This is a book"称为明文（Plain Text 或 Clear Text）；"!@#$～%^～&～*()-"称为密文（Cipher Text）。将明文转换成密文的过程称为加密（Encryption），相反的过程则称为解密（Decryption）。

This is a book ——加密——→ !@#$~%^~&~*()-

!@#$~%^~&~*()- ——解密——→ This is a book

图 9-5　加密、解密的过程

加密的算法有很多。例如，将表示明文中每个字母的字节按位取反，就是一种算法。当然，算法太过简单，则保密性就差，容易被破解。

加密、解密算法普遍依赖于数学，越先进的算法所牵涉到的数学知识越深奥。

9.3.2 算法类型

当代加密技术趋向于使用一套公开算法及秘密键值（Key），又称为钥匙，完成对明文的加密。其理由在于：加密算法开发比较麻烦，而公开的算法可使加密技术成为标准，有利于降低重复开发成本，且在计算机通信中，告知对方一个数值要比告诉一整组算法更简单一些。

公开算法的前提是，如果没有用于解密的键值，即使知道算法的所有细节也不能破解密文。由于需要使用键值解密，故最直接的破解方法就是遍历所有可能的键值。键值的长度决定了破解密文的难易程度，显然键值越长、越复杂，破解就越困难。

例如，8 位的键值只有 256 种位图，最多只需要尝试 256 次即可解读用其加密的密文，但 32 位的键值则大约有 42 亿种位图，一个人穷其毕生精力，可能也尝试不完。

可以把键值想象为钥匙，钥匙越长、齿形越复杂，与其对应的锁就越保险。

目前加密数据涉及的算法有秘密钥匙（Secret Key）加密和公用钥匙（Public Key）加密，再加上 Hash 函数，就构成了现代加密技术的基础。

1. 秘密钥匙加密

秘密钥匙加密又称为对称式加密法或传统加密法。其特点是加密明文和解读密文时使用的是同一把钥匙，秘密钥匙技术示意图如图 9-6 所示。采用秘密钥匙技术完成通信的前提是发方和收方需要持有相同的钥匙。当加密后的密文在网络上传送时，则不用为泄密担心。

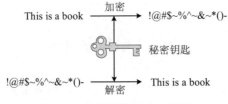

图 9-6　秘密钥匙技术示意图

但是，由于至少有两个人持有钥匙，所以任何一方都不能完全确定对方手中的钥匙是否已经透露给第三者，这是利用秘密钥匙进行通信的缺点。

2.　公用钥匙加密

公用钥匙加密法又称非对称式（Asymmetric）加密，是近代密码学的一个新兴领域。

公用钥匙加密法的特色是当完成一次加密、解密操作时，需要使用一对钥匙。假定这两个钥匙分别为 A 和 B，则用 A 加密明文后形成的密文，必须用 B 方可解回明文；反之，用 B 加密后形成的密文则必须用 A 解密。

通常，将其中的一个钥匙称为私有钥匙（Private Key），由个人妥善收藏，不外泄于人，与之成对的另一把钥匙称为公用钥匙，公用钥匙可以像电话号码一样被公之于众。

假如 X 需要传送数据给 A，X 可将数据用 A 的公用钥匙加密后再传给 A，A 收到后再用私有钥匙解密，公用钥匙技术示意图如图 9-7 所示。由于 A 的公用钥匙是众所周知的，所以任何人都可以用它加密需要发给 A 的数据，加密后的数据只有 A 才能解读，因为只有 A 持有可以解密的私有钥匙。

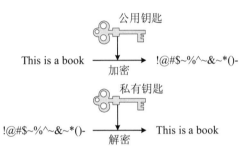

图 9-7　公用钥匙技术示意图

利用公用钥匙加密虽然可避免钥匙共享而带来的问题，但使用时，计算量较大，耗时较长。

9.3.3　Hash 函数

Hash 函数又名信息摘要（Message Digest）函数，可将一任意长度的信息浓缩为较短的固定长度的数据，其特点如下。

● 　浓缩结果与源信息密切相关，源信息每一微小变化，都会使浓缩结果发生巨变。

● 　Hash 函数所生成的映射关系是多对一关系，因此无法由浓缩结果推算出源信息。

● 　运算效率较高。

可见，Hash 函数实际上是摘取给定信息的精要，将信息迅速浓缩为一组固定长度的数据，这组数据可反映源信息的特征，可代表源信息，因此又可称为信息指纹（Message Fingerprint）。

Hash 函数的算法要求是：不同信息生成相同指纹的概率极低。这个概率一般取决于指纹的长度，指纹越长，则可映射的范围越大，重复概率越低。

传统的 Hash 函数技巧很多，如校验和（Checksum），它将所有信息比特相加，然后取和的最低位比特作为摘要值，如果源数据发生变化，则摘要值将发生变化。该技巧虽然简单，但可信度不高。因为假如源数据中有两个比特均发生了变化，而校验和仍会维持原值不变。

Hash 函数一般用于为信息产生验证值，此外它也被用于用户密码存储。为避免密码被盗用，许多操作系统（如 Windows NT、UNIX）都只存储用户密码的 Hash 值，当用户登录时，就计算其输入密码的 Hash 值，并与系统储存的值进行比对，如果结果相同，就允许用户登录。

Hash 函数另一著名的应用是与公用钥匙加密法联合使用，以产生数字签名。

9.3.4 数据完整性验证

数据完整性（Integrity）验证用于确认数据经长途劳顿、长期保存后是否仍然保持原样。

验证数据完整性的一般方法是用 Hash 函数对原数据进行处理，产生一组长度固定（如 32 位）的摘要值。当需要验证时，便重新计算摘要值，再与原验证值进行比对，以判别数据是否发生了变化。

完整性验证可见于许多软、硬件应用中。例如，传统的磁盘用校验和或循环冗余校验（CRC）等技巧产生分区数据的验证值，在低层网络协议中也可见到类似技术的应用，以检测所传送的数据是否受到了噪声的干扰。

传统的完整性验证方式虽然可检测物理信号的衰退或被噪声改变的情况，但无法抵御人为的窜改。因为这类在软、硬件应用中采用的算法大都是公开的，所以任何人只要知道算法，便可以在窜改原数据的同时一并更改其验证值，以此瞒天过海。

防止这种情形发生的技术之一就是将验证值加密后再行传送或存储。例如，使用秘密钥匙算法，这种经过加密的验证值一般称为信息完整性码（MIC），MIC 与信息指纹的最大差别在于前者需要用钥匙解密后方可进行验证。

9.3.5 数字签名

利用钥匙加密验证值可防止信息遭窜改。进一步地，采用公用钥匙算法中的私有钥匙加密验证值，则除了可防止信息遭窜改外，该加密值也同时是数字签名。

假设甲要向乙发送一封电子邮件，那么甲可在撰写完邮件后便计算出邮件的验证值，然后将验证值用自己的私有钥匙加密，产生数字签名，并将该签名与邮件一并发出。乙收到这封邮件后，首先用甲的公用钥匙解密验证值密文，再计算所得邮件的验证值，然后将两个验证值加以比对，如果一致，则说明邮件是甲发送的，且没有被窜改过。由于仅有持有甲的私有钥匙的人方可生成正确的验证值密文，所以甲不能否认信是他发出的，数字签名的生成和确认流程如图 9-8 所示。

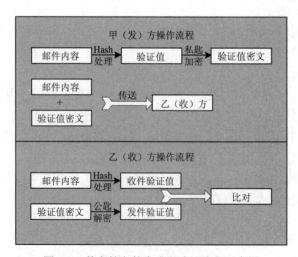

图 9-8 数字签名的生成和确认流程示意图

因此，数字签名的功能有 3 点：可证明信件的来源；可判定信件内容是否被窜改；发信者无法否认曾经发过信。

数字签名是在网络上实现交易的关键技术，因为它可取代传统的签名并且较为先进。

若需发送加密信件，则发送方可将邮件内容与验证值密文一道用收方的公用钥匙加密，密件达到收方后，接收方先用自己的私有钥匙解开密件，然后再确认数字签名。

9.4　防火墙技术

9.4.1　防火墙技术概述

防火墙的原意是阻止火势继续蔓延以减少火灾造成损失的工具。而网络防火墙的作用也是防止灾难——外界非法入侵，此外，网络防火墙还有调节流量的功能。随着公众对网络安全的日益关注，防火墙的功能也被扩展。

防火墙是用来连接两个网络并控制两个网络之间相互访问的系统，如图 9-9 所示。它包括用于网络连接的软件和硬件以及控制访问的方案。该方案用于对进出的所有数据进行分析，并对用户进行认证，从而防止有害信息进入受保护网，为网络提供安全保障。

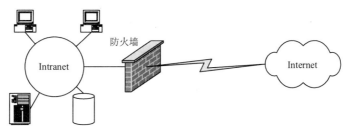

图 9-9　防火墙

防火墙是一类防范措施的总称。这类防范措施简单的可以只用路由器实现，复杂的可以用主机甚至一个子网来实现。它可以在 IP 层设置屏障，也可以用应用层软件来阻止外来攻击。

从理论上讲，防火墙是位于两个网络间的网络装置，对所连接的网络没有任何限制。但在实际应用中，防火墙通常位于 Internet 与 Intranet 之间。由于防火墙是两个网络之间唯一的通道，所以可对往来于网络间的数据加以控制。在应用中，防火墙可限定两网间数据包的源地址和目的地址，指定可通过防火墙的通信协议、服务等。高级防火墙还可以防范某种入侵（如 IP Spoofing），提供审核、访问控制等服务。

防火墙不仅可防外，也可以防内。由于防火墙可以甄别、拒绝某些数据包，所以它可限制外来者，使之只能访问内部网络中的某些服务器或服务，从而可保护某些内部服务器或服务。它也可以限制内部网络用户与外界的通信。例如，可以设置规则，只允许外来用户访问内部网络中的 FTP 服务器，只允许内部网络用户使用电子邮件等，这些规则都可以在防火墙上实现。

将安全保卫的职责全部交由防火墙负责有好处也有坏处。这种做法有点像为保护家中的财富而采用安装防盗门的办法一样——简单但风险很大。由于内、外往来的数据全都流经防火墙，所以可在该点进行所有的安全控制、审核和流量统计，但该点也可能成为通信瓶颈，并容易成为黑客处心积虑攻击的目标，一旦该点被攻破，入侵者便可以为所欲为，所以实际的防火墙布局一般采取两层或两层以上的方式。

防火墙的主要功能如下。

（1）过滤不安全服务和非法用户，禁止未授权的用户访问受保护网络。

（2）控制用户对特殊站点的访问。防火墙可以允许受保护网的一部分主机被外部网访问，而保护另一部分主机，防止外网用户访问。例如，受保护网中的 Mail、FTP、WWW 服务器等可被外部网访问，而其他访问则被主机禁止。有的防火墙可同时充当对外服务器，而禁止对所有受保护网内主机的访问。

（3）提供监视 Internet 安全和预警的端点。防火墙可以记录所有通过它的访问并提供网络使用情况的统计数据。

防火墙并非万能，影响网络安全的因素很多，对于以下情况它无能为力。

（1）不能防范绕过防火墙的攻击。例如，如果允许从受保护的 Intranet 内部不受限制地向外拨号，则某些用户可以形成与 Internet 的直接 SLIP 或 PPP 连接，从而绕过防火墙，形成潜在受攻击渠道。

（2）一般的防火墙不能防止受到病毒感染的软件或文件的传输。因为现在存在的各类病毒、操作系统以及加密和压缩二进制文件的种类太多，不能指望防火墙逐个扫描每个文件查找病毒。

（3）不能防止数据驱动式攻击。当有些表面看来无害的数据被邮寄或复制到 Internet 主机上并被执行而发起攻击时，就会发生数据驱动式攻击。例如，一种数据驱动的攻击可能使某台主机修改与安全性有关的文件，从而使入侵者下一次更容易入侵该系统。

（4）难以避免来自内部的攻击。俗话说"家贼难防"，内部人员的攻击根本就不经过防火墙。

再次指出，防火墙只是网络安全防范策略的一部分，而不是解决所有网络安全问题的灵丹妙药。

网络安全策略必须包括全面的安全准则，即网络访问、当地和远程用户认证、拨出拨入呼叫、磁盘和数据加密以及病毒防护等有关的安全策略。网络易受攻击的各个节点必须以相同程度的安全措施加以保护，在没有全面的安全策略的情况下设立 Internet 防火墙，就如同在一顶帐篷上安装一个防盗门一样。

9.4.2 防火墙的类型

一般说来，只有在 Intranet 与外部网络连接时才需要防火墙，当然，在 Intranet 内部不同的部门之间的网络有时也需要防火墙。不同的连接方式和功能对防火墙的要求也不一样，为了满足各种网络连接的要求，目前防火墙按照防护原理可以分为下列 4 种类型，每类防火墙保护 Intranet 的方法各不相同。

1. 网络级防火墙

网络级防火墙也称包过滤防火墙，通常由一部路由器或一部充当路由器的计算机组成。Internet/Intranet 上的所有信息都是以 IP 数据包（也称 IP 数据报）的形式传输的，两个网络之间的数据传送都要经过防火墙。包过滤路由器对所接收的每个数据包进行审查，以便确定其是否与某一条包过滤规则匹配。包过滤规则基于可以提供给 IP 转发过程的包头信息。包头信息中包括 IP 源地址、IP 目标地址、内装协议（TCP、UDP、ICMP 或 IP Tunnel）、TCP/UDP 目标端口、ICMP 消息类型、包的进入接口和送出接口。如果有匹配并且规则允许转发的数据包，那么该数据包就会按照路由表中的信息被转发；如果有匹配但规则拒绝转发的数据包，该数据包就会被丢弃；如果没有匹配规则，则用户配置的默认参数会决定是转发还是丢弃数据包。到达路由器的数据包可以包含电子邮件传送、HTTP 或 FTP 服务请求、Telnet 登录请求等，网络级路由器能够识别每种请求类型并执行相应的操作。例如可以配置自己的路由器，只允许 Internet 用户对 Intranet 进行 HTTP 访问，而不允许 FTP 访问。

包过滤防火墙是一种基于网络层的安全技术，对于应用层上的黑客行为无能为力。这一类的防火墙产品主要有防火墙路由器、在充当路由器的计算机上运行的防火墙软件等。

2. 应用级防火墙

应用级防火墙通常指运行代理（Proxy）服务器软件的一部计算机主机。采用应用级防火墙时，Intranet 与 Internet 间是通过代理服务器连接的，二者不存在直接的物理连接，一个网络的数据通信信息不会出现在另一个网络上。代理服务器的工作就是把一个独立的报文拷贝从一个网络传输到另一个网络。这种防火墙有效地隐藏了连接源的信息，防止 Internet 用户窥视 Intranet 内部的信息。由于代理服务器能够理解网络协议，因此，可以配置代理服务器控制内部网络需要的服务。例如，可以指示代理服务器允许 FTP 文件上传，不允许文件下载。目前存在 HTTP、Telnet、FTP、POP3 和 Gopher 等代理服务器，实际上这些服务只需要一个代理服务器就可以实现。

建立了应用级代理服务器后，用户必须利用支持代理操作的相应客户端软件。网络设计者开发的许多 TCP/IP 协议都支持代理服务，大多数浏览器都可指定代理服务器。但有些协议本身并不直接支持代理服务，这时可以选用 SOCKS（一种代理协议，可在两个 TCP/IP 系统之间提供一个安全通道）代理。当然客户端最好配备支持代理服务的软件，幸运的是目前的绝大多数客户端软件都支持代理服务。

这种方式的防火墙把 Intranet 与 Internet 物理隔开，能够满足高安全性的要求。由于该软件必须分析网络数据包并作出访问控制决定，所以会影响网络的性能。如果计划选用应用级防火墙，最好选用最快的计算机运行代理服务器。

3. 电路级防火墙

电路级防火墙也称电路层网关，是一种具有特殊功能的防火墙，它可以由应用层网关来完成。电路层网关只依赖于 TCP 连接，并不进行任何附加的包处理或过滤。

例如，通过防火墙进行的 Telnet 连接操作，电路级防火墙简单地中继 Telnet 连接，并不做任何审查、过滤或 Telnet 协议管理。电路层网关就像电线一样，只是在内部连接和外部连接之间来回拷贝字节。但是由于连接要穿过防火墙，其隐藏了受保护网络的有关信息。

电路层网关通常用于向外连接，内部用户访问 Internet 几乎感觉不到防火墙的存在。它与堡垒主机相配合可以被设置成混合网关，对于向内的连接支持应用层服务，对于向外连接支持电路层功能。这种防火墙系统对于要访问 Internet 服务的内部用户来说使用起来很方便，同时又能提供保护内部网络免于外部攻击的防火墙功能。

与应用级防火墙相似，电路级防火墙也是代理服务器，只是它不需要用户配备专门的代理客户应用程序。另外，电路级防火墙在客户与服务器间创建了一条电路，双方应用程序都不知道有关代理服务的信息。

4. 状态监测防火墙

与上述防火墙技术相比，状态监测防火墙是新一代的技术。该防火墙在网关上使用执行网络安全策略的监测模块，在不影响网络正常运行的前提下，采用抽取相关数据的方法，对网络通信的各层进行实时监测，提取状态信息作为执行安全策略的参考，一旦某个访问违反安全规则，就会被拒绝访问并记录下来。检测模块支持多种协议和应用程序，可以方便地实现应用和服务的扩充。该防火墙还可监测 RPC（远程过程调用）和 UDP 端口，而网络级和应用级网关都不支持此类端口监测。

状态监测防火墙的智能化程度较高，安全性较好，但会影响网络速度，配置也较复杂。

上述几种类型的防火墙是按照工作原理来进行划分的，但并不是说这几种类型的防火墙只能独立使用，可以把两种或两种以上类型的防火墙工作方式应用到一个防火墙方案中，以实现更好的安全性和可靠性。

9.4.3 防火墙的结构

构建防火墙系统的目的是最大程度地保护 Intranet 的安全，前面提到的 4 种类型的防火墙也各有优缺点。将它们正确地组合使用，就形成了目前流行的防火墙结构。

1. 双宿主机网关

双宿主机网关如图 9-10 所示，这种配置是用一台装有两个网络适配器的双宿主机做防火墙。这两个网络适配器中一个是网卡，另一个根据与 Internet 的连接方式可以是网卡、调制解调器或 ISDN 卡等。网卡与 Intranet 相连，而另一个适配器与 Internet 相连。双宿主机用两个网络适配器分别连接两个网络，又称堡垒主机。堡垒主机上运行着防火墙软件，可以转发应用程序，提供服务等。双宿主机网关的一个致命弱点是：一旦入侵者攻入堡垒主机并使其具有路由功能，则外网用户均可以自由访问内网。

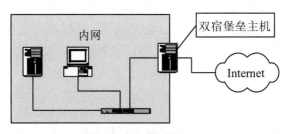

图 9-10 双宿主机网关

2. 屏蔽主机网关

屏蔽主机网关易于实现也很安全，因此应用广泛。它有单宿堡垒主机和双宿堡垒主机两种类型。

图 9-11 为屏蔽主机网关（单宿堡垒主机），其描述了单宿堡垒主机的连接方式。

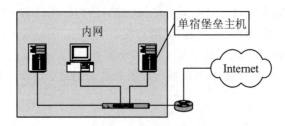

图 9-11 屏蔽主机网关

在此方式下，一个包过滤路由器连接外部网络，同时一个单宿堡垒主机安装在内部网络上。单宿堡垒主机只有一个网卡，并与内部网络连接。通常在路由器上设立过滤规则，并使这个单宿堡垒主机成为可以从 Internet 上访问的唯一主机，这样就确保了内部网络不受未被授权的外部用户的攻击。而 Intranet 内部的客户机，可以受控地通过屏蔽主机和路由器访问 Internet。

双宿堡垒主机型与单宿堡垒主机型的区别是，双宿堡垒主机有两块网卡，一块连接内部网络，一块连接路由器，如图 9-12 所示。双宿堡垒主机在应用层提供代理服务，与单宿型相比更加安全。

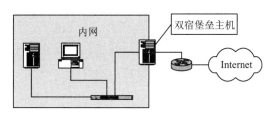

图 9-12　屏蔽主机网关

3．屏蔽子网

这种方法是在内部网络与外部网络之间建立一个起隔离作用的子网。该子网通过两个包过滤路由器分别与内部网络和外部网络相连，屏蔽子网防火墙如图 9-13 所示。内部网络和外部网络均可访问屏蔽子网，但它们不能直接通信，可根据需要在屏蔽子网中安装堡垒主机，为内部网络和外部网络之间的互访提供代理服务。向内部、外部网络均公开的服务器，如 WWW、FTP、E-mail 等，可安装在屏蔽子网内，这样无论是外部用户，还是内部用户都可访问。这种结构的防火墙安全性能高，具有很强的抗攻击能力，但需要的设备多，造价高。

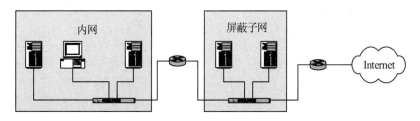

图 9-13　屏蔽子网防火墙

在实际应用中，人们可根据需求选用合适的防火墙结构。目前见诸市场的防火墙产品种类很多，既有软件产品，也有硬件产品，还有软、硬件结合产品。读者可根据 Intranet 的规模和业务量选用合适的产品，来构建自己的防火墙系统。

9.5　入侵检测系统

9.5.1　概述

入侵检测系统（Intrusion Detection System，IDS）的概念最早在 1980 年出现在 James

P.Anderson 的一份技术报告中。在 ICSA（International Centre for Security Analysis）中将入侵检测定义为 "通过从计算机网络或计算机系统中的若干关键点收集信息并对其进行分析，从中发现网络或系统中是否有违反安全策略的行为和遭到袭击的迹象"。

入侵检测系统是探测计算机网络攻击行为的软件或硬件。它作为防火墙的合理补充，可以帮助网络管理员探查进入网络的入侵行为，从而扩展系统管理员的安全管理能力。它与其他网络安全设备的不同之处在于，IDS 是一种积极主动的安全防护技术。

入侵检测系统基本上不具有访问控制的能力，它就像是一个有着多年经验、熟悉各种入侵方式的网络侦查员，通过对数据流的分析，可以从数据流中过滤出可疑数据包，通过与已知的入侵方式进行比较，确定入侵是否发生以及入侵的类型，并进行报警。网络管理员可以根据这些报警确切地知道所受到的攻击并采取相应的措施。可以说，入侵检测系统是网络管理员经验积累的一种体现，它极大地减轻了网络管理员的负担，降低了对网络管理员的技术要求，提高了网络安全管理的效率和准确性。

9.5.2　入侵检测系统的类型

入侵检测系统根据数据源采集的位置不同，可分为基于主机的 IDS、基于网络的 IDS 和分布式 IDS。

（1）基于主机的 IDS。基于主机的入侵检测系统通过监视主机的配置文件、日志文件、审计文件以及系统进程等来检测是否有入侵行为。

基于主机的入侵检测系统的优点主要有：分析的信息来自单个计算机，监控粒度细，数据量比较小，效率和准确性比较高；安装、配置比较灵活，不需要额外的硬件支持；不受加密通信的限制。

基于主机的入侵检测系统的缺点主要有：占用系统资源，系统工作效率较低；它的检测依赖于主机日志的记录能力，对攻击特征和异常行为的确定比较困难，对攻击的实时检测也比较困难；它的信息来源依赖操作系统，故可移植性比较差。

（2）基于网络的 IDS。1990 年，Heberlein 等人提出了基于网络的入侵检测的概念。基于网络的入侵检测系统，主要是通过在局域网上主动地监视网络通信数据包来追踪可疑的行为，通过在适当的位置使用网络监听技术来采集数据，并分析可疑现象。

基于网络的入侵检测系统的优点主要有：由于信息源是网络通信数据包，而所有网络都遵循统一的标准，故系统移植性比较好；能检测出通过网络发动的、通过低层协议和通过内嵌在有效负载中进行的入侵和攻击，比基于主机的系统更可靠；可疑的数据包在通过基于网络的入侵检测系统时就可以被及时发现，并做出较快的响应，实时性较强。

基于网络的入侵检测系统的缺点主要有：监控的范围受系统所在位置的限制；不能检测加密的通信数据包；网络流量大时可能会丢包，或处理速度降低；对网络数据中没有异常，只能通过主机状态的变化才能反映出来的攻击没有检测能力。

（3）分布式 IDS。传统的入侵检测系统局限于单一的主机或网络架构，对异构系统及大规模的网络检测明显不足，不同的入侵检测系统之间不能协同工作。为解决这一问题，需要发展分布式入侵检测技术与通用入侵检测架构。第一层含义即针对分布式网络攻击的检测方法；第二层含义即使用分布式的方法来检测分布式的攻击。其中的关键技术为检测信息的协同处理与入侵攻击的全局信息的提取。

9.5.3 入侵检测系统的构成

入侵检测系统最重要的功能就是检测入侵行为，这也被认为是防火墙之后的第二道安检口。它可使系统管理员时刻了解计算机系统或网络系统的运行状况，并根据检测结果给网络安全策略的制订提供参考，在发现入侵后能及时做出响应，包括切断网络连接、记录事件和报警等。同时，入侵检测系统的规则还应该能根据网络威胁、系统构造和安全需求的改变而改变。

为了达到以上目的，入侵检测系统通常包括三个功能模块：信息收集模块、入侵分析模块和响应模块。

（1）信息收集模块。入侵检测的第一步是信息收集。收集的内容包括系统、网络、数据及用户活动的状态和行为。通常需要在计算机网络系统中的若干不同关键点，不同网段和不同主机收集信息。这除了尽可能扩大检测范围的因素外，还有一个重要的因素就是从一个源来的信息有可能看不出疑点，但从几个源来的信息的不一致性却是可疑行为或入侵的最好标识。

入侵检测在很大程度上依赖于收集信息的可靠性和正确性，因为入侵者经常替换软件以搞混和移走这些信息，如替换被程序调用的子程序、库和其他工具，因此，有必要利用精确的软件来报告这些信息。入侵者对系统的修改可能使系统功能失常但看起来跟正常的一样。这需要保证用来检测网络系统的软件的完整性，特别是入侵检测系统软件本身应具有相当强的坚固性，防止被窜改而收集到错误的信息。

（2）入侵分析模块。入侵分析是指通过模式匹配、统计分析和完整性分析三种技术手段对收集到的系统、网络、数据及用户活动的状态和行为等信息进行分析，其中前两种方法用于实时入侵检测，而完整性分析则用于事后分析。

模式匹配就是将收集到的信息与已知的网络入侵和系统已有的模式数据库进行比较，从而发现违反安全策略的行为。该方法的优点是只需收集相关的数据集合，减少系统负担且技术相当成熟；缺点是需要不断的升级以对付不断出现的黑客攻击，所以不能检测从未出现过的攻击。

统计分析方法首先是给系统对象（如用户、文件、目录和设备等）创建一个统计描述，统计正常使用时的一些测量属性（如访问次数、操作失败次数和时延等）。测量属性的平均值将被用来与网络、系统的行为进行比较，任何观察值在正常值范围之外的情况，就认为有入侵发生。该方法的优点是可检测到未知的入侵和更为复杂的入侵；缺点是误报、漏报率高且不适用于用户正常行为的突然改变。

完整性分析主要关注某个文件或对象是否被更改。它利用强有力的加密机制能识别很微小的变化。其优点是不管模式匹配方法和统计分析方法能否发现入侵，只要是攻击导致了文件或其他对象的任何改变，它都能够发现；缺点是一般以批处理方式实现，用于事后分析而不用于实时响应。

（3）响应模块。响应方式分为被动响应和主动响应。

被动响应型系统只会发出告警通知，将发生的不正常情况报告给管理员，本身并不试图降低所造成的破坏，更不会主动地对攻击者采取反击行动。

主动响应系统可以分为对被攻击系统实施控制和对攻击系统实施控制的系统。

对被攻击系统实施控制（防护）系统通过调整被攻击系统的状态，阻止或减轻攻击影响，如断开网络连接、增加安全日志、杀死可疑进程等。

对攻击系统实施控制（反击）系统多被军方所重视和采用。

目前，主动响应系统还比较少，即使做出主动响应，一般也都是断开可疑攻击的网络连接，或是阻塞可疑的系统调用，若失败，则终止该进程。但由于系统暴露于拒绝服务攻击下，这种防御一般也难以实施。

习题9

9-1 简述网络攻击的一般步骤。

9-2 一个完整的扫描包括哪三个阶段？

9-3 根据网络监听的原理，简述有哪些措施可以防止被监听。

9-4 简述拒绝服务攻击与分布式拒绝服务攻击的原理。

9-5 简述数字签名的实现方法。

9-6 简述目前流行的防火墙结构。

9-7 什么是入侵检测？简述入侵检测系统的构成。

参考文献

[1] Andrew S.Tanenbaum. 计算机网络[M]. 5 版. 严伟，等译. 北京：清华大学出版社，2012.

[2] Kevin R．Fall，等．TCP/IP 详解—卷 I[M].（原书第 2 版）：协议. 吴英，等译. 北京：机械工业出版社，2016.

[3] Jeffrey L．Carrell，等．TCP/IP 协议原理与应用[M]. 4 版. 金名，等译. 北京：清华大学出版社，2014.

[4] 新华三大学．路由交换技术详解与实践：第 4 卷[M]. 北京：清华大学出版社，2018.

[5] 新华三大学．路由交换技术详解与实践：第 1 卷[M]. 北京：清华大学出版社，2017.

[6] 泰克教育集团．HCIE 路由交换学习指南[M]. 北京：人民邮电出版社，2017.

[7] Rick Graziani，等．思科网络技术学院教程 CCNA Exploration：路由协议和概念[M]. 思科系统公司，译. 北京：人民邮电出版社，2012.

[8] Allan Reid，等．思科网络技术学院教程 CCNA Discovery：企业中的路由和交换简介[M]. 思科系统公司，译. 北京：人民邮电出版社，2012.

[9] 吴功宜. 计算机网络[M]. 4 版. 北京：清华大学出版社，2017.

[10] 吴功宜. 计算机网络高级教程[M]. 2 版. 北京：清华大学出版社，2015.

[11] David Hucaby. CCNP SWITCH 认证考试指南[M]. 王兆文，译. 北京：人民邮电出版社，2011.

[12] 库罗斯，等. 计算机网络自顶向下方法[M]. 7 版. 陈鸣，译. 北京：机械工业出版社，2018.

[13] 谢希仁. 计算机网络[M]. 7 版. 北京：电子工业出版社，2017.

[14] Charles M．Kozierok. TCP/IP 指南：第 1 卷[M]. 底层核心协议. 陈鸣，译. 北京：人民邮电出版社，2008.

[15] Charles M．Kozierok. TCP/IP 指南：第 2 卷[M]. 应用层核心协议. 陈鸣，等译. 北京：人民邮电出版社，2008.

[16] William Stallings. 网络安全基础 应用与标准[M]. 5 版. 白国强，译. 北京：清华大学出版社，2017.

[17] Behrouz A．Forouzan. TCP/IP 协议簇[M]. 4 版. 王海，等译. 北京：清华大学出版社，2016.

[18] 季福坤，等. 数据通信与计算机网络[M]. 2 版. 北京：中国水利水电出版社，2011.

[19] 杭州华三通信技术有限公司. IPv6 技术[M]. 北京：清华大学出版社，2010.

[20] 陈运清，等. 构建运营级 IPv6 网络[M]. 北京：电子工业出版社出版，2012.

[21] Douglas E．Comer. 用 TCP/IP 进行网际互联（第 1 卷）：原理、协议与结构[M]. 4 版. 林瑶，蒋慧，等译. 北京：电子工业出版社，2015.

[22] Douglas E．Comer. 计算机网络与因特网[M]. 6 版. 范冰冰，张奇支，龚征，等译. 北京：电子工业出版社，2015.

[23] Cory Beard，等．无线通信网络与系统[M]．朱磊，等译．北京：机械工业出版社，2017．

[24] 张景峰．计算机网络实用教程[M]．北京：中国铁道出版社，2009．

[25] 新华三大学．路由交换技术详解与实践：第 2 卷[M]．北京：清华大学出版社，2018．

[26] 新华三大学．路由交换技术详解与实践：第 3 卷[M]．北京：清华大学出版社，2018．

[27] 王达．深入理解计算机网络[M]．北京：水利水电出版社，2017．

[28] 石淑华．计算机网络安全技术[M]．4 版．北京：人民邮电出版社，2016．